高等职业教育系列教材

U0656312

习题巩固所学知识 | 实训提高实用技能

电工与电子技术

主　编◎韩学尧　李兆非

副主编◎宿　峰　张　健

参　编◎陈　浩　赵　晨　韩敬东

机械工业出版社
CHINA MACHINE PRESS

本书分为10章，主要内容包括电路分析理论基础、正弦交流电路分析、半导体器件、基本放大电路、集成运算放大器及其应用、直流稳压电源、数字电路基础、组合逻辑电路、触发器与时序逻辑电路、脉冲波形的产生与整形。其中第1、2章属于电路基础部分，第3~6章属于模拟电路部分，第7~10章属于数字电路部分。

本书在内容上用大量例题和习题来帮助读者理解掌握知识点，部分例题配有仿真软件搭建的仿真电路，让读者在比对中加深知识点的理解。另有学习工作页单独成册，配有大量实训内容，可以边学边练、学练结合、以练促学，从而达到更好的学习效果。

本书可以作为高等职业院校自动化类、电子信息类、通信类等专业的教材，也可以作为从事电工电子类专业技术工作人员的自学参考用书。

本书配有微课视频，扫描二维码即可观看。另外，本书配有电子课件，需要的教师可登录机械工业出版社教育服务网（www.cmpedu.com）免费注册，审核通过后下载，或联系编辑索取（微信：13261377872，电话：010-88379739）。

图书在版编目（CIP）数据

电工与电子技术/韩学尧，李兆非主编. —北京：机械工业出版社，2024.3（2024.8重印）
高等职业教育系列教材
ISBN 978-7-111-75221-9

Ⅰ. ①电… Ⅱ. ①韩…②李… Ⅲ. ①电工技术-高等职业教育-教材②电子技术-高等职业教育-教材 Ⅳ. ①TM②TN

中国国家版本馆 CIP 数据核字（2024）第 046217 号

机械工业出版社（北京市百万庄大街 22 号　邮政编码 100037）
策划编辑：和庆娣　　　　　责任编辑：和庆娣　赵晓峰
责任校对：梁　园　牟丽英　责任印制：单爱军
北京虎彩文化传播有限公司印刷
2024 年 8 月第 1 版第 2 次印刷
184mm×260mm · 17.75 印张 · 440 千字
标准书号：ISBN 978-7-111-75221-9
定价：69.90 元（含工作页）

电话服务　　　　　　　　　网络服务
客服电话：010-88361066　　机　工　官　网：www.cmpbook.com
　　　　　010-88379833　　机　工　官　博：weibo.com/cmp1952
　　　　　010-68326294　　金　书　网：www.golden-book.com
封底无防伪标均为盗版　　机工教育服务网：www.cmpedu.com

　　电工电子技术与人类生活、工业生产等息息相关，现代社会的发展离不开电工电子技术的飞速进步，尤其是当今社会，人工智能技术以及信息化数字化正在逐渐成为发展的主流，工业生产需要实现智能化。党的二十大报告指出，"推进新型工业化，加快建设制造强国、质量强国、航天强国、交通强国、网络强国、数字中国"。"推动制造业高端化、智能化、绿色化发展"。实现制造业智能化离不开电工电子技术的技术支撑，同时电工电子技术是促进工业生产实现能源高效利用、节约材料、节约能耗的主要支持技术，电工电子技术对于培养创新型发展人才和实现强国梦有重要意义。

　　本书内容丰富详实，分为电路基础、模拟电路和数字电路三大部分，第1、2章是电路基础部分，第3~6章是模拟电路部分，第7~10章是数字电路部分。本书的主要特点如下。

　　1）内容深入浅出，难度由易到难，将电工技术和电子技术有效融通。

　　2）讲解透彻，每章后面配有大量习题帮助读者在训练中提高能力。

　　3）另有学习工作页独立成册，内有丰富的实训内容，让读者学做结合，巩固所学知识和技能。

　　本书为新形态一体化教材，配备丰富的电子资源，包括微课视频、教学课件、习题解答等，方便读者进行自学和练习。

　　本书由山东信息职业技术学院韩学尧和李兆非担任主编，负责全书内容的定稿工作，宿峰和张健担任副主编，参与本书编写的还有陈浩、赵晨和韩敬东。

　　由于编者水平有限，书中难免存在疏漏和不足之处，欢迎广大读者批评指正。

编　者

目　录 Contents

第 3 章　半导体器件 …………………………… 63

第 4 章　基本放大电路 …………………………… 78

第 5 章　集成运算放大器及其应用 ……………… 91

第 6 章　直流稳压电源 ……………………………… 106

第1章 电路分析理论基础

电的使用及发展改变了人们的世界，有电的地方就存在电路，电路在日常生活和工业领域的应用极其广泛。电路多种多样，有高压大电流的强电电路，也有低压小电流的弱电电路，无论是强电还是弱电，电压和电流在电路中总遵循一定的规律。电路是怎么工作的，它的内部究竟有什么规律，如何运用这些规律来分析电路是本章学习的内容。本章是学习电路的基础，主要介绍电路的基本概念、基本定律以及分析电路常用的方法。

学习目标：

1. 了解电路模型的概念。
2. 掌握电流及电压参考方向的含义。
3. 掌握欧姆定律，串并联电路的电压、电流关系。
4. 理解两种理想电源的特性，能够将两种实际电源进行等效变换。
5. 掌握基尔霍夫定律的内容，并且能够用基尔霍夫电流定律和基尔霍夫电压定律进行电路求解。
6. 理解戴维南定理，会求等效电压和等效电阻。
7. 会用叠加定理进行电路分析和求解。

素养目标：

1. 养成良好的工作责任心、坚强的意志力和严谨的工作作风。
2. 培养良好的职业素养和创新意识。

1.1 电路及电路模型

1.1.1 电路及电路组成

1. 电路

电路是电流的流通路径，是由一些电气设备和元器件按一定方式连接而成的。

电路多种多样，在日常生活、工业生产以及前沿科技领域中都有着广泛的应用，如各种家用电器、电力输送设备、计算机集成电路、通信设备、卫星接收设备等。

电路的组成方式不同，功能也就不同。电路的一种作用是实现电能的传输和转换，各类电力系统就是典型实例。电路的另一种作用是实现信号的处理，收音机和电视机电路就是这类实例。

2. 电路组成

电路一般由电源、负载、导线和控制器件组成。

图1-1a是一个简单的实际电路，由干电池、开关、白炽灯和连接导线组成。当开关闭合时，电路中有电流通过，白炽灯发光。干电池向电路提供电能；白炽灯是耗能器件，它把

电能转化为热能和光能；开关和连接导线的作用是把干电池和白炽灯连接起来，构成电流通路。

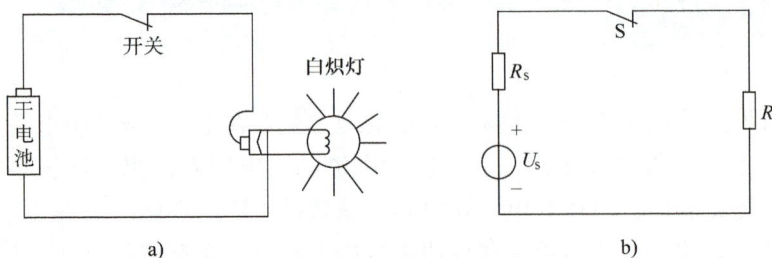

图 1-1 电路的组成
a）实际电路 b）电路模型

电路中提供电能或信号的器件称为电源，如图 1-1a 中的干电池。电路中吸收电能或输出信号的器件称为负载，如图 1-1a 中的白炽灯。在电源和负载之间引导和控制电流的导线和开关等是传输、控制器件。

1.1.2 电路模型

1. 理想电路元件

组成电路的实际电气元件是多种多样的，为了便于分析，常常在一定条件下对实际元件加以理想化，只考虑其中起主要作用的某些性能，而将次要性能忽略，或者将某些性能分别计算。例如，图 1-1a 中，白炽灯不但发光、发热消耗电能，在其周围还会产生一定的磁场，由于产生的磁场较弱，因此可以只考虑其消耗电能的性能而忽略其磁场效应；干电池在工作时不但要对其外部电路提供电能，其内部也有一定的电能损耗，因此可以将其提供电能的性能与内部电能损耗分别计算；对闭合的开关和导线可只考虑导电性能而忽略其本身电阻上的电能损耗。为简化问题，在一定的条件下，可用足以反映其主要电磁性能的一些理想电路元件或它们的组合来模拟实际电路中的元件。理想电路元件是一种理想化的模型，简称为电路元件。每一种电路元件只表示一种电磁现象，具有某种确定的电磁性能和精确的数学定义。电路元件特性由其端点上的电流和电压来确切表示。例如，电阻元件是表示消耗电能的元件；电感元件是表示其周围空间存在着磁场且可以储存磁场能量的元件；电容元件是表示其周围空间存在着电场且可以储存电场能量的元件等。上述这些电路元件通过引出端互相连接。具有两个引出端的元件称为二端元件；具有两个以上引出端的元件称为多端元件。

2. 电路模型

实际电路可以用一个或若干个理想电路元件经理想导体连接起来进行模拟，这便构成了电路模型，简称为电路。图 1-1b 是图 1-1a 的电路模型。实际元器件和电路的种类繁多，而理想电路元件只有有限的几种，用理想电路元件建立的电路模型将使电路的分析大大简化。建立电路模型时应使其外部特性与实际电路的外部特性尽量近似，但两者的性能并不一定也不可能完全相同。同一实际电路在不同条件下往往要求用不同的电路模型来表示。例如，一个线圈在低频时可以只考虑其中的磁场和耗能，甚至有时只考虑磁场就可以了，但在高频时则应考虑电场的影响，而在直流时就只需考虑耗能。因此，建立电路模型时一般应指出其工作条件。

1.2 电路的基本物理量

1.2.1 电流及其参考方向

1. 电流

电荷（电子、离子等）的定向运动形成电流。设 dt 时间内穿过导体横截面的电荷量为 dq，则有

$$i = \frac{dq}{dt} \tag{1-1}$$

电流及其参考方向

i 称为电流。电流不但有大小，而且有方向。习惯上规定正电荷运动的方向为电流的实际方向。当负电荷或电子运动时，电流的实际方向与负电荷运动的方向相反。

在通常情况下，i 是随着时间变化的。若电流不随时间变化，即 dq/dt 为定值，这种电流叫作直流电流。直流电流常用英文大写字母 I 表示。对于直流，式（1-1）可写成

$$I = \frac{q}{t} \tag{1-2}$$

式中，q 为时间 t 内通过导体横截面的电荷量。

大小和方向随时间周期性变化的电流称为交流电流，常用英文小写字母 i 表示。

在国际单位制（SI）中，电流的单位是安 [培]，符号为 A。根据实际需要，电流的单位还有千安（kA）、毫安（mA）、微安（μA）等，它们之间的换算关系是：$1kA = 10^3 A$，$1mA = 10^{-3} A$，$1\mu A = 10^{-6} A$。

2. 电流的参考方向

在复杂电路的分析中，电路中电流的实际方向很难预先判断出来；有时，电流的实际方向还会不断改变。因此，很难在电路中标明电流的实际方向。为此，在分析与计算电路时，可规定某一方向作为电流的参考方向或正方向，并用实线箭头表示在电路图上。规定了参考方向以后，电流就是一个代数量了，若电流的实际方向与参考方向一致（见图1-2a），则电流为正值；若两者相反（见图1-2b），则电流为负值。这样，就可以利用电流的参考方向和正、负值来判断电流的实际方向。实际方向用虚线箭头表示。应当注意，在未规定参考方向的情况下，电流的正、负号是没有意义的。

电流的参考方向除了用实线箭头表示外，还可以用双下标表示，如 i_{ab} 表示电流参考方向从 a 点指向 b 点，i_{ba} 表示电流参考方向从 b 点指向 a 点。

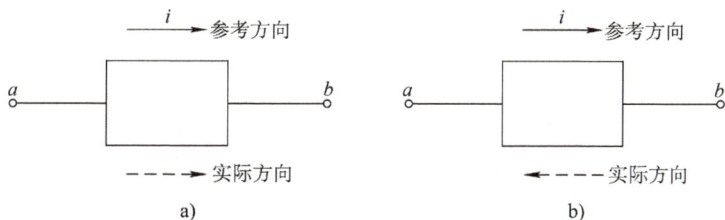

图 1-2　电流的参考方向

1.2.2 电压及其参考方向

1. 电压

在电路中，如果电场力把单位正电荷 dq 从电场中的 a 点移动到 b 点所做的功是 dW，则 a、b 两点间的电压为

$$u_{ab} = \frac{dW}{dq} \qquad (1-3)$$

电压及其参考方向

即电路中 a、b 两点间的电压等于电场力把单位正电荷从 a 点移动到 b 点所做的功。

电压的实际方向是使正电荷电能减少的方向，当然也是电场力对正电荷做功的方向。在国际单位制中，电压的单位是伏 [特]，符号为 V。常用的电压的单位还有千伏（kV）、毫伏（mV）、微伏（μV）等。

大小和方向都不随时间变化的直流电压用大写字母 U 表示。大小和方向随着时间周期性变化的交流电压用小写字母 u 表示。

2. 电压的参考方向

与电流类似，在电路分析中也要规定电压的参考方向，通常用3种方式表示：

1）采用正（+）、负（-）极性表示，称为参考极性，如图1-3a 所示。这时，从正极性端指向负极性端的方向就是电压的参考方向。

2）采用实线箭头表示，如图1-3b 所示。此时箭头由 a 指向 b，a 为正极性端，b 为负极性端。

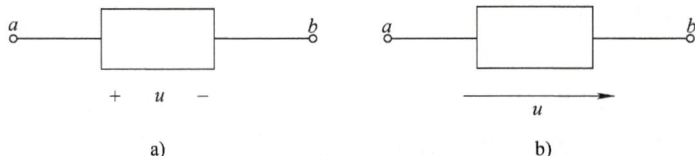

图 1-3 电压的参考方向

3）采用双下标表示，如 u_{ab} 表示电压的参考方向由 a 指向 b。

电压的参考方向指定之后，电压就是代数量。当电压的实际方向与参考方向一致时，电压为正值；当电压的实际方向与参考方向相反时，电压为负值。

分析电路时，首先应该规定各电流、电压的参考方向，然后根据所规定的参考方向列写电路方程。不论电流、电压是直流还是交流，它们均是根据参考方向写出的。参考方向可以任意规定，不会影响计算结果，因为参考方向相反时，解出的电流、电压值要改变正、负号，最后得到的实际结果仍然相同。

3. 电位

分析电子电路时，常用到电位这一物理量。在电路中任选一点作为参考点，则某点的电位就是由该点到参考点的电压。也就是说，如果参考点为 o，则 a 点的电位为 $V_a = U_{ao}$。

至于参考点本身的电位，则是参考点对参考点的电压，显然为零，所以参考点又叫零电位点。电位参考点可以任意选取，参考点选择不同，同一点的电位就不同，但电压与参考点的选择无关。工程上常选大地、设备外壳或接地点作为参考点。电子电路中需选各有关部分

的公共线作为参考点，常用符号"⊥"表示。电压与电位的关系是：电路中 a、b 两点之间的电压等于这两点之间的电位之差，即

$$u_{ab} = V_a - V_b \qquad (1-4)$$

引入电位的概念之后，可以说，电压的实际方向是从高电位点指向低电位点，所以常将电压称为电压降，又称电位差。

4. 关联参考方向

在电路分析中，既要对电流规定参考方向，又要对电压规定参考方向，两者各自选定，不必强求一致。但为了分析方便，常使同一元件的电流参考方向与电压参考方向一致，即电流从电压的正极性端流入该元件而从它的负极性端流出。这时，该元件的电压参考方向与电流参考方向是一致的，称为关联参考方向，如图1-4所示。若电压与电流的参考方向相反，则称为非关联参考方向。

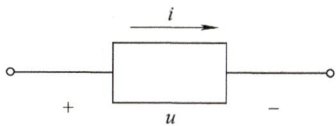

图 1-4 电流和电压的关联参考方向

1.2.3 电功率

传递转换电能的速率称电功率，简称功率，用 p 或 P 表示。习惯上，把发出或吸收电能说成发出或吸收功率。

设在 dt 时间内，电场力将正电荷 dq 由 a 点移到 b 点，且由 a 点到 b 点的电压降为 u，则在移动过程中电路吸收的能量为

$$dW = udq = uidt$$

因此，单位时间内吸收的电能（即功率）为

$$p = \frac{dW}{dt} = ui \qquad (1-5)$$

式（1-5）表示在电压和电流关联参考方向下，电路吸收的功率。若计算出 $p > 0$，则表示电路实际为吸收功率；若计算出 $p < 0$，则表示电路实际为发出功率。

当电压和电流为非关联参考方向时，电路吸收的功率为

$$p = -ui \qquad (1-6)$$

这样规定后，若 $p > 0$，仍表示电路吸收功率；若 $p < 0$，则表示电路发出功率。

国际单位制（SI）中，功率的单位为瓦［特］，符号为 W。$1W = 1V \cdot A$。常用的功率单位还有 kW（千瓦）、MW（兆瓦）和 mW（毫瓦）等。它们之间的关系分别是

$$1MW = 10^6 W, \ 1kW = 10^3 W, \ 1mW = 10^{-3} W$$

电能的国际单位是焦耳，符号为 J，等于功率为 1W 的用电设备在 1s 内所消耗的电能。在实际生活中还采用 kW·h（千瓦时）作为电能的单位，它等于功率为 1kW 的用电设备在 1h（3600s）内所消耗的电能，俗称为 1 度电，即

$$1kW \cdot h = 3.6 \times 10^6 J$$

在电路的每一瞬间，吸收电能的各元件功率的总和都等于发出电能的各元件功率的总和，或者说，所有元件吸收的功率的代数和为零。这个结论叫作"电路的功率平衡"。

【例1-1】 图1-5所示电路中，已知元件 A 的 $U = 8V$，$I = -2A$；元件 B 的 $U = -6V$，$I = 3A$，求元件 A、B 吸收的功率各为多少。

解：元件 A，电压参考方向与电流参考方向相关联，故吸收的功率为

$$P_A = UI = 8 \times (-2)\,\text{W} = -16\,\text{W}$$

$P_A < 0$，表明元件 A 实际为发出功率 16W。

元件 B，电压参考方向与电流参考方向非关联，故吸收的功率为

$$P_B = -UI = -(-6) \times 3\,\text{W} = 18\,\text{W}$$

$P_B > 0$，表明元件 B 实际为吸收功率，吸收功率 18W。

图 1-5 例 1-1 图

1.3 电路元件

电路元件是电路的基本构造单元。研究电路元件的性质及规律性，是研究电工学理论的基础。本节主要介绍 3 种基本的电路元件——电阻元件、电容元件和电感元件。

1.3.1 电阻元件

电阻元件是从实际电阻器抽象出来的理想化电路元件。实际电阻器由电阻材料制成，如线绕电阻、碳膜电阻、金属膜电阻等。电阻元件简称电阻，是一种对电流呈现阻碍作用的耗能元件。

1. 线性电阻

由欧姆定律可知，电阻元件上的电压与流过它的电流成正比，在电压与电流关联的参考方向下可写成

$$u = Ri \tag{1-7}$$

如果取电流为横坐标，电压为纵坐标，可绘出 $u-i$ 平面上的一条曲线，称为电阻的伏安特性曲线。若伏安特性是通过坐标原点的直线，则称为线性电阻；若伏安特性是通过坐标原点的曲线，则称为非线性电阻。本书只讨论线性电阻。

线性电阻的图形符号和伏安特性曲线如图 1-6 所示。其伏安特性的斜率即为电阻的阻值。

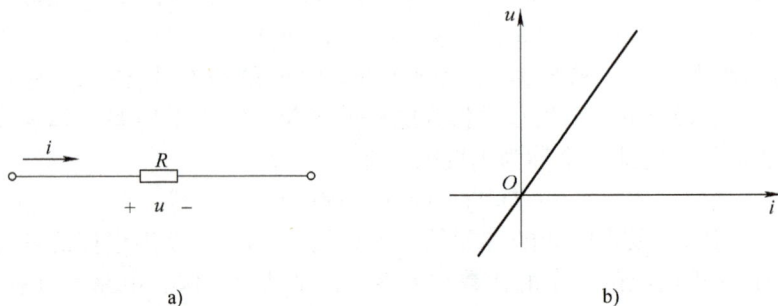

a) b)

图 1-6 线性电阻的图形符号和伏安特性曲线

如果电阻上电压和电流的参考方向为非关联，则欧姆定律的表达式应改写为

$$u = -Ri \tag{1-8}$$

电阻的倒数称为电导，用符号 G 表示，即

$$G = \frac{1}{R} \tag{1-9}$$

电阻的单位是欧［姆］，符号是 Ω。电导的单位是西［门子］，符号是 S。用电导来表示欧姆定律表达式时，应写为

$$i = Gu \qquad (u、i \text{ 为关联参考方向})$$

$$i = -Gu \qquad (u、i \text{ 为非关联参考方向})$$

2. 电阻的串联及分压

将若干个电阻元件按顺序连接成一条无分支的电路称为串联电阻电路。串联电阻电路中，流过各电阻中的电流是同一个电流。图 1-7 所示为两个电阻串联的电阻电路。若电路的端电压为 U，流过电路的电流为 I，电流与电压的参考方向为关联参考方向，则

$$U = U_1 + U_2 = IR_1 + IR_2 = I(R_1 + R_2) = IR$$

$$R = R_1 + R_2 \tag{1-10}$$

R 称串联电路的等效电阻，即串联电路的等效电阻等于各电阻之和。而且

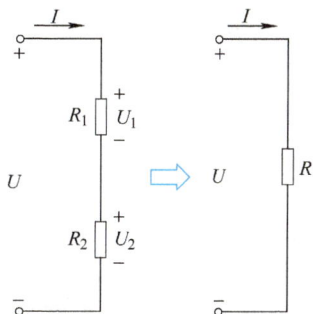

图 1-7 电阻的串联

$$U_1 = IR_1 = \frac{U}{R}R_1 = \frac{R_1}{R_1 + R_2}U$$

$$U_2 = IR_2 = \frac{U}{R}R_2 = \frac{R_2}{R_1 + R_2}U \tag{1-11}$$

此式称为串联电路的分压公式。上述结论可推广到两个以上的电阻串联电路。

3. 电阻并联及分流

若将若干个电阻元件都接在两个共同端之间的连接方式称为并联。并联电路中，各元件端电压为同一个电压。图 1-8 所示为两个电阻并联的电阻电路，若电路的端电压为 U，流过电路的总电流为 I，各支路电流分别为 I_1 和 I_2，电流与电压的参考方向如图 1-8 所示，则

$$I = I_1 + I_2 = \frac{U}{R_1} + \frac{U}{R_2} = U\left(\frac{1}{R_1} + \frac{1}{R_2}\right) = U\frac{1}{R}$$

即

$$\frac{1}{R} = \frac{1}{R_1} + \frac{1}{R_2} \tag{1-12}$$

若用电导表示，则为

$$G = G_1 + G_2 \tag{1-13}$$

可见，并联电路的等效电导等于各支路电导之和。而且

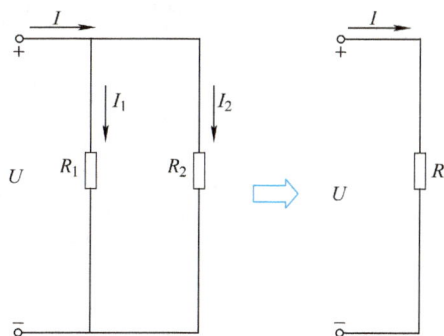

$$I_1 = \frac{U}{R_1} = \frac{RI}{R_1} = \frac{R_2}{R_1 + R_2}I$$

$$I_2 = \frac{U}{R_2} = \frac{RI}{R_2} = \frac{R_1}{R_1 + R_2}I \tag{1-14}$$

图 1-8 电阻的并联

此式称为并联电路的分流公式。上述结论可推广到两个以上的电阻并联电路。

【例 1-2】 图 1-7 所示电路中，已知 $R_1 = 2k\Omega$，$R_2 = 4k\Omega$，$U = 12V$，求电路的等效电阻 R，电路电流 I 及 U_1、U_2。

解： 由式（1-10），$R = R_1 + R_2 = 2k\Omega + 4k\Omega = 6k\Omega$

$$I = \frac{U}{R} = \frac{12}{6}mA = 2mA$$

$$U_1 = \frac{R_1}{R_1 + R_2}U = \frac{2}{2+4} \times 12V = 4V$$

$$U_2 = \frac{R_2}{R_1 + R_2}U = \frac{4}{2+4} \times 12V = 8V$$

通过在 Proteus 仿真软件中选取元器件，搭建图 1-7 所示电路，检查电路无误之后开始仿

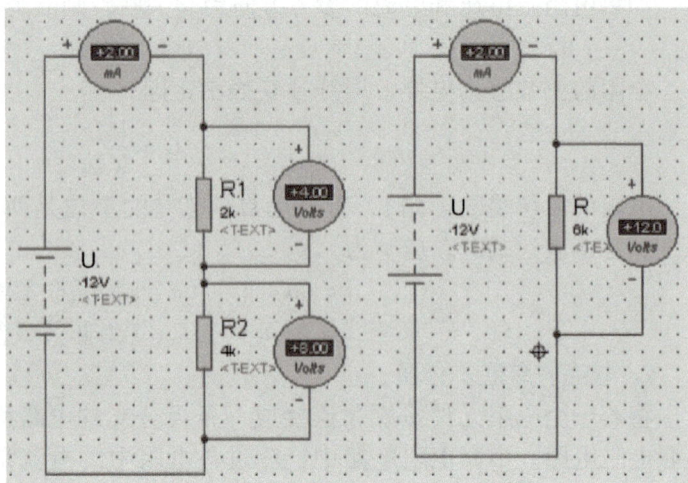

图 1-9　例 1-2 电路仿真

真，仿真结果如图 1-9 所示。左边电路显示电流表和电压表读数和计算结果一致。右边为将两个电阻换成等效电阻之后的结果，电压表和电流表的读数与左边结果一致。

【例 1-3】 图 1-8 所示电路中，已知 $R_1 = 3k\Omega$，$R_2 = 6k\Omega$，$I = 6mA$，求电路的等效电阻 R，电路端电压 U 及支路电流 I_1、I_2。

解： 由式（1-12）则

$$R = \frac{R_1 R_2}{R_1 + R_2} = \frac{3 \times 6}{3 + 6}k\Omega = 2k\Omega$$

$$U = IR = 6 \times 2V = 12V$$

$$I_1 = \frac{R_2}{R_1 + R_2}I = \frac{6}{3 + 6} \times 6A = 4mA$$

$$I_2 = \frac{R_1}{R_1 + R_2}I = \frac{3}{3 + 6} \times 6A = 2mA$$

Proteus 软件介绍

在 Proteus 仿真软件中搭建图 1-8 所示电路，仿真结果如图 1-10 所示，与计算结果一致。

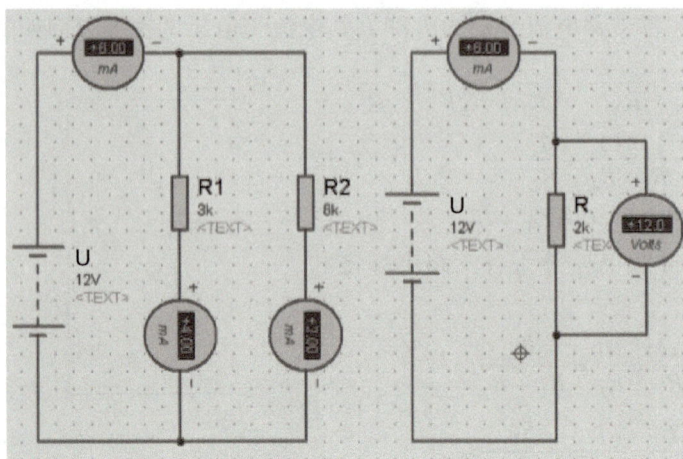

图 1-10　例 1-3 电路仿真

4. 电阻元件吸收的功率

对于线性电阻元件,在电压和电流关联参考方向下,任何瞬时吸收的功率为

$$p = ui = Ri^2 = \frac{u^2}{R} = Gu^2 \tag{1-15}$$

由于电阻 R 和电导 G 都是正实数,且 i^2 或 u^2 都为正值,因此功率恒为正值。这说明在任何时刻电阻元件都不可能发出功率,而只能从电路中吸收功率,所以电阻元件是耗能元件。

如果电阻元件把接收的电能转换为热能,则从 t_0 到 t 时间内,电阻元件的发热量为 Q,也就是这段时间内接收的电能,即

$$Q = W = \int_0^t p\,\mathrm{d}t = \int_0^t Ri^2\,\mathrm{d}t = \int_0^t \frac{u^2}{R}\mathrm{d}t \tag{1-16}$$

若电流不随时间变化,即电阻通过直流电流时,式(1-16)变为

$$Q = W = P(t - t_0) = PT = RI^2 T = \frac{U^2}{R}T \tag{1-17}$$

式中,$T = t - t_0$ 是电流通过电阻的总时间。

【例 1-4】 额定电压是 220V,额定功率是 40W 的白炽灯,其灯丝电阻及额定电流是多少?每天使用 6h,一个月(按 30 天计算)消耗的电能是多少度?

解: 由 $P = UI = \dfrac{U^2}{R}$,得

$$R = \frac{U^2}{P} = \frac{220^2}{40}\Omega = 1210\Omega \qquad I = \frac{P}{U} = \frac{40\mathrm{W}}{220\mathrm{V}} = 0.18\mathrm{A}$$

一个月消耗的电能为

$$W = PT = 40 \times 10^{-3} \times 6 \times 30\mathrm{kW} \cdot \mathrm{h} = 7.2 \text{ 度}$$

1.3.2 电容元件

1. 电容元件的基本概念

电容元件又称为电容器,简称为电容,是实际电容器的理想化模型。任何两个彼此靠近而又相互绝缘的导体都可以构成电容器。这两个导体叫作电容器的极板,它们之间的绝缘物质叫作电介质。

在电容器的两个极板间加上电压后,极板上分别积聚起等量的异性电荷,在电介质中建立起电场,并且储存电场能量。电源移去后,由于电介质绝缘,电荷仍然可以聚集在极板上,电场继续存在。所以,电容器是一种能够储存电场能量的元件,这就是电容器的基本电磁性能。但在实际中,当电容器两端电压变化时,电介质中往往有一定的介质损耗,而且电介质也不可能完全绝缘,因而也存在一定的漏电流。如果忽略电容器的这些次要性能,就可以用一个代表其基本电磁性能的理想二端元件作为模型。

电容元件是一个理想的二端元件,它的图形符号如图 1-11 所示。其中,$+q$ 和 $-q$ 代表该元件正、负极板上的电荷量。若电容元件上的电压参考方向规定为由正极板指向负极板,则任何时刻都有以下关系:

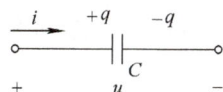

图 1-11 线性电容元件的图形符号

$$C = \frac{q}{u} \tag{1-18}$$

其中，C 是表示电容元件容纳电荷本领大小的一个物理量，叫作电容元件的电容量，简称为电容。它是一个与电荷 q、电压 u 无关的正实数，但在数值上等于电容元件的电压每升高一个单位所容纳的电荷量。

电容的国际单位为法〔拉〕，符号是 F。电容器的电容量往往比 1F 小得多，因此常采用 μF（微法）、nF（纳法）和 pF（皮法）作为单位。其换算关系如下：

$$1\mu F = 10^{-6}F, \ 1nF = 10^{-9}F, \ 1pF = 10^{-12}F$$

如果电容元件的电容为常量，即不随其电量的变化而变化，这样的电容元件即为线性电容元件。除非特别说明，本书讨论的都是线性电容元件。

因为电容元件和电容器简称为电容。所以，"电容"有时指电容元件（或电容器），有时则指电容元件（或电容器）的电容量，应注意区分。

2. 电容元件的 $u - i$ 关系

由式（1-18）可知，当电容元件极板间的电压 u 变化时，极板上的电荷也随着变化，电路中就有了电荷的转移，于是该电容电路中就出现了电流。

对于图 1-11 所示的电容元件，选择电流的参考方向指向正极板，即与电压 u 的参考方向关联。假设在时间 dt 内，极板上电荷量改变了 dq，则由电流的定义式有

$$i = \frac{dq}{dt}$$

又根据式（1-18）可得 $q = Cu$，代入上式得

$$i = C\frac{du}{dt} \tag{1-19}$$

这就是关联参考方向下电容元件的电压与电流的约束关系，或称电容元件的 $u - i$ 关系。

式（1-19）表明：任何时刻，线性电容元件的电流与该时刻电压的变化率成正比，只有当极板上的电荷量发生变化时，极板间的电压才发生变化，电容支路才形成电流。因此，电容元件也称为动态元件。如果极板间的电压不随时间变化，则电流为零，这时电容元件相当于开路。因此，电容元件有隔断直流（简称为隔直）的作用。

3. 电容元件的储能

如前所述，电容元件两极板间加上电源后，极板间产生电压，介质中建立起电场，并储存电场能量，因此，电容元件是一种储能元件。

在电压和电流关联的参考方向下，任一时刻电容元件吸收的功率为

$$p(t) = u(t)i(t) = Cu(t)\frac{du(t)}{dt} \tag{1-20}$$

由式（1-20）可知，电容元件上电压和电流的实际方向可能相同，也可能不同，因此瞬时功率有可能是正值，也有可能是负值。当 $p(t) > 0$ 时，表明电容元件实际为吸收功率，即电容元件被充电；当 $p(t) < 0$ 时，表明电容元件实际为发出功率，即电容元件放电。

在 dt 时间内，电容元件吸收的能量为

$$dW_C(t) = p(t)dt = Cu(t)du(t)$$

设 $t = 0$ 时，$u(0) = 0$，则从 0 到 t 时间内，电容元件吸收的能量为

$$W_C(t) = \int_0^t p(t)dt = C\int_0^{u(t)} u(t)du(t) = \frac{1}{2}Cu^2(t)$$

即

$$W_C(t) = \frac{1}{2}Cu^2(t) \tag{1-21}$$

由上式可知，电容元件在任一时刻储存的能量仅与此时刻的电压有关，而与电流无关。电容元件充电时将吸收的能量全部转化为电场能量，放电时又将储存的电场能释放回电路，它不消耗能量，因此称电容元件是储能元件。

【**例1-5**】　已知 $30\mu F$ 的电容两端所加电压为 $u(t) = 30\sin(314t)$ V，u、i 为关联参考方向，试求电流 $i(t)$ 的表达式。

解：$i(t) = C\dfrac{du(t)}{dt} = 30 \times 10^{-6} \times \dfrac{d30\sin(314t)}{dt} = 30 \times 10^{-6} \times 30 \times 314\cos(314t)$ A $= 0.28\cos(314t)$ A

4. 电容元件的串联和并联

为了满足所需的电容量和工作电压，经常将不同电容量和额定电压的电容组合使用。

图1-12所示是3个电容串联，由于只有最外面的两块极板与电源相连，电源对这两块极板充以相等的异号电荷，中间极板因静电感应也出现等量异号电荷，所以：

1）每个电容上的电荷量相等，都等于 q。

2）总电压等于各电容上的电压之和，即 $u = u_1 + u_2 + u_3$。

将上式两边同除以 q，则有

$$\frac{u}{q} = \frac{u_1}{q} + \frac{u_2}{q} + \frac{u_3}{q}$$

即

$$\frac{1}{C} = \frac{1}{C_1} + \frac{1}{C_2} + \frac{1}{C_3} \tag{1-22}$$

由此可见，电容串联时等效电容的倒数等于各电容倒数之和，串联后的等效电容小于每个电容。两个电容串联的等效电容为

$$C = \frac{C_1 C_2}{C_1 + C_2} \tag{1-23}$$

图1-13所示是电容并联的情况，所以电容处在同一电压 u 之下，所以：

1）各电容两端电压相等，都等于 u。

2）总电荷量等于各电容电荷量之和，即 $q = q_1 + q_2 + q_3$。

将上式两边同除以 u，则有

$$\frac{q}{u} = \frac{q_1}{u} + \frac{q_2}{u} + \frac{q_3}{u}$$

即

$$C = C_1 + C_2 + C_3 \tag{1-24}$$

由此可见，电容并联时等效电容等于各电容之和，大于每个参与并联的电容。

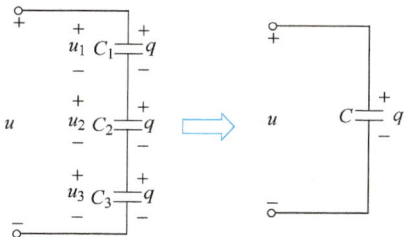

图1-12　电容的串联　　　　图1-13　电容的并联

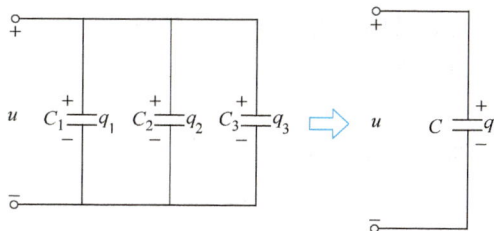

1.3.3　电感元件

1. 电感元件的基本概念

用导线绕制的空心线圈或具有铁心的线圈在工程中具有广泛的应用。线圈内有电流 i 流过时，电流在该线圈内产生的磁通为自感磁通。在图 1-14 中，Φ_L 表示电流 i 产生的自感磁通。其中，Φ_L 与 i 的参考方向符合右手螺旋法则，把电流与磁通这种参考方向的关系叫作关联的参考方向。如果线圈的匝数为 N，且穿过每一匝线圈的自感磁通都是 Φ_L，则

$$\Psi_L = N\Phi_L$$

式中，Ψ_L 为电流 i 产生的自感磁链。

电感元件是一种理想的二端元件，是实际线圈的理想化模型。实际线圈通入电流时，线圈内及周围都会产生磁场，并储存磁场能量。电感元件就是体现实际线圈基本电磁性能的理想化模型。图 1-15 所示为线性电感元件的图形符号。

在磁通 Φ_L 与电流 i 参考方向关联的情况下，任何时刻电感元件的自感磁链 Ψ_L 与元件的电流 i 的比称为电感元件的自感系数或电感系数，简称电感，用 L 表示，即

$$L = \frac{\Psi_L}{i} \tag{1-25}$$

电感的国际单位为亨〔利〕，符号是 H，通常还用 mH（毫亨）和 μH（微亨）作为单位。

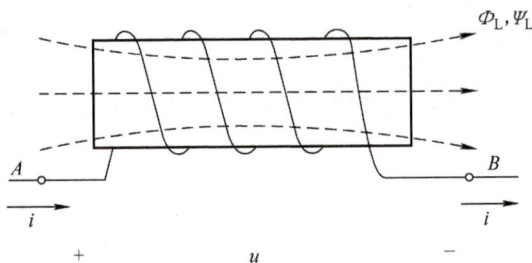

图 1-14　线圈的磁通和磁链

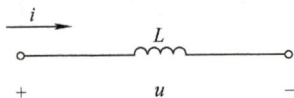

图 1-15　线性电感元件的图形符号

如果电感元件的电感为常量，而不随通过它的电流的改变而变化，则称为线性电感元件。除非特别指出，否则本书中所涉及的电感元件都是指线性电感元件。

电感元件和电感线圈也称为电感，所以"电感"有时指电感元件，有时则是指电感元件或电感线圈的电感系数，应注意区分。

2. 电感元件的 $u - i$ 关系

电感元件的电流变化时，其自感磁链也随之改变，由电磁感应定律可知，在元件两端会产生自感电压。若选择 u、i 的参考方向都和 Φ_L 关联，则 u 和 i 的参考方向也彼此关联。此时，自感磁链为

$$\Psi_L = Li$$

而自感电压为

$$u = \frac{\mathrm{d}\Psi_L}{\mathrm{d}t} = \frac{\mathrm{d}(Li)}{\mathrm{d}t}$$

即

$$u = L \frac{\mathrm{d}i}{\mathrm{d}t} \qquad (1-26)$$

这就是关联参考方向下电感元件的电压与电流的约束关系，或称电感元件的 $u-i$ 关系。

由式（1-26）可知，电感元件的电压与其电流的变化率成正比。只有当元件的电流发生变化时，其两端才会有电压。因此，电感元件也是动态元件。电流变化越快，自感电压越大；电流变化越慢，自感电压越小。当电流不随时间变化时，则自感电压为零。所以，在直流电路中，电感元件相当于短路。

3. 电感元件的储能

当电感线圈中通入电流时，电流在线圈内及线圈周围建立起磁场，并储存磁场能量，因此，电感元件也是一种储能元件。

在电压和电流关联参考方向下，电感元件吸收的功率为

$$p(t) = u(t)i(t) = Li(t)\frac{\mathrm{d}i(t)}{\mathrm{d}t} \qquad (1-27)$$

同电容一样，电感元件上的瞬时功率可正可负。当 $p > 0$ 时，表明电感从电路中吸收功率，储存磁场能量；当 $p < 0$ 时，表明电感向电路中发出功率，释放磁场能量。

在 $\mathrm{d}t$ 时间内，电感元件吸收的能量为

$$\mathrm{d}W_{\mathrm{L}}(t) = p(t)\mathrm{d}t = Li(t)\mathrm{d}i(t)$$

设 $t = 0$ 时，$i(0) = 0$，则从 0 到 t 的时间内，电感元件吸收的能量为

$$W_{\mathrm{L}}(t) = \int_0^t p(t)\mathrm{d}t = L\int_0^{i(t)} i(t)\mathrm{d}i(t) = \frac{1}{2}Li^2(t) \qquad (1-28)$$

由上式可知，电感在任一时刻的储能仅与该时刻的电流有关，只要电流存在，电感就储存磁场能量。

【例 1-6】　一纯电感线圈，电压、电流为关联参考方向，$i = 50\mathrm{e}^{-0.5t}\mathrm{mA}$，$L = 4\mathrm{H}$，求电感上的电压表达式，$t = 0$ 时的电感电压，$t = 0$ 时的磁场能量。

解：电压、电流为关联参考方向时

$$u_{\mathrm{L}}(t) = L\frac{\mathrm{d}i}{\mathrm{d}t} = 4 \times \frac{\mathrm{d}50\mathrm{e}^{-0.5t}}{\mathrm{d}t} = -4 \times 50 \times 0.5\mathrm{e}^{-0.5t}\mathrm{mV} = -100\mathrm{e}^{-0.5t}\mathrm{mV}$$

$$u_{\mathrm{L}}(0) = -100\mathrm{mV}$$

$$W_{\mathrm{L}}(0) = \frac{1}{2}Li^2(0) = \frac{1}{2} \times 4 \times 2500 \times 10^{-6}\mathrm{J} = 5 \times 10^{-3}\mathrm{J}$$

1.4　电压源与电流源

党的二十大报告指出，"加强基础学科、新兴学科、交叉学科建设，加快建设中国特色、世界一流的大学和优势学科。"电源技术是一门交叉学科，也是一门基础学科。

电源是一种将其他形式的能量转换成电能的装置或设备。常见的直流电源有干电池、蓄电池、直流发电机、直流稳压电源和直流稳流电源等。常见的交流电源有交流发电机、交流稳压电源和各种信号发生器等。实际电源工作时，在一定条件下，有的端电压基本不随外电路变化而变化，如新的干电池、大型电网等；有的提供的电流基本不随外部电路变化而变化，如光电池、晶体管稳流电源等。因而得到两种电源模型：电压源和电流源。电压源和电流源是两种有源元件。

电压源与电流源

1. 4. 1　电压源

1. 理想电压源

理想电压源是从实际电源抽象出来的理想化二端电路元件，简称为电压源。其图形符号如图 1-16a 所示，u_S 为电压源的电压，"+""−"为电压的参考极性。电压 u_S 是恒定值或某种给定的时间函数，与通过电压源的电流无关。因此，电压源具有以下两个特点：

1）电压源对外提供的电压 $u(t)$ 是恒定值或某种确定的时间函数，不会因所接的外电路不同而改变，即 $u(t) = u_S(t)$。

2）通过电压源的电流 $i(t)$ 随外接电路的不同而不同。

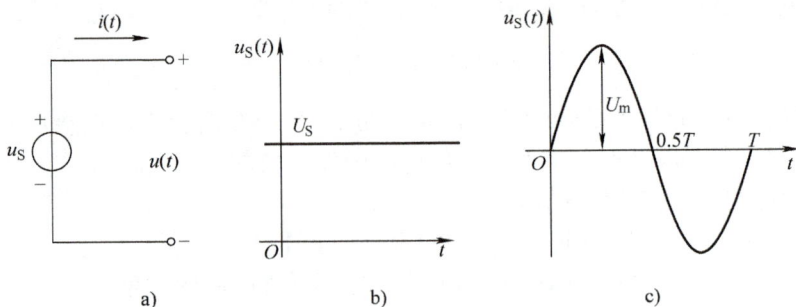

图 1-16　电压源及其电压波形
a）电压源图形符号　b）直流电压波形　c）正弦交流电压波形

常见的电压源有直流电压源和正弦交流电压源。直流电压源的电压 u_S 是常数，即 $u_S = U_S$（U_S 是常数）。图 1-16b 为直流电压源电压的波形曲线。图 1-16c 是正弦交流电压源电压 $u_S(t)$ 的波形曲线，正弦交流电压源的电压 $u_S(t)$ 为

$$u_S(t) = U_m \sin\omega t$$

图 1-17 是直流电压源的伏安特性，它是一条与电流轴平行且纵坐标为 U_S 的直线，表明其端电压恒等于 U_S，与电流大小无关。当电流为零，亦即电压源开路时，其端电压仍为 U_S。如果一个电压源的电压 $u_S = 0$，则此电压源的伏安特性为与电流轴重合的直线，它相当于短路。

由图 1-16a 知，电压源发出的功率为

$$p = -u_S i$$

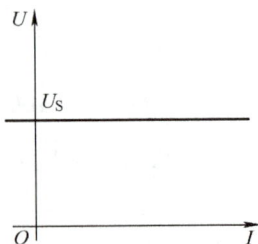

图 1-17　直流电压源的伏安特性

$p > 0$ 时，电压源实际上是吸收功率，电流实际方向是从电压源的高电位端流向低电位端，电压源是作为负载出现的；$p < 0$ 时，电压源实际上是发出功率，电流的实际方向是从电压源的低电位端流向高电位端。电压源中电流可以从 0 变化到无穷大。

由理想电压源的特点可知，其两端电压 U_S 为定值，不随端口电流 I 改变，所以电压源与任何二端元件并联，都可以等效为电压源。

2. 实际电压源

理想电压源实际上是不存在的，一个实际的电压源在给外电路提供功率的同时，在其电源内部也会有功率损耗，即实际电源是存在内阻的，其端电压随负载电流的增大而下降。因此，对于一个实际电压源，可用一个电压源 U_S 和内阻 R_S 串联的模型来等效，此模型称为

实际电源的电压源模型。如图 1-18a 所示，其中 U_S 就是电源的开路电压，内阻 R_S 有时也称为输出电阻。因此，实际电压源的参数可用开路电压 U_S 和内阻 R_S 来表示。

实际电压源的端电压为

$$U = U_S - R_S I \tag{1-29}$$

实际电压源的伏安特性如图 1-18b 所示。可见，电源的内阻 R_S 越小，其端电压 U 越接近于 U_S，实际电压源就越接近于理想电压源。

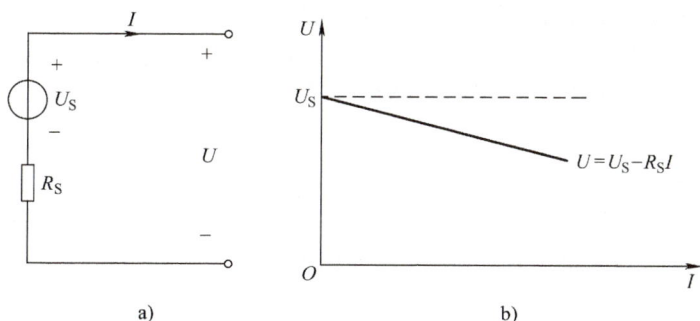

图 1-18 实际电压源模型及伏安特性

1.4.2 电流源

1. 理想电流源

理想电流源也是一个理想的二端电路元件，简称为电流源。有些电子元器件或设备在一定范围内工作时能产生恒定电流，例如光电池在一定光线照射下，能被激发产生一定值的电流，该电流与光的照度成正比，它的特性比较接近电流源。电流源的图形符号如图 1-19a 所示，i_S 是电流源的电流，电流源旁边的箭头表示电流 i_S 的参考方向。电流 i_S 是定值或某种给定

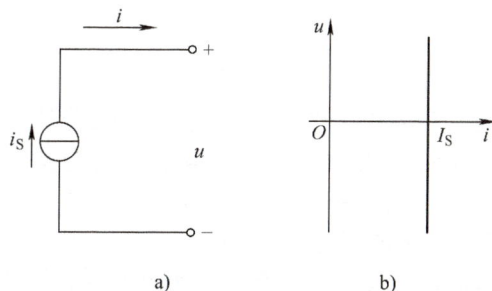

图 1-19 电流源及直流电流源的伏安特性
a）电流源的图形符号 b）直流电流源的伏安特性

的时间函数，与其端电压 u 无关。因此，电流源有以下两个特点：

1）电流源向外电路提供的电流 $i(t)$ 是定值或某种确定的时间函数，不会因外电路不同而改变，即 $i(t) = i_S$，i_S 是电流源的电流。

2）电流源的端电压 $u(t)$ 随外接的电路不同而不同。

如果电流源的电流 $i_S = I_S$（I_S 是常数），则为直流电流源。它的伏安特性是一条与电压轴平行且横坐标为 I_S 的直线，如图 1-19b 所示，表明其输出电流恒等于 I_S，与端电压无关。当电压为零，亦即电源短路时，它发出的电流仍为 I_S。

如果一个电流源的电流 $i_S = 0$，则此电流源的伏安特性为与电压轴重合的直线，它相当于开路。

由图 1-19a 可知，电流源发出的功率为

$$p = -u i_S$$

$p > 0$ 时，电流源实际上是吸收功率，电流源是作为负载出现的；$p < 0$ 时，电流源实际上是发出功率。电流源的端电压可以从 0 变化到无穷大。

由理想电流源的特点可知，其输出电流 I_S 为定值，不随端电压 U 的改变而改变，所以电流源与任何二端元件串联，可以等效为电流源。

电压源和电流源，其电压或电流都是给定的时间函数，不受外电路的影响，故称为独立源。在电子电路的模型中还常常遇到另一种电源，它们的电压或电流不是独立的，而是受电路中另一处的电压或电流控制，称为受控源或非独立源。

【例 1-7】 图 1-20 所示的电路，计算电流源的端电压 U_1、5Ω 电阻两端的电压 U_2 和电路中各元件的功率。

解：$U_2 = 5 \times 2\text{V} = 10\text{V}$

$U_1 = U_2 + U_3 = 10\text{V} + 3\text{V} = 13\text{V}$

电流源的电流、电压为非关联参考方向，所以

电流源的功率 P_1 为

$$P_1 = -U_1 I_S = -13 \times 2\text{W} = -26\text{W}（发出功率）$$

电阻的电流、电压为关联参考方向，所以

$$P_2 = 10 \times 2\text{W} = 20\text{W}（吸收功率）$$

电压源的电流、电压为关联参考方向，所以

$$P_3 = 2 \times 3\text{W} = 6\text{W}（吸收功率）$$

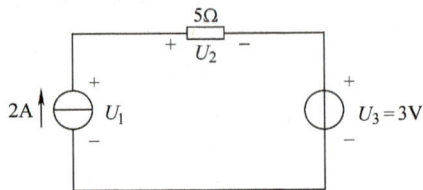

图 1-20　例 1-7 图

2. 实际电流源

同理想电压源一样，理想电流源也是不存在的，实际电流源的输出电流是随着端电压的变化而变化的。例如光电池，被光激发而产生的电流，并不是全部流出，而是有一部分在光电池内部流动。因此，对于一个实际电流源，可用一个电流源 I_S 和内阻 R_S 并联的模型来表示，此模型称为实际电源的电流源模型，如图 1-21a 所示，其中，I_S 是电源的短路电流，内阻 R_S 表明了电源内部的分流效应。因此，实际电流源可用它的短路电流 I_S 和内阻 R_S 这两个参数来表示。

图 1-21　实际电流源模型及伏安特性

实际电流源的输出电流为

$$I = I_S - \frac{U}{R_S} \tag{1-30}$$

实际电流源的伏安特性如图 1-21b 所示。可见，电源的内阻 R_S 越大，其输出电流 I 越接近 I_S，实际电流源就越接近于理想电流源。

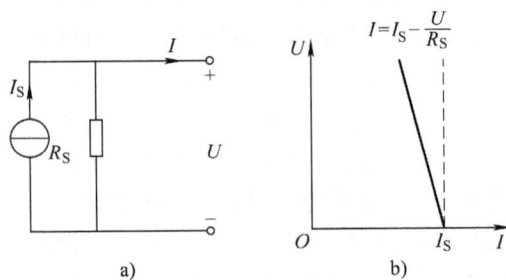

1.4.3　两种实际电源模型间的等效变换

两种电源模型之间是可以等效变换的。对外电路来说，任何一个含有内阻的电源都可以等效成一个电压源和内阻的串联或者电流源和内阻的并联电路。这里所说的等效变换，是指对外电路的等效，即变换前后端口处的伏安关系不变。

对于图 1-22a 所示的电压源模型有 $U = U_S - R_S I$，可改写为

$$I = \frac{U_S}{R_S} - \frac{U}{R_S}$$

对于图 1-22b 所示的电流源模型有

$$I = I_S - \frac{U}{R_S'}$$

因此，两种电源模型等效变换的条件为

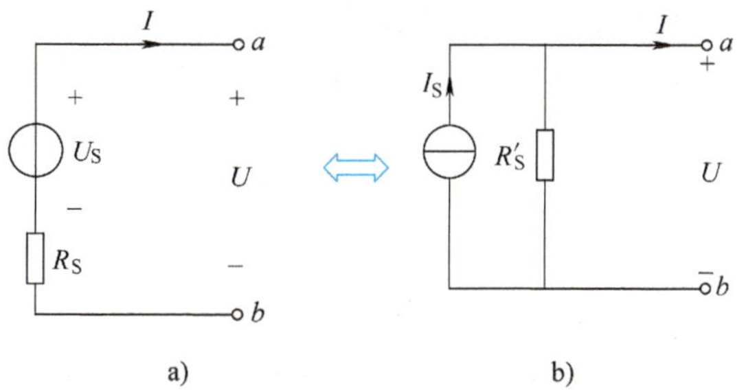

图 1-22 两种电源模型的等效变换

$$I_S = \frac{U_S}{R_S}, \quad R_S = R_S' \tag{1-31}$$

由上式可知，如果已知图 1-22a 所示的电压源模型，则其等效电流源模型如图 1-22b 所示，并且其 $I_S = U_S / R_S$，$R_S' = R_S$；如果已知图 1-22b 所示的电流源模型，则其等效电压源模型如图 1-22a 所示，并且其 $U_S = R_S' I_S$，$R_S = R_S'$。

要注意以下几点：

1）变换前后电压源电压的参考极性与电流源电流的参考方向之间的关系是：电流源 I_S 的方向应从电压源的正极流出。

2）等效是指对外电路等效，对电源内部是不等效的。

3）没有串联电阻的电压源和没有并联电阻的电流源之间没有等效的关系。

【例 1-8】 图 1-23a 所示电路，已知 $U_{S1} = 10V$，$U_{S2} = 6V$，$R_1 = 1\Omega$，$R_2 = 3\Omega$，$R = 6\Omega$。求 R 支路中的电流 I。

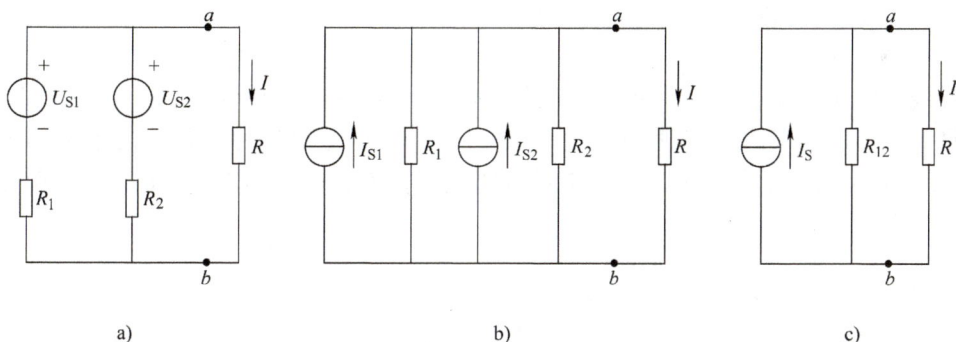

图 1-23 例 1-8 图

解： 把每个电压源电阻串联支路变换为电流源与电阻相并联。电路变换如图 1-23b 所示，其中图 1-23b 中两个并联电流源可以用一个电流源代替，其

$$I_{S1} = \frac{U_{S1}}{R_1} = \frac{10}{1}A = 10A$$

$$I_{S2} = \frac{U_{S2}}{R_2} = \frac{6}{3}A = 2A$$

$$I_S = I_{S1} + I_{S2} = 10A + 2A = 12A$$

并联 R_1、R_2 的等效电阻为

$$R_{12} = \frac{R_1 R_2}{R_1 + R_2} = \frac{1 \times 3}{1 + 3}\Omega = \frac{3}{4}\Omega$$

电路简化如图 1-23c 所示。

对于图 1-23c 电路，可按分流关系求得 R 的电流 I 为

$$I = \frac{R_{12}}{R_{12} + R} \cdot I_S = \frac{\dfrac{3}{4}}{\dfrac{3}{4} + 6} \times 12\text{A} = \frac{4}{3}\text{A} = 1.3\text{A}$$

通过仿真软件搭建图 1-23 电路，得出仿真结果如图 1-24 所示。首先通过仿真结果验证了计算结果的正确性，其次可以直观发现 3 个电路是等效的，将电阻 R 看作外电路，3 个电路在电阻 R 上产生相同的电流。

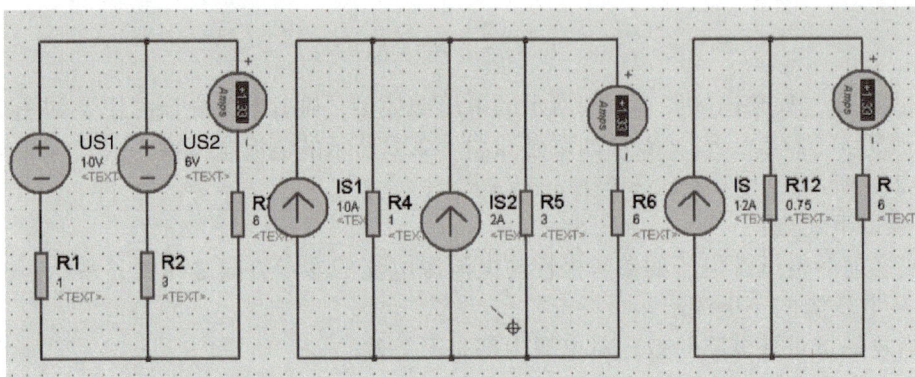

图 1-24　例 1-8 电路仿真

<h2>1.5　电路的工作状态</h2>

当导线将电源、负载、中间电气元件连接成电路后，电路的工作状态分为有载、短路和开路 3 种状态。下面以图 1-25 所示简单电路为例，分别讨论 3 种工作状态下电路的特征。图中，U_S 和 R_S 构成实际电压源，U_S 为电源开路电压，R_S 为电源的内阻，U 为电源输出电压，R_L 为负载电阻。

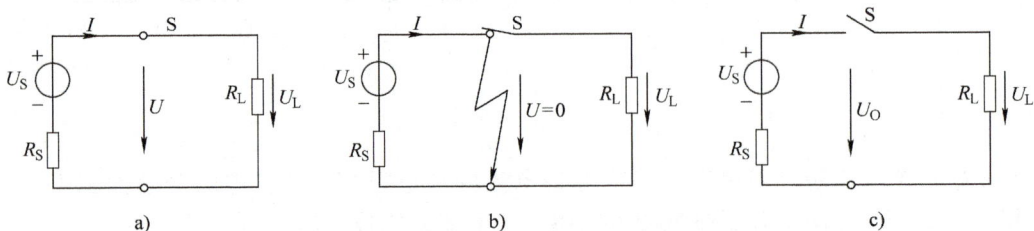

图 1-25　电路的工作状态
a）有载　b）短路　c）开路

<h3>1.5.1　有载</h3>

在图 1-25a 中，当开关 S 闭合时，电源与负载形成通路，负载中有电流流过，电源向负载提供能量，此时称电路处于有载工作状态，简称为有载。通常也将由实际电压源与负载共

同构成的闭合电路称为全电路。由图可得

$$U_S = U + IR_S = IR_L + IR_S \tag{1-32}$$

电流为
$$I = \frac{U_S}{R_S + R_L} \tag{1-33}$$

式（1-33）称为全电路欧姆定律，可表述为：闭合电路中的电流等于电源电压与电路总电阻之比。

由式（1-32）可得　$IU = IU_L = IU_S - I^2 R_S$

即
$$P_{U_S} = P_L + P_{R_S} = P + P_{R_S} \tag{1-34}$$

因此，在电路有载状态下，电源电压等于负载的端电压与电源的内电压降之和；负载消耗的功率就是电源的输出功率；电源向电路提供的总功率等于负载消耗的功率与电源内部消耗的功率之和，它符合能量守恒定律。

1.5.2　短路

在图 1-25b 中，由于某种原因，电源两端或负载两端出现了直接接触，负载电阻变为零，此时就称为电路处于短路状态，简称为短路。此时电路中的电流称为短路电流。

电路电流为
$$I_S = \frac{U_S}{R_S} \tag{1-35}$$

电源输出电压为　　　　　　　　　$U_L = 0$

由于导线电阻很小，电源的电压全部降在内阻上，短路电流远大于电源的额定电流（$I_S \gg I_N$），过大的电流会损坏甚至烧毁电源及电路中的电气设备，所以常在电路中接入熔断器或其他保护设备，一旦电路出现短路，即可切断电路起到保护作用。

电源短路是一种危险的事故状态，严格来讲，不能称为一种工作状态。在实际工作中，为了某种需要，常人为地将电路的某一部分或某一元件的两端用导线连接起来，称为"短接"，如用万用表测电阻时，首先需将选定的倍率档进行欧姆调零，此时就需将万用表两只表笔短接。因此，要把"短路"和"短接"严格区分对待。

1.5.3　开路

在图 1-25c 中，当开关 S 断开时，负载中没有电流流过，电源不向负载提供能量，此时就称电路处于开路工作状态，简称为开路，也称为断路或空载。电源的输出电压 U 称为开路电压或空载电压。

开路电流为　　　　　　　　　　$I = 0 \tag{1-36}$
开路电压等于电源电压，即

$$U = U_S = U_L \tag{1-37}$$

实际应用中，常用实验的方法测试电源的开路电压，如图 1-25a 所示。将开关 S 断开，用内阻很大的电压表直接测试电路的输出电压，所测得的值即为电压源的开路电压。

1.6 基尔霍夫定律

1.6.1 几个基本概念

基尔霍夫定律包括电流定律和电压定律。为了叙述方便，先介绍几个有关的电路名词。

1）支路：电路中流过同一电流的一个分支称为一条支路。图1-26中有6条支路，即 aed、cfd、agc、ab、bc、bd。

2）节点：3条或3条以上支路的连接点称为节点。图1-26中有4个节点，即 a、b、c、d。

3）回路：电路中任一闭合路径称为回路。图1-26中有7个回路，即 $abdea$、$bcfdb$、$abcga$、$abdfcga$、$agcbdea$、$abcfdea$、$agcfdea$。

4）网孔：网孔是回路的一种。除了构成回路本身的支路外，在回路内部不再含有任何支路，这样的回路叫作网孔。图1-26中有3个网孔，即 $abdea$、$bcfdb$、$abcga$。

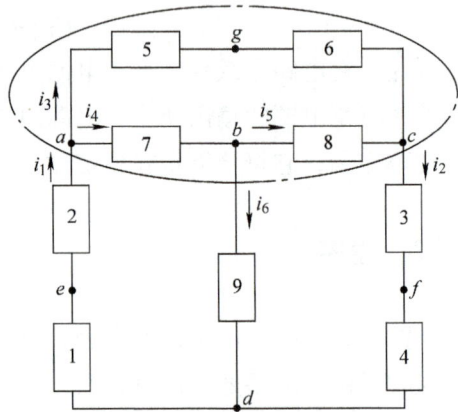

图1-26 电路名词说明用图

1.6.2 基尔霍夫电流定律

在电路中任一瞬间，流入任一节点的所有支路电流的代数和恒等于零，这就是基尔霍夫电流定律，简称为KCL。

对图1-26中的节点 a，应用KCL则有

$$i_1 - i_3 - i_4 = 0$$

写出一般式，为

$$\sum I = 0 \quad 或 \quad \sum i = 0 \tag{1-38}$$

在式（1-38）中，流入节点的电流前取"＋"号，流出节点的电流前取"－"号，而电流是流出节点还是流入节点均按电流的参考方向来判定，因此在列写KCL方程时，应首先确定各支路电流的参考方向。

1.6.3 基尔霍夫电压定律

在电路中任一瞬间，沿着任一个回路绕行一周，所有电压降的代数和恒等于零，这就是基尔霍夫电压定律，简写为KVL，用数学表达式表示为

$$\sum U = 0 \quad 或 \quad \sum u = 0 \tag{1-39}$$

在写出式（1-39）时，先要任意规定回路绕行的方向，凡电压的参考方向与回路绕行方向一致者，此电压前面取"＋"号，电压的参考方向与回路绕行方向相反者，则电压前面取"－"号。回路的绕行方向可用箭头表示，也可用闭合节点序列来表示。在图1-26

中，对回路 $abcga$ 应用 KVL，有

$$u_{ab} + u_{bc} + u_{cg} + u_{ga} = 0$$

基尔霍夫电压定律不仅适用于闭合回路，还可以推广应用于任一开口电路，但要将开口处的电压列入方程。

1.7　电路的基本分析方法

1.7.1　基尔霍夫定律的应用——支路电流法

分析、计算复杂电路的方法很多，现介绍一种最基本的方法——支路电流法。支路电流法是以支路电流为未知量，应用基尔霍夫定律列出与支路电流数目相等的独立方程式，再联立求解。应用支路电流法解题的方法步骤（假定某电路有 b 条支路，n 个节点）如下：

1) 首先标定各待求支路的电流参考方向及回路绕行方向。

2) 应用基尔霍夫电流定律列出 $(n-1)$ 个节点电流方程。

3) 应用基尔霍夫电压定律列出 $[b-(n-1)]$ 个独立的回路电压方程。

4) 由联立方程组求解各支路电流。

【例1-9】　图1-27 所示电路，$u_{s1} = 10V$，$R_1 = 6\Omega$，$u_{s2} = 26V$，$R_2 = 2\Omega$，$R_3 = 4\Omega$，求各支路电流。

解：假定各支路电流方向如图1-27 所示，根据基尔霍夫电流定律，对节点 A 有

$$I_1 + I_2 - I_3 = 0$$

设闭合回路的绕行方向为顺时针方向，对回路 Ⅰ，有

$$I_1 R_1 - I_2 R_2 + u_{s2} - u_{s1} = 0$$

对回路 Ⅱ，有

$$I_2 R_2 + I_3 R_3 - u_{s2} = 0$$

以上 3 式代入已知数据，有

$$\begin{cases} I_1 + I_2 - I_3 = 0 \ominus \\ 6I_1 - 2I_2 + 26 - 10 = 0 \\ 2I_2 + 4I_3 - 26 = 0 \end{cases}$$

解方程组，得

$$I_1 = -1A，I_2 = 5A，I_3 = 4A$$

这里解得 I_1 为负值，说明实际方向与假定方向相反，同时说明 u_{s1} 此时相当于负载。

通过仿真软件搭建图1-27 电路，得出仿真结果如图1-28 所示。

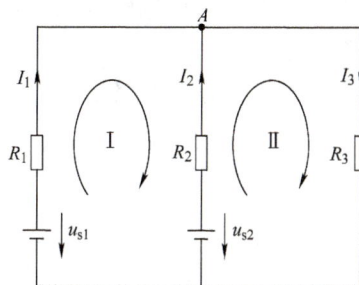

图 1-27　例 1-9 图

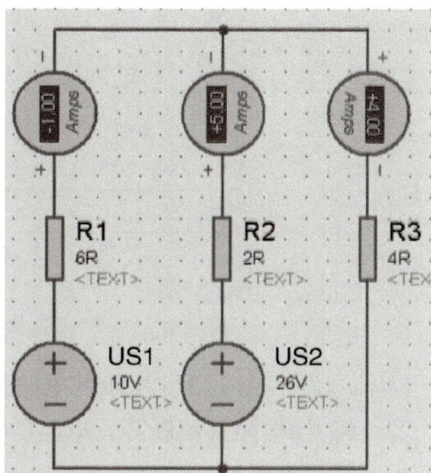

图 1-28　例 1-9 电路仿真

⊖　本书述及的方程在运算过程中，为使运算简洁便于阅读，如对量的单位无标注及特殊说明，此方程均为数值方程，而方程中的物理量均采用 SI 单位。

1.7.2 戴维南定理

对于任意线性有源二端网络，对外电路的作用可以用一个理想电压源和内阻串联的电源模型来等效，其中电压源的电压等于该二端网络的开路电压 U_{OC}，内阻 R_0 等于有源二端网络内部所有独立源作用为零（理想电压源短路，理想电流源开路）情况下的网络的等效电阻，这就是戴维南定理。

戴维南定理可用图 1-29 来描述。

若只需分析计算线性有源电路中某一支路的电流或电压，则应用戴维南定理具有特殊的优越性。方法为：先将待求支路断开，则待求支路以外的部分就是一个有源二端网络，这时先应用戴维南定理求出该有源二端网络的开路电压 U_{OC} 和内阻 R_0，然后接上待求支路，即可求得待求量。

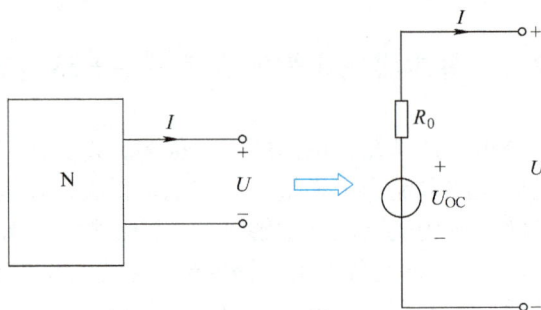

图 1-30a 为有源二端网络与外电路电

图 1-29　戴维南定理

阻 R 串联的电路。根据戴维南定理，有源二端网络对外电路的作用可用图 1-30b 中点画线内部电路来等效。

图 1-30b 的等效电路是一个简单电路，其中电流可用下式计算：

$$I = \frac{U_{OC}}{R_0 + R} \qquad (1-40)$$

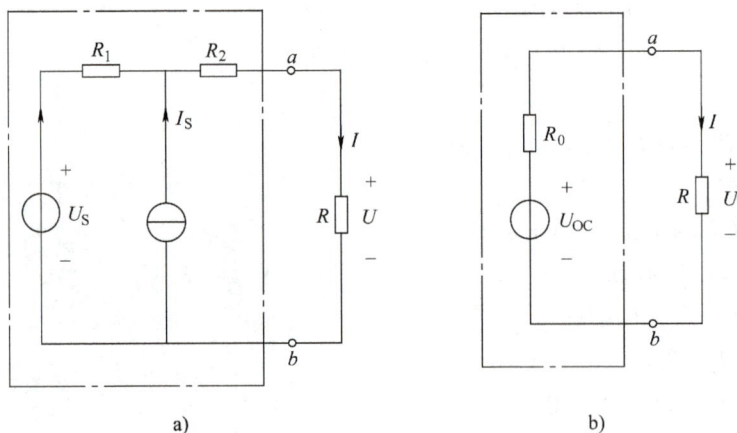

a)

b)

图 1-30　戴维南定理的应用

【例 1-10】　图 1-31a 所示的电路，应用戴维南定理计算通过电阻 R_3 的电流 I_3。

解：将 R_3 电阻支路断开，电路的其余部分就是一个有源二端网络，如图 1-31b 所示。

先计算此网络的开路电压 U_{OC}：

$$I_0 = \frac{U_{S1} - U_{S2}}{R_1 + R_2} = \frac{140 - 90}{20 + 5}\text{A} = 2\text{A}$$

$$U_{OC} = U_{S2} + I_0 R_2 = 90\text{V} + 2 \times 5\text{V} = 100\text{V}$$

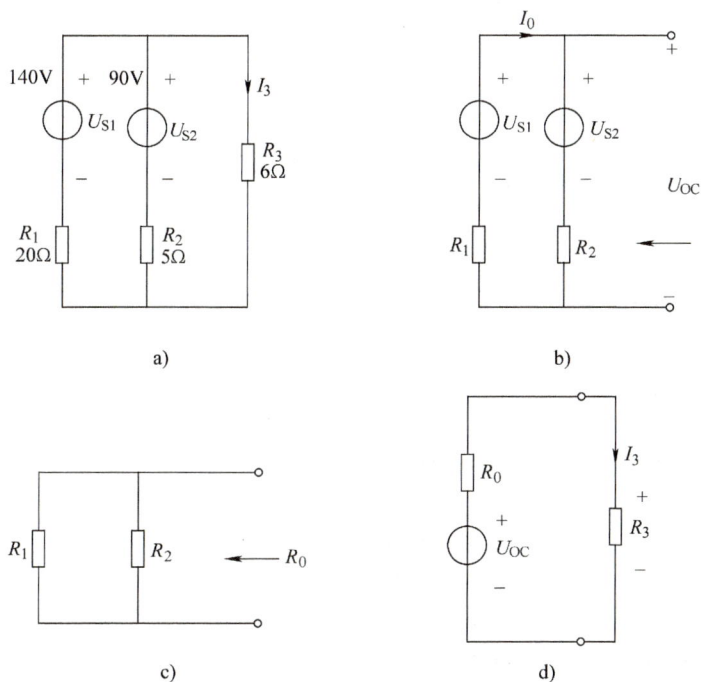

图 1-31 例 1-10 图

然后求等效电阻 R_0。如图 1-31c 所示，其等效电阻为

$$R_0 = \frac{R_1 R_2}{R_1 + R_2} = \frac{20 \times 5}{20 + 5}\Omega = 4\Omega$$

画出戴维南等效电路并与待求支路 R_3 相连，如图 1-31d 所示。可求得

$$I_3 = \frac{U_{OC}}{R_0 + R_3} = \frac{100}{4 + 6}A = 10A$$

通过仿真软件搭建图 1-31 所示电路，得到仿真结果如图 1-32 所示。

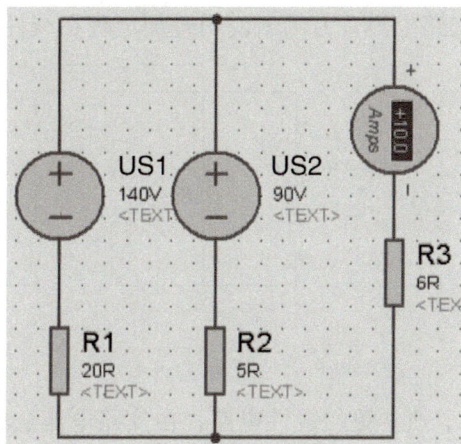

图 1-32 例 1-10 电路仿真

【例 1-11】 求图 1-33a 所示电路的戴维南等效电路。

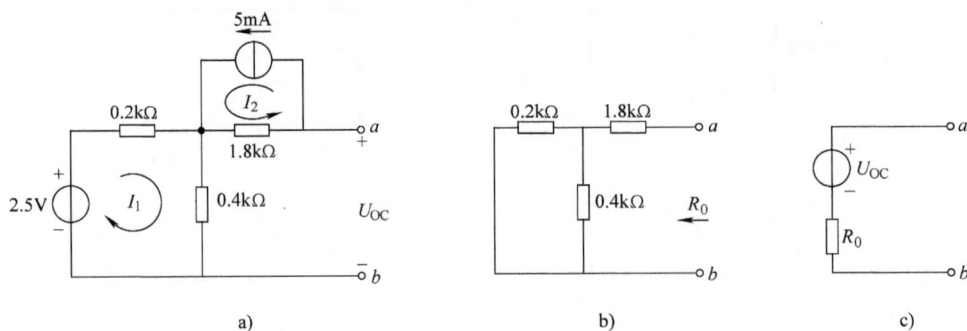

图 1-33 例 1-11 图

解：如图 1-33a 所示，先求开路电压 U_{OC}：

$$I_1 = \frac{2.5}{0.2 + 0.4}\text{mA} = 4.2\text{mA}$$

$$I_2 = 5\text{mA}$$

$$U_{OC} = -1.8I_2 + 0.4I_1 = (-1.8 \times 5 + 0.4 \times 4.2)\text{V} = -7.32\text{V}$$

然后求等效电阻 R_0。如图 1-33b 所示，有

$$R_0 = 1.8\text{k}\Omega + \frac{0.2 \times 0.4}{0.2 + 0.4}\text{k}\Omega = 1.93\text{k}\Omega$$

画出的戴维南等效电路如图 1-33c 所示，其中

$$U_{OC} = -7.32\text{V}, \quad R_0 = 1.93\text{k}\Omega$$

1.7.3 叠加定理

叠加定理是反映线性电路基本性质的一个重要定理。叠加定理可表述如下：在线性电路中，当有多个独立电源共同作用时，在电路中任一支路的电流或电压等于各电源单独作用时，在该支路中产生的各电流或电压的代数和。

下面以图 1-34a 中 R_2 支路电流 I 为例来说明叠加定理在线性电路中的应用。

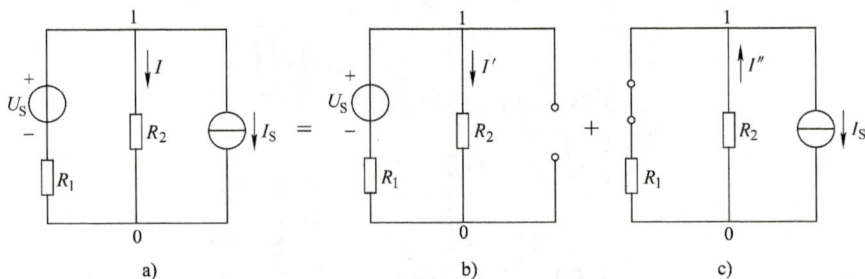

图 1-34 叠加定理应用

图 1-34a 是一个含有两个独立源的线性电路，由支路电流法，可求得 R_2 支路电流为

$$I = \frac{U_S}{R_1 + R_2} - \frac{R_1}{R_1 + R_2}I_S$$

图 1-34b 是电压源 U_S 单独作用下的情况。此情况下电流源的作用为零，零电流源相当

于无限大的电阻（即开路）。在 U_S 单独作用下 R_2 支路的电流为

$$I' = \frac{U_S}{R_1 + R_2}$$

图 1-34c 是电流源 I_S 单独作用下的情况。此情况下电压源的作用为零，零电压源相当于零电阻（即短路）。在 I_S 单独作用下 R_2 支路的电流为

$$I'' = \frac{R_1}{R_1 + R_2}I_S$$

求所有独立源作用下 R_2 支路电流的代数和，得

$$I' - I'' = \frac{U_S}{R_1 + R_2} - \frac{R_1}{R_1 + R_2}I_S = I$$

对 I' 取正号，是因为它的参考方向与 I 的参考方向一致；对 I'' 取负号，是因为它的参考方向与 I 的参考方向相反。使用叠加定理时，应注意以下几点：

1）只能用来计算线性电路的电流和电压，对非线性电路，叠加定理不适用。

2）叠加时要注意电流和电压的参考方向，求其代数和。

3）化为几个单独电源的电路来进行计算时，所谓电压源不作用，就是在该电压源处用短路代替，电流源不作用，就是在该电流源处用开路代替。

4）电压、电流可以叠加，但不能用叠加定理来计算功率，因为功率与电流或电压之间不是线性关系。如图 1-34 中电阻 R_2 的功率 $P = I^2 R_2 = (I' - I'')^2 R_2 \neq I'^2 R_2 - I''^2 R_2$。

【例 1-12】 图 1-35a 所示的电路，已知 $R_1 = 16\Omega$，$R_2 = 4\Omega$，$U_S = 10V$，$I_S = 6A$，用叠加定理求电流 I_1 和 I_2。

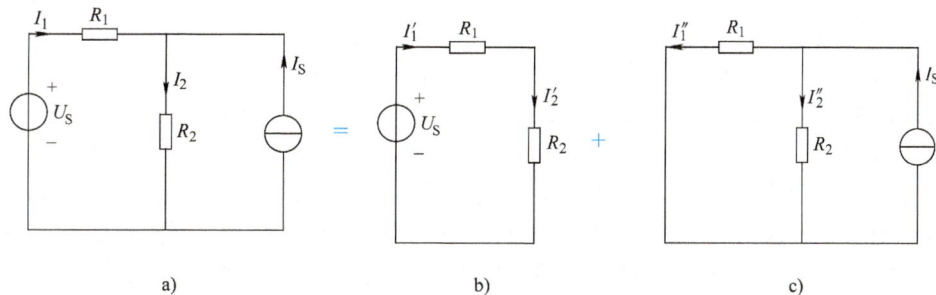

图 1-35 例 1-12 电路

解：电路由两个电源共同作用。电压源 U_S 单独作用时，电流源 I_S 开路，电路如图 1-35b 所示，可求得

$$I_1' = I_2' = \frac{U_S}{R_1 + R_2} = \frac{10}{16 + 4}A = 0.5A$$

当电流源 I_S 单独作用时，电压源 U_S 短路，电路如图 1-35c 所示，可求得

$$I_1'' = \frac{R_2}{R_1 + R_2}I_S = \frac{4}{16 + 4} \times 6A = 1.2A$$

$$I_2'' = \frac{R_1}{R_1 + R_2}I_S = \frac{16}{16 + 4} \times 6A = 4.8A$$

由叠加定理得

$$I_1 = I_1' - I_1'' = 0.5A - 1.2A = -0.7A$$

$$I_2 = I_2' + I_2'' = 0.5A + 4.8A = 5.3A$$

用仿真软件搭建图 1-35 所示电路，得到仿真结果如图 1-36 所示，与计算结果一致。

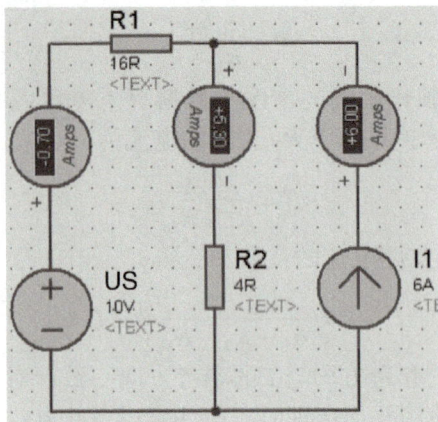

图 1-36　例 1-12 电路仿真

拓展阅读　电工新技术

进入 21 世纪以来，科学技术飞速发展，经济和市场瞬息万变，世界各个领域每天上演着争分夺秒的角逐，我国各行业都进入迅猛发展的阶段，取得震惊世界的成果，在这样一个时期，中国将以无愧于我们这个伟大民族的新姿态屹立于世界之林。

在能源发展方面，要向着节能、高效方向发展，党的二十大报告指出，"推动产业结构、能源结构、交通运输结构等调整优化。""加快发展方式绿色转型。"这需要大力促进新型可再生能源的应用发展，需要电工新技术的发展。在交通运输方面，实现高速的交通运输系统需要电力系统作为基础，也有赖电工新技术的发展。电工新技术的前沿领域有受控核聚变、磁流体发电、太阳能与风力发电、磁浮列车等。下面介绍几种电工新技术。

（1）受控核聚变

受控核聚变实现之后可以为人类提供用之不尽的清洁能源，从根本上解决生态环境可持续发展的问题。聚变反应堆的基本原理是模仿太阳的能量释放过程，通过将氢原子压缩成高温、高密度的等离子体，在高温和高压的环境下，将氢原子聚变成氦原子，释放出巨大的能量。聚变反应堆需要使用特殊的装置将氢原子压缩成高温等离子体，常见的装置有磁约束聚变和惯性约束聚变等。

聚变反应堆的发展主要依赖于核工技术与电工新技术的结合，这里要把大体积、强磁场技术，大能量、脉冲电源技术，辅助加热技术与等离子体控制技术提高到新的水平。

（2）磁流体发电

磁流体发电就是高温加热气体，使之成为导电的离子流，让离子流穿过磁场，切割磁感线产生电流的技术。自从 1959 年美国阿英柯公司试验燃煤磁流体发电技术成功后，世界上磁流体发电的研究，以美、日、苏联为代表，进展较快。目前已有 17 个国家在从事这项发电技术的研究开发工作。其中 13 个国家重点研究燃煤磁流机发电技术，大部分正进入工业性实验电站研究阶段。经过试验电站、示范电站和商用电站几个阶段的发展，可望在不远的将来实现商业化。

磁流体发电的发展过程表明，所遇到的困难比原设想的大得多，特别是用于燃煤的长时间可靠发电，这里需要大力发展电工、热工、材料、化工等多方面的新技术，在电工方面要解决电站系统、发电通道、超导磁体、功率调节与逆变等一系列关键技术问题。

（3）太阳能与风力发电

太阳能和风能作为一种清洁、可再生的能源，得到了全球的关注。随着太阳能电池板的效率不断提高和成本降低、风力发电技术的日趋成熟，太阳能和风能的应用范围越来越广泛。未来，太阳能将在家庭、工业、交通等领域发挥重要作用，成为全球能源结构的重要组成部分。

习　题　1

1.1　为什么要在电路图上规定电流的参考方向？参考方向与实际方向有何关系？

1.2　图 1-37 中给定电压、电流参考方向，求元件上的电压 U 或电流 I 的值。

1.3　图 1-38 所示电路中，已知 $U = 12\text{V}$，$R_1 = 400\Omega$，$R_2 = 800\Omega$，求电流 I 及 U_1、U_2 的值。

1.4　求图 1-39 中各支路电流。

1.5　现有两盏白炽灯，一盏是 AC 220V、100W，另一盏是 AC 110V、40W，试问：在 AC 110V 的电压下，哪一盏白炽灯较亮？哪一盏白炽灯电流较大？

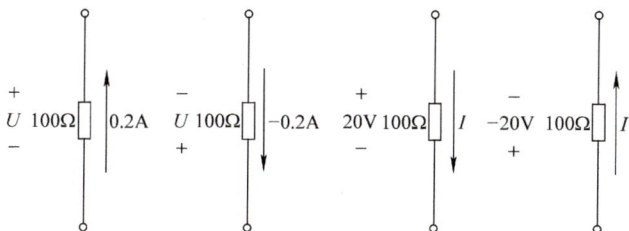

图 1-37　习题 1.2 图

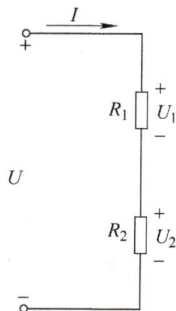

图 1-38　习题 1.3 图

1.6　计算图 1-40 所示电路中吸收或发出的功率。

1.7　计算图 1-41 所示电路中的 U 或 I。

1.8　有 220V、100W 白炽灯一盏，其灯丝电阻是多少？每天使用 6h，一个月（按 30 天计算）消耗的电能是多少度？

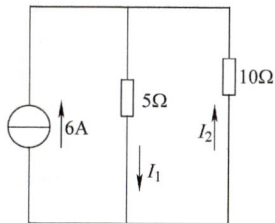

1.9　在关联参考方向下，已知 $C = 0.5\mu\text{F}$，求以下各电流 i。

1）$u = 100\text{V}$，$i = \underline{\hspace{2cm}}$ A。

2）$u = 0.01t\text{V}$，$i = \underline{\hspace{2cm}}$ A。

3）$u = 200\sin 1000t\text{V}$，$i = \underline{\hspace{2cm}}$ A。

图 1-39　习题 1.4 图

a)　　　　　b)　　　　　c)　　　　　d)

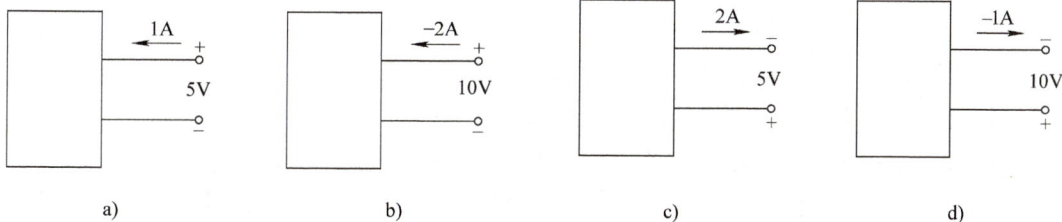

图 1-40　习题 1.6 图

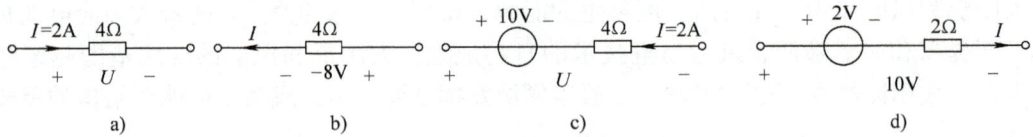

图 1-41 习题 1.7 图

1.10 某电容器容量 $C = 5\mu F$，所加电压为 $u = 200e^{-1000t}\,V$，设电压、电流为关联参考方向，求流过电容器的电流 i。

1.11 在关联的参考方向下，已知 $L = 2H$，通过电感的电流 i 为以下各值时，求电感的电压 u_L。

1）$i = 100A$，$u_L = $ _____ V。

2）$i = 0.1tA$，$u_L = $ _____ V。

3）$i = 2\sin 314t\,A$，$u_L = $ _____ V。

1.12 已知电容 $C_1 = 30\mu F$，$C_2 = 60\mu F$，求两电容串联和并联时的等效电容。

1.13 用一个等效电源替代图 1-42 中各有源二端网络。

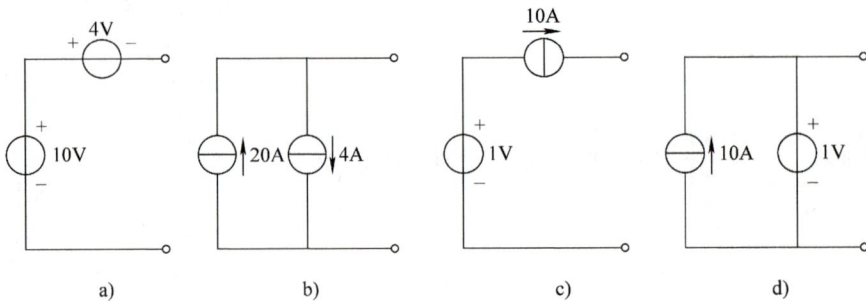

图 1-42 习题 1.13 图

1.14 求图 1-43 所示电路的等效电压源模型。

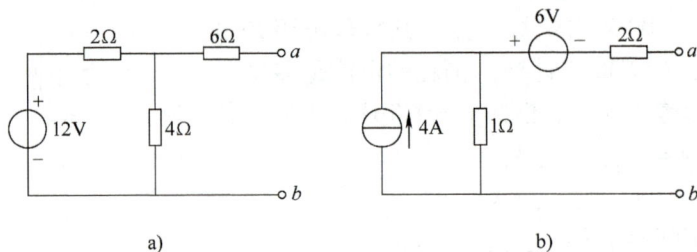

图 1-43 习题 1.14 图

1.15 求图 1-44 所示电路的等效电流源模型。

1.16 求图 1-45 所示有源二端网络的最简等效电路。

1.17 在图 1-46 所示电路中，若 $R_1 = 5\Omega$，$R_2 = 10\Omega$，$R_3 = 15\Omega$，$u_1 = 180V$，$u_2 = 80V$，若以 B 点为参考点，试求 A、B、C、D 四点的电位 V_A、V_B、V_C、V_D，并求出 C、D 两点之间的电压 U_{CD}。

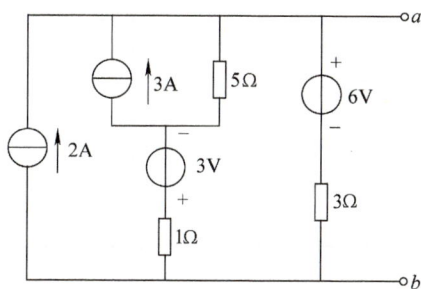

图 1-44　习题 1.15 图

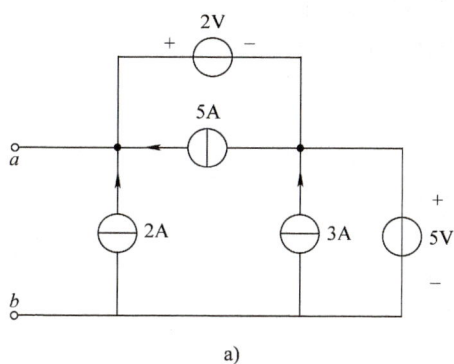

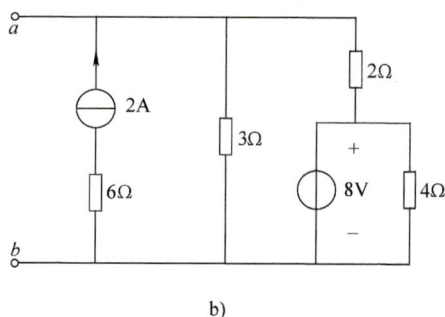

a)　　　　　　　　　　　　b)

图 1-45　习题 1.16 图

1.18　用支路电流法求图 1-47 所示电路中各支路的电流。

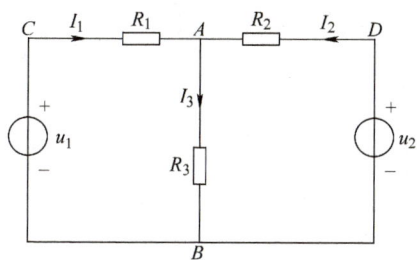

图 1-46　习题 1.17 图　　　　　　　图 1-47　习题 1.18 图

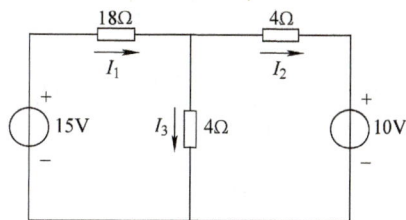

1.19　用支路电流法求图 1-48 所示电路中各支路的电流及电流源两端的电压。

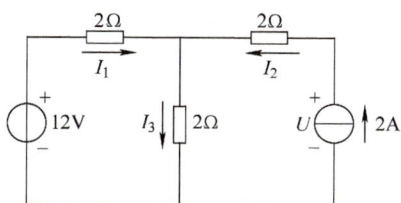

图 1-48　习题 1.19 图

1.20　应用戴维南定理将图 1-49 所示各电路化简为等效电压源模型。

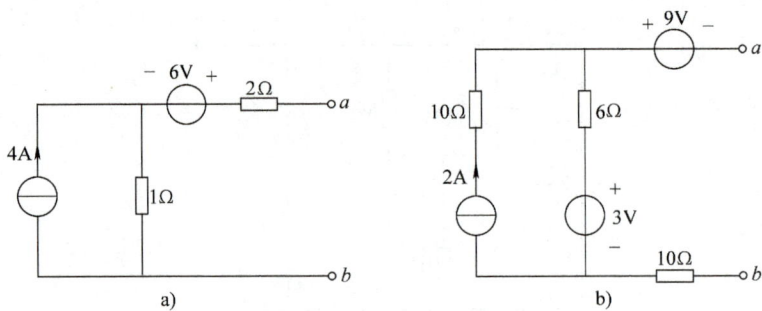

图 1-49　习题 1.20 图

1.21　试用戴维南定理求图 1-50 所示电路中电阻 R 上的电流 I。

1.22　试用戴维南定理求图 1-51 所示电路中 20Ω 电阻上的电流 I。

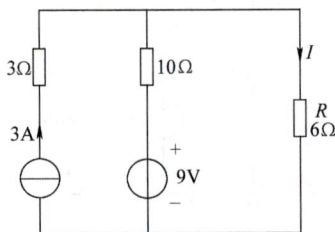

图 1-50　习题 1.21 图

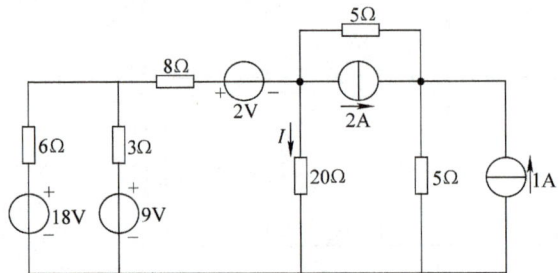

图 1-51　习题 1.22 图

1.23　试用叠加定理求图 1-52 所示电路中的电压 U。

1.24　试用叠加定理求图 1-53 所示电路中的电流 I。

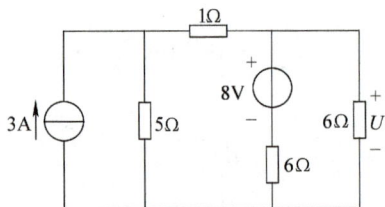

图 1-52　习题 1.23 图

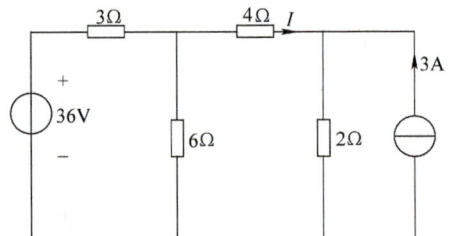

图 1-53　习题 1.24 图

第2章　正弦交流电路分析

在日常生活中随处可以见到正弦交流电，发电厂发出电以及一切家用电器使用的电都是正弦交流电，工业上最常用电也是正弦交流电。正弦交流电是最便捷最容易获得的电源，在许多需要直流电的场合也把它转换成直流电。正因为它使用广泛，我们有必要研究它，认识它的规律、参数以及表示方法。本章主要学习正弦交流电的三要素、相量表示法以及电阻电感电容串联电路。

学习目标：

1. 掌握正弦量三要素的含义，会求正弦量的三要素。
2. 掌握正弦量的相量表示法。
3. 掌握电阻电路、电感电路、电容电路中电压与电流的关系。
4. 理解 RLC 串联电路中的电压、阻抗及性质，了解串联谐振的条件。
5. 了解功率因数的概念以及如何提高功率因数。
6. 了解互感器和变压器。

素养目标：

1. 养成良好的工作责任心、坚强的意志力和严谨的工作作风；
2. 掌握文明生产、安全生产与环境保护的相关规定及内容。

2.1　正弦交流电的基础知识

2.1.1　正弦交流电的基本概念

大小和方向都不随时间变化的电流、电压和电动势是直流电。大小和方向随时间做周期性变化的电流、电压和电动势统称为交流电。交流电中随时间按正弦函数规律变化的称为正弦交流电，简称为交流电（或正弦量）。图 2-1 所示为直流电和交流电的 4 种波形图。

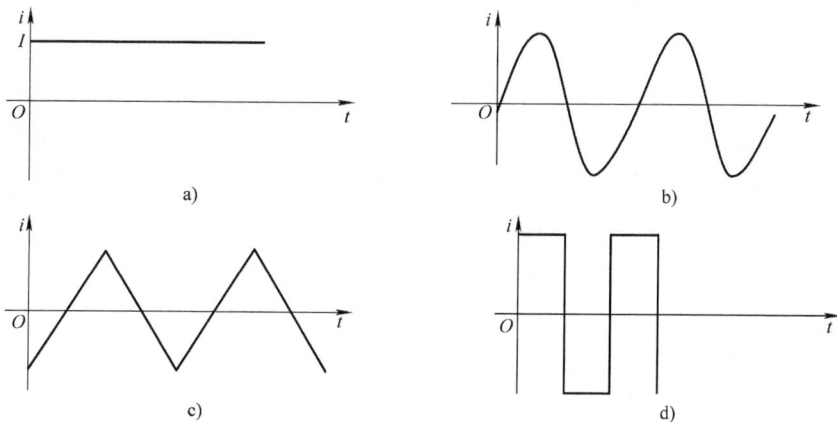

图 2-1　直流电和交流电的 4 种波形图

a）直流电　b）正弦交流电　c）交流三角波　d）交流方波

电流、电压和电动势在直流电中是恒定不变的，用大写字母表示。而交流电中的电流、电压和电动势在任意时刻大小和方向都是发生变化的，这种在每个瞬间的值称为瞬时值，用小写字母 u、i、e 表示。如图 2-2 所示，图中标出了各量的参考方向。由于交流电实际方向不断变化，所以当交流电的实际方向与所选定的方向一致时，瞬时值是正值，反之就是负值。

【例 2-1】 图 2-3 是参考方向为 a 到 b 情况下，某元件中电流 i 随时间 t 做正弦变化的曲线（波形图），问 t_1、t_2、t_3 时刻电流的大小及方向，并画出各时刻电流的实际方向。

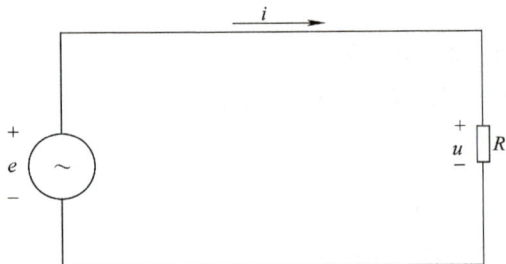

图 2-2　交流电的参考方向

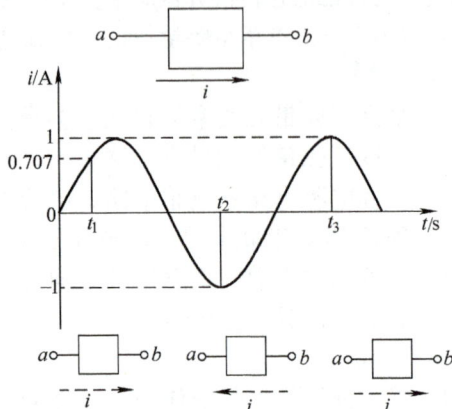

图 2-3　例 2-1 图

解： t_1 时刻，电流 $i(t_1) = 0.707\text{A}$，表示 t_1 时刻电流的大小为 0.707A，实际方向与参考方向一致，由 a 到 b。

t_2 时刻，$i(t_2) = -1\text{A}$，表示 t_2 时刻电流大小为 1A，实际方向与所选参考方向相反，由 b 到 a。

t_3 时刻，$i(t_3) = 1\text{A}$，表示 t_3 时刻电流大小为 1A，实际方向与参考方向一致，由 a 到 b。

图 2-3 下方用虚线箭头表示出了各时刻电流的实际方向。

注意： 因为参考方向是任意选取的，所以在交流电路中，习惯上像直流电路中一样，把元件上的电压和电流的参考方向选为关联方向。

2.1.2　正弦交流电的三要素

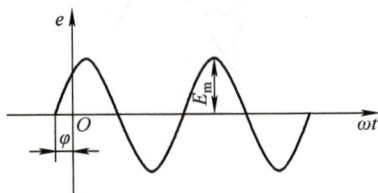

瞬时值随时间变换的函数关系式称为解析式，已知解析式就可得到正弦交流电任何时刻电压、电流的值，因此解析式和正弦量是一一对应关系。以电动势为例，正弦电动势的解析式为

$$e = E_\text{m} \sin(\omega t + \varphi) \tag{2-1}$$

式中，E_m 为正弦电动势的最大值或称为振幅，ω 为角频率，φ 称为初相位。

正弦交流电的三要素

把解析式用图像表示出来，即纵坐标表示瞬时值，横坐标表示角度 ωt（或时间 t）得出的关系曲线称为波形图。式（2-1）的波形图如图 2-4 所示。

由式（2-1）可知，一旦最大值、角频率、初相位确定，电动势随时间变化关系就确定了，因此把最大值、

图 2-4　交流电的波形图

角频率、初相位称为正弦交流电的三要素。正弦交流电的三要素是正弦量之间进行比较和区别的主要依据。

1. 最大值和有效值

（1）最大值（振幅值）

交流电在一个周期内所能达到的最大数值称为最大值（或振幅值），用 E_m、U_m、I_m 表示，如图 2-5 所示，表示交流电的强弱或高低。

（2）有效值

交流电的大小和方向时刻都在变化，不能确切表示周期量的大小，因此引入有效值来表示交流电的大小。如果交流电和直流电通过同样阻值的电阻，

图 2-5　电动势的最大值

在相同时间内产生的热量相等，即热效应相同，就把该直流电的数值称为交流电的有效值。用 E、U、I 表示交流电的有效值。正弦交流电的有效值和最大值的关系为

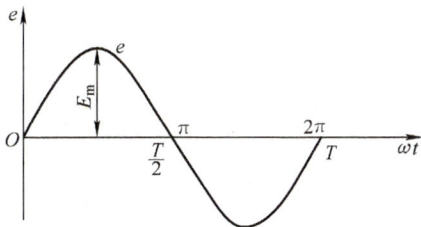

$$E = \frac{E_m}{\sqrt{2}} = 0.707 E_m$$

$$U = \frac{U_m}{\sqrt{2}} = 0.707 U_m$$

$$I = \frac{I_m}{\sqrt{2}} = 0.707 I_m$$

注意：常用的测量交流电的各种仪表在测量正弦交流电时，所指示的数字均为有效值。电机和电器铭牌上标的也都是有效值。

【例 2-2】　有一电容器，直流耐压为 220V，问能否接在 220V 市电电源上？

解：因市电是正弦交流电，220V 是电压的有效值，则电压的最大值为

$$U_m = \sqrt{2} \times 220V = 311V$$

电压最大值超过了电容器的耐压，可能击穿电容器，所以此电容器不能接在 220V 的市电上。

【例 2-3】　正弦电流的最大值为 10A，求用安培表测出的电流为多少？

解：因安培表测出的是正弦交流电的有效值，故有

$$I = \frac{I_m}{\sqrt{2}} = \frac{10}{1.414}A = 7.07A$$

用安培表测出的电流为 7.07A。

2. 周期、频率及角频率

（1）周期和频率

交流电完成一次周期性变化所需的时间，称为交流电的周期，用 T 表示，单位为秒（s）。

交流电在 1s 内完成周期性变化的次数，称为交流电的频率，用 f 表示，单位为赫兹（Hz），简称为赫。频率常用的单位还有千赫（kHz）和兆赫（MHz）。

显然，周期和频率成倒数关系，即

$$f = \frac{1}{T} \tag{2-2}$$

无线电通信中使用的频率比较高，如常见收音机的中波段一般为 100～1500kHz，短波为 6～30MHz。

（2）角频率

单位时间内正弦量所经历的电角度称为角频率或电角频率，用 ω 表示，单位为弧度/秒（rad/s）。

在两极交流发电机中，一个周期 T 内，正弦量经历的电角度为 2πrad，所以

$$\omega = \frac{2\pi}{T} = 2\pi f \tag{2-3}$$

周期或频率是表示正弦量变化快慢的物理量，周期越短（频率或角频率越大），交流电变化越快。

【例 2-4】 我国供电频率是 50Hz（简称为工频），求其周期与角频率。

解：

$$T = \frac{1}{f} = \frac{1}{50}\text{s} = 0.02\text{s}$$

$$\omega = 2\pi f = 2 \times 3.14 \times 50\text{rad/s} = 314\text{rad/s}$$

3. 相位、初相及相位差

（1）初相与相位

如图 2-6 所示，φ 是正弦量在计时起点（$t = 0$）时的角度，叫作初相位，简称初相。而正弦量在任意时刻对应的角度（$\omega t + \varphi$），称为正弦量的相位或相位角，相位与初相的单位都是度（或 rad）。

正弦量的初相及相位确定了正弦量在计时起点或某一时刻 t 的瞬时值，反映了正弦量在计时起点或某一时刻 t 的状态。正弦量的初相和相位都和计时起点的选择有关。

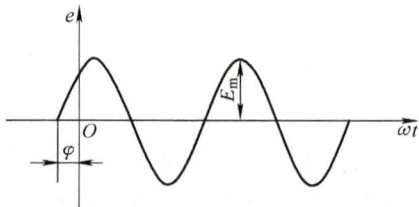

图 2-6　交流电的相位

注意：由于相位角的周期是 2π，规定 $|\varphi|$ 不能超过 πrad（180°）。

由于正弦量一个周期中瞬时值两次为零，所以规定由负值向正值变化过程中的零点叫作正弦量的零值。如取正弦量的零值瞬间为计时起点，则初相 $\varphi = 0$。图 2-7 为几种不同计时起点的正弦电流的波形图。

（2）相位差

两个同频率正弦量的相位之差，称为相位差。

例如，若 i_1 的相位是（$\omega t + \varphi_1$），i_2 的相位是（$\omega t + \varphi_2$），则 i_1、i_2 的相位差为

$$\varphi_{12} = (\omega t + \varphi_1) - (\omega t + \varphi_2) = \varphi_1 - \varphi_2$$

如图 2-8 所示，i_1 比 i_2 早 φ_{12} 角度到达零值或最大值，称 i_1 比 i_2 超前 φ_{12}，或者说 i_2 比 i_1 滞后 φ_{12}。

同频率正弦量的相位差不随时间改变，是一常数，且等于初相之差。对两个同频率正弦量的计时起点做同样改变时，它们的相位和初相也随之改变，但两者之间的相位差始终不变。

注意：规定相位差的绝对值不超过 180°。

当 $\varphi_{12} = 0$ 时，如图 2-9 所示，两个正弦量同时到达零值（或振幅值），称这两个正弦量同相。

当 $\varphi_{12} = \pi$ 时，如图 2-10 所示，一个正弦量到达正的最大值时，另一个正弦量到达负的最大值，称这两个正弦量反相。

电工与电子技术

学习工作页

姓　　名＿＿＿＿＿＿＿＿

专　　业＿＿＿＿＿＿＿＿

班　　级＿＿＿＿＿＿＿＿

任课教师＿＿＿＿＿＿＿＿

机械工业出版社

目　　录

第1章 电路分析理论基础

技能训练 1.1 数字万用表的使用

1. 实验目的

1）熟悉数字万用表各按钮以及各档位的作用。

2）掌握利用数字万用表测量电阻、直流电流、直流电压和交流电压的方法。

2. 原理说明

1）数字万用表面板。市面上大部分数字万用表的面板结构基本是相同的，如图 1-1 所示。最上面是显示屏，当测量到电阻、电流或电压值时，显示屏显示相应的数据。显示屏下面有 POWER 和 HOLD 两个按钮。POWER 是电源，按下通电，万用表

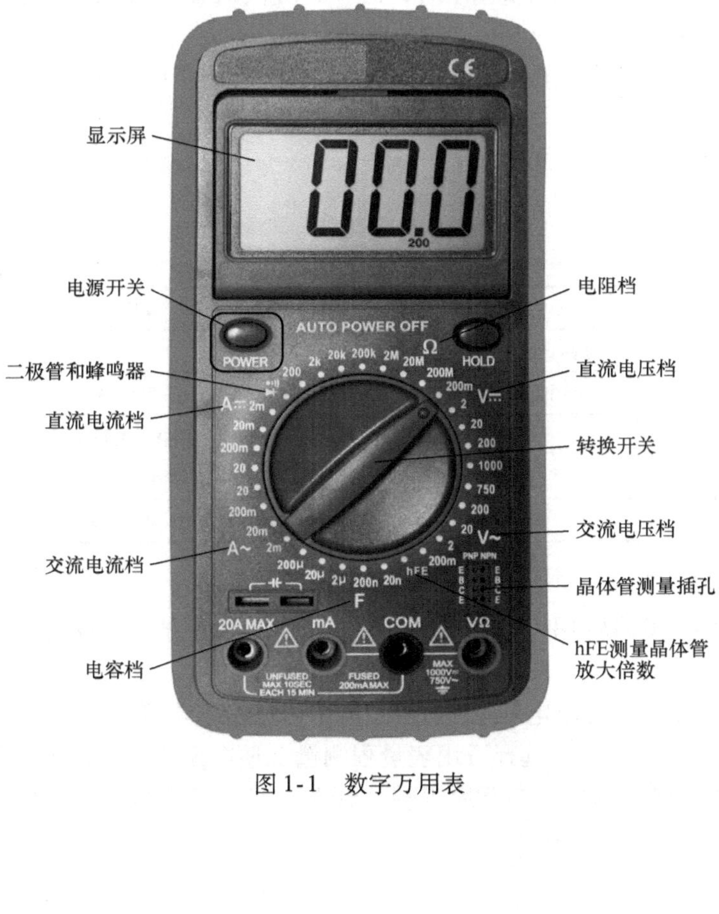

图 1-1 数字万用表

正常使用，再次按下则关闭电源。HOLD 按钮是保持，当测量过程中显示数据时，按下 HOLD 按钮，显示屏数据保持，表笔拿开之后数据依然保持。按钮下面中间部分是各部分档位，有直流电压、交流电压、直流电流、交流电流档，每个档位都有不同的量程，测量任何参数只需拨动转换开关，当箭头指到相应档位相应量程即可。

最下方是 4 个插孔，黑色表笔插入 COM 孔中，如果测电压或者电阻，红色表笔插到 V/Ω 孔中，如果测量电流红色表笔则插入到左边两个孔中，测量 mA 级电流插入到其中 mA 孔中，如果测大电流则插入到 20AMAX 孔中。

2）直流电压的测量。将万用表转换开关拨到直流电压档位上，估算被测电压的大小，选择适当的量程，两表笔跨接在被测电压的两端，然后看显示屏读数即可，读数如果是正值说明红表笔一端为正，黑表笔一端为负，如果读数为负数，则情况完全相反。

3）交流电压的测量。将万用表转换开关拨至交流电压档，将两表笔跨接在被测电压的两端（不必区分正负极），显示屏显示读数为测量交流电压的有效值。

4）电阻的测量。万用表的电阻档绝不允许测量带电的电阻，因为带电的电阻实际上是电阻两端有电压，这无疑会损坏万用表。电路中若有电容存在，则应先将电容放电后再测量电路中的电阻。测量电阻时，两手不应同时接触被测电阻的两端，以避免人体电阻影响测量。

万用表使用完毕，应将转换开关置于空档。若长时间不用万用表，则需要将电池取出。

3. 实验设备

实验设备见表 1-1。

表 1-1 实验设备

序号	名称	规格	数量
1	可调直流稳压电源	0～30V	1 台
2	可调直流恒流源	0～200mA	1 台
3	数字万用表	200mV～1000V 2mA～20A	1 块
4	电阻箱	0～99999Ω	1 台

4. 实验内容

1）熟悉本次实训所用万用表的面板、按钮的使用方法、各个档位以及量程的含义。

2）用万用表测量直流电压。将直流稳压电源输出电压分别调至 2V、4V、6V、8V、10V、20V、30V，合理选择万用表量程测量上述电压值，并记录在表 1-2 中。

3）用万用表测量电阻。将万用表转换开关分别置于 200Ω、2kΩ、20kΩ 电阻档，每档测量 3 个电阻值，将测量结果记录在表 1-3 中。

表 1-2　实验记录

项目		测量记录/V						
直流电压/V	电源输出值	2	4	6	8	10	20	30
	测量值							

表 1-3　实验记录 2

项目		测量记录		
电阻/Ω	电阻档位	200	2k	20k
	测量值			

4）用万用表测量直流电流。将万用表转换开关置直流电流 2mA、20mA、200mA 档上分别测量 3 组电流值，并记录在表 1-4 中。

表 1-4　实验记录 3

项目		测量记录		
直流电流/mA	电流输出值	2	20	200
	测量值			

5）注意事项：在使用万用表测量时，人体不要接触表笔的金属部分，以确保人体安全和测量结果的准确性。在使用万用表测量电流和电压时，要先切断电源后再换档。

5. 思考题

数字万用表测量电压显示是负数是什么原因？数字万用表和指针式万用表有哪些不同之处？

6. 实验报告

1）写出实验目的、实验用仪器、实验内容和实验方法。

2）列表整理测量结果，分析讨论在实验过程中出现的问题。

3）心得体会及其他。

技能训练 1.2　电阻、电容、电感元件的简单测试

1. 实验目的

1）熟悉数字万用表各按钮以及各档位的使用方法。

2）熟悉利用数字万用表简单测试电阻、电感、电容的方法。

2. 原理说明

（1）电阻的测试

电阻器的好坏可以用仪器测出，其阻值也可以用相关仪表测出。阻值的测量一般

有两种方法。

1）对于不带电的电阻，直接用万用表欧姆档测电阻阻值。

2）对于带电电路中电阻的测试，可以通过测量电阻两端的电压及流过电阻中的电流，再利用欧姆定律计算电阻的阻值。

（2）电容的测试

电容器的常见故障是击穿短路、断路、漏电、容量变小、变质失效及破损等。电容器引线断线、电解液漏液等故障可以从外观看出。对电容器内部质量的好坏，可以用仪器检查。常用的仪器有万用表、数字电容表、电桥等。一般情况下可以用万用表判别其好坏，对质量进行定性分析。

1）用数字万用表测电容。如果数字万用表有电容档位，将档位打到电容档，红表笔接电容正极，黑表笔接电容负极，读数便是电容值，如果测得电容值与电容的标称值相差不大，证明电容没有问题。

如果万用表没有电容档位，利用数字万用表的蜂鸣器档，可以快速检查电解电容器的质量好坏。将数字万用表拨至蜂鸣器档，用两支表笔分别与被测电容器的两个引脚接触，应能听到一阵短促的蜂鸣声，随即声音停止，同时显示溢出符号"1"。接着，再将两支表笔对调测量一次，蜂鸣器应再发声，最终显示溢出符号"1"，此种情况说明被测电解电容基本正常。此时，可再拨至 $20\mathrm{M}\Omega$ 或 $200\mathrm{M}\Omega$ 高阻档测量一下电容器的漏电阻，电容器漏电阻值一般为十几兆欧到几十兆欧，阻值越大表示电容器的绝缘电阻越大，质量越好。应注意，判别时不能用手指同时接触电容器的两个电极，以免影响判别结果。

2）用万用表测电容极性。根据电解电容器正接时漏电小、反接时漏电大的特性可判别其极性。测试时，先用万用表测一下电解电容器漏电阻值，再将两表笔对调，测一下对调后的电阻值，通过比较，两次测试中漏电阻值小的一次，黑表笔接的是负极，红表笔接的是正极。

3）用数字万用表测电容值。数字万用表和指针式万用表的区别就是数字万用表不但可以给出定性的判断还可以测量电容值，而指针式万用表只能定性的判断电容的好坏。

用数字万用表测量电容值，只需打到电容和相应量程的档位，然后用两表笔分别接到电容两极，读出显示屏上的读数即可。

（3）电感器的测试

使用万用表可以对电感器的好坏进行简单测试，其方法是用万用表的欧姆档直接测试电感器的直流电阻值，若所测得电阻与估计数值偏差不大，则说明电感器是好的，若测得电阻值为∞，则说明电感器内部断路，若测得直流电阻值远小于估计值，则说明被测电感器内部匝间击穿短路，不能使用。若想测出电感器的准确电感量，则必须使用万用电桥、高频 Q 表或数字式电感电容表。

3. 实验设备

实验设备见表1-5。

表1-5 实验设备

序号	名称	规格	数量
1	数字万用表	200mV ~ 1000V 2mA ~ 20A	1块
2	电阻器	100Ω ~ 2100kΩ	若干
3	电容器	30pF ~ 150μF	若干
4	电感器	10μH ~ 4.7mH	若干

4. 实验内容

1）熟悉用万用表测电阻器的方法，能够测量带电电路中的电阻阻值，并将测量不同电阻器的电阻值填到表1-6中。

2）了解万用表测试电容器好坏以及判别极性的方法，掌握用万用表测量电容值的方法。测量不同电容器的电容值填到表1-6中。

3）熟悉电感器简单测试的方法。

表1-6 实验记录

测量项目	元件好坏	数值					
电阻器/Ω							
电容器/F							

5. 思考题

如果用万用表蜂鸣档测量电容两端，没有听到声音，而且电容两端电阻接近无穷大，试分析是什么原因，并解释说明。

6. 实验报告

1）写出实验目的、实验原理、实验用仪器和实验内容。

2）列表整理测量结果，分析讨论在实验过程中出现的问题。

3）心得体会及其他。

技能训练1.3 电位、电压的测定及电路电位图的绘制

1. 实验目的

1）验证电路中电位的相对性、电压的绝对性。

2）掌握电路电位图的绘制方法。

2. 原理说明

在一个闭合电路中，各点电位的高低视所选的电位参考点的不同而变，但任意两

点间的电位差（即电压）则是绝对的，它不因参考点的变动而改变。

电位图是在平面坐标一、四两象限内的折线图。其纵坐标为电位值，横坐标为各被测点。要制作某一电路的电位图，先以一定的顺序对电路中各被测点编号。以图 1-2 的电路为例，如图中的 A ~ F，并在坐标横轴上按顺序、均匀间隔标上 A、B、C、D、E、F。再根据测得的各点电位值，在各点所在的垂直线上描点。用直线依次连接相邻两个电位点，即得该电路的电位图。

在电位图中，任意两个被测点的纵坐标值之差即为该两点之间的电压值。

在电路中电位参考点可任意选定。对于不同的参考点，所绘出的电位图形是不同的，但其各点电位变化的规律却是一样的。

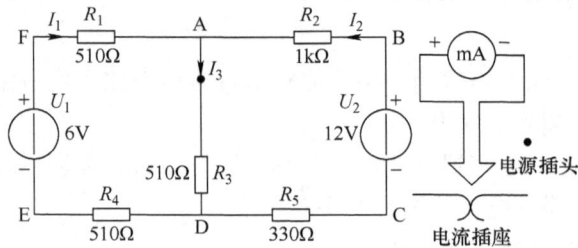

图 1-2　接线图

3. 实验设备

实验设备见表 1-7。

表 1-7　实验设备

序号	名称	规格	数量
1	直流可调稳压电源	0 ~ 30V	2 台
2	数字万用表	200mV ~ 1000V 2mA ~ 20A	1 块
3	元器件	330Ω 电阻（R_5）， 510Ω 电阻（R_1、R_3、R_4）， 1kΩ 电阻（R_2）	若干

4. 实验内容

1）按图 1-2 接线，分别将两路直流稳压电源接入电路，令 $U_1 = 6V$，$U_2 = 12V$（先调准输出电压值，再接入实验线路中）。

2）以图 1-2 中的 A 点作为电位的参考点，分别测量 B、C、D、E、F 各点的电位值 V 及相邻两点之间的电压值 U_{AB}、U_{BC}、U_{CD}、U_{DE}、U_{EF} 及 U_{FA}，数据列于表 1-8 中。

3）以 D 点作为参考点，重复实验内容 2 的测量，测得数据列于表 1-8 中。

表 1-8　实验记录

电位参考点	V 与 U	V_A	V_B	V_C	V_D	V_E	V_F	U_{AB}	U_{BC}	U_{CD}	U_{DE}	U_{EF}	U_{FA}
A	计算值/V												
	测量值/V												
	相对误差												
D	计算值/V												
	测量值/V												
	相对误差												

5. 思考题

若以 F 点为参考电位点，实验测得各点的电位值；现以 E 点为参考电位点，试问此时各点的电位值应有何变化？

6. 实验报告

1）根据实验数据，绘制两个电位图形，并对照观察各对应两点间的电压情况。两个电位图的参考点不同，但各点的相对顺序应一致，以便对照。

2）完成数据表格中的计算，对误差做必要的分析。

3）总结电位相对性和电压绝对性的结论。

4）心得体会及其他。

技能训练 1.4　基尔霍夫定律的验证

1. 实验目的

1）验证基尔霍夫定律的正确性，加深对基尔霍夫定律的理解。

2）学会用电流插头、插座测量各支路电流。

2. 原理说明

基尔霍夫定律是电路的基本定律。测量某电路的各支路电流及每个元件两端的电压，应能分别满足基尔霍夫电流定律（KCL）和电压定律（KVL），即对电路中的任一个节点而言，应有 $\sum I = 0$；对任何一个闭合回路而言，应有 $\sum U = 0$。

运用上述定律时必须注意各支路或闭合回路中电流的正方向，此方向可预先任意设定。

3. 实验设备

实验设备见表 1-9。

表 1-9　实验设备

序号	名称	规格	数量
1	直流可调稳压电源	$0 \sim 30V$	2 台
2	直流数字电压表	$0 \sim 200V$	1 块
3	直流数字毫安表	$0 \sim 500mA$	1 块
4	元器件	330Ω 电阻（R_5）， 510Ω 电阻（R_1、R_3、R_4）， 1kΩ 电阻（R_2）	若干

4. 实验内容

实验电路如图 1-2 所示。

1）实验前先任意设定 3 条支路和 3 个闭合回路的电流正方向。图 1-2 中的 I_1、I_2、I_3 的方向已设定。3 个闭合回路的电流正方向可设为 ADEFA、BADCB 和 FBCEF。

2）分别将两路直流稳压源接入电路，令 $U_1 = 6V$，$U_2 = 12V$。

3）熟悉电流插头的结构，将电流插头的两端接至直流数字毫安表的" + 、 - "两端。

4）将电流插头分别插入 3 条支路的 3 个电流插座中，读出并记录电流值。

5）用直流数字电压表分别测量两路电源及电阻元件上的电压值，记录在表 1-10 中。

6）注意事项：所有需要测量的电压值，均以电压表测量的读数为准。U_1、U_2 也需测量，不应取电源本身的显示值。防止稳压电源两个输出端碰线短路。

表 1-10　实验记录

被测量	I_1/mA	I_2/mA	I_3/mA	U_1/V	U_2/V	U_{FA}/V	U_{AB}/V	U_{AD}/V	U_{CD}/V	U_{DE}/V
计算值										
测量值										
相对误差										

5. 思考题

1）根据图 1-2 的电路参数，计算出待测的电流 I_1、I_2、I_3 和各电阻上的电压值，记入表 1-10 中，以便实验测量时，可正确选定毫安表和电压表的量程。

2）实验中，若用直流数字毫安表测各支路电流，在什么情况下可能出现负值？应如何处理？

6. 实验报告

1）根据实验数据，选定节点 A，验证 KCL 的正确性。

2）根据实验数据，选定实验电路中的任一个闭合回路，验证 KVL 的正确性。

3）将支路和闭合回路的电流方向重新设定，重复 1）、2）两项验证。

4）误差原因分析。

5）心得体会及其他。

技能训练 1.5　叠加定理的验证

1. 实验目的

验证线性电路叠加定理的正确性，加深对线性电路的叠加性的认识和理解。

2. 原理说明

叠加原理指出：在有多个独立源共同作用下的线性电路中，通过每一个元件的电流或其两端的电压，可以看成是由每一个独立源单独作用时在该元件上所产生的电流或电压的代数和。

3. 实验设备

实验设备见表1-11。

表 1-11　实验设备

序号	名　　称	规格	数量
1	直流可调稳压电源	$0 \sim 30\text{V}$	2 台
2	数字万用表	$200\text{mV} \sim 1000\text{V}$ $2\text{mA} \sim 20\text{A}$	1 块
3	直流数字电压表	$0 \sim 200\text{V}$	1 块
4	直流数字毫安表	$0 \sim 500\text{mA}$	1 块
5	元器件	R_1，R_3，$R_4 = 510\Omega$，$R_2 = 1\text{k}\Omega$， $R_5 = 330\Omega$，二极管 1N4007	若干

4. 实验内容

实验电路如图1-3所示。

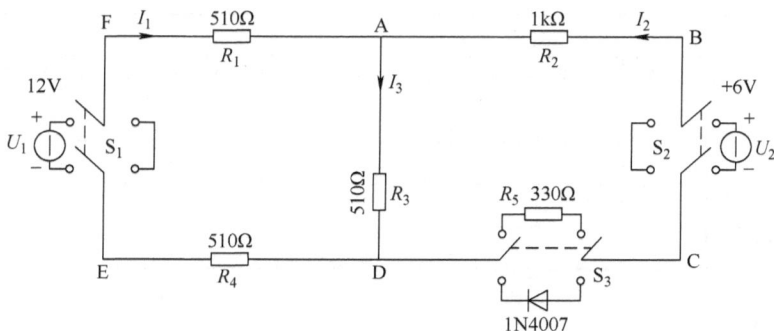

图 1-3　实验电路

1）将两路稳压源的输出分别调节为12V和6V，接入U_1和U_2处。

2）令U_1电源单独作用（将开关S_1投向U_1侧，开关S_2投向短路侧）。用直流数字电压表和毫安表（接电流插头）测量各支路电流及各电阻元件两端的电压，数据记入表1-12。

表1-12　实验记录1

实验内容	测量项目									
	U_1/V	U_2/V	I_1/mA	I_2/mA	I_3/mA	U_{AB}/V	U_{CD}/V	U_{AD}/V	U_{DE}/V	U_{FA}/V
U_1单独作用										
U_2单独作用										
U_1、U_2共同作用										
$2U_2$单独作用										

3）令U_2电源单独作用（将开关S_1投向短路侧，开关S_2投向U_2侧），重复实验步骤2的测量和记录，数据记入表1-12。

4）令U_1和U_2共同作用（开关S_1和S_2分别投向U_1和U_2侧），重复上述的测量和记录，数据记入表1-12。

5）将U_2的数值调至12V，重复上述第3）项的测量并记录，数据记入表1-12。

6）将R_5（330Ω）换成二极管IN4007（即将开关S_3投向二极管IN4007侧），重复1）~5)的测量过程，数据记入表1-13。

7）任意按下某个故障设置按键，重复实验内容4的测量和记录，再根据测量结果判断故障的性质。

8）注意事项：用电流插头测量各支路电流时，或者用电压表测量电压降时，应注意仪表的极性，正确判断测量值的"+""-"号后，记入数据表格。注意及时更换仪表量程。

表1-13　实验记录2

实验内容	测量项目									
	U_1/V	U_2/V	I_1/mA	I_2/mA	I_3/mA	U_{AB}/V	U_{CD}/V	U_{AD}/V	U_{DE}/V	U_{FA}/V
U_1单独作用										
U_2单独作用										
U_1、U_2共同作用										
$2U_2$单独作用										

5. 思考题

1）在叠加原理实验中，要令U_1、U_2分别单独作用，应如何操作？可否直接将不作用的电源（U_1或U_2）短接置零？

2）实验电路中，若将一个电阻器改为二极管，试问叠加原理的叠加性还成立吗？为什么？

6. 实验报告

1) 根据实验数据表格，进行分析、比较，归纳、总结实验结论，即验证线性电路的叠加性。

2) 各电阻器所消耗的功率能否用叠加原理计算得出？试用上述实验数据，进行计算并得出结论。

3) 通过实验步骤 6) 及分析表 1-13 的数据，能得出什么样的结论？

4) 心得体会及其他。

技能训练 1.6　电压源与电流源的等效变换

1. 实验目的

1) 掌握电源外特性的测试方法。

2) 验证电压源与电流源等效变换的条件。

2. 原理说明

1) 一个直流稳压电源在一定的电流范围内，具有很小的内阻。故在实用中，常将它视为一个理想的电压源，即其输出电压不随负载电流而变。其外特性曲线，即其伏安特性曲线 $U = f(I)$ 是一条平行于 I 轴的直线。一个实用中的恒流源在一定的电压范围内，可视为一个理想的电流源。

2) 一个实际的电压源（或电流源），其端电压（或输出电流）不可能不随负载而变，因它具有一定的内阻值。故在实验中，用一个小阻值的电阻（或大电阻）与稳压源（或恒流源）相串联（或并联）来模拟一个实际的电压源（或电流源）。

3) 一个实际的电源，就其外部特性而言，既可以看成是一个电压源，又可以看成是一个电流源。若视为电压源，则可用一个理想的电压源 U_S 与一个电阻 R_0 相串联的组合来表示；若视为电流源，则可用一个理想电流源 I_S 与一电导 g_0 相并联的组合来表示。如果这两种电源能向同样大小的负载供出同样大小的电流和端电压，则称这两个电源是等效的，即具有相同的外特性。

一个电压源与一个电流源等效变换的条件为 $I_S = U_S/R_0$，$g_0 = 1/R_0$ 或 $U_S = I_S R_0$，$R_0 = 1/g_0$，如图 1-4 所示。

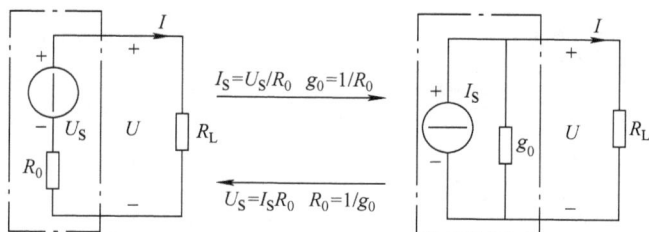

图 1-4　电压源与电流源等效变化过程图

3. 实验设备

实验设备见表 1-14。

表 1-14　实验设备

序号	名称	规格	数量
1	可调直流稳压电源	$0\sim30\text{V}$	1 台
2	可调直流恒流源	$0\sim200\text{mA}$	1 台
3	直流数字电压表	$0\sim200\text{V}$	1 块
4	直流数字毫安表	$0\sim500\text{mA}$	1 块
5	数字万用表	$200\text{mV}\sim1000\text{V}$ $2\text{mA}\sim20\text{A}$	1 块
6	电阻器	$R_\text{S}=51\Omega,$ $R_1=200\Omega,$ $R_0=1000\Omega$	若干
7	可调电阻箱	$0\sim99999.9\Omega$	1 台

4. 实验内容

1）测定直流稳压电源与实际电压源的外特性。

① 按图 1-5 接线。U_S 为 6V 直流稳压电源。调节 R_2，令其阻值由大至小变化，记录电压表和毫安表的读数，见表 1-15。

表 1-15　实验记录 1

U/V						
I/mA						

② 按图 1-6 接线，点画线框可模拟为一个实际的电压源。调节 R_2，令其阻值由大至小变化，记录两表的读数，见表 1-16。

表 1-16　实验记录 2

U/V						
I/mA						

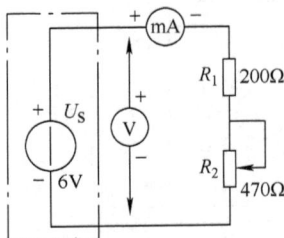

图 1-5　直流稳压电源模型

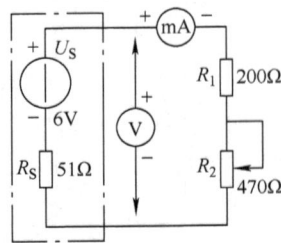

图 1-6　实际电压源模型

2）测定电流源的外特性。

按图 1-7 接线，I_S 为直流恒流源，调节其输出为 10mA，令 R_0 分别为 1kΩ 和 ∞（即接入和断开），调节电位器 R_L（0 ~ 470Ω），测出这两种情况下电压表和毫安表的读数。自拟数据表格，记录实验数据。

3）测定电源等效变换的条件。

先按图 1-8a 电路接线，记录电路中两表的读数。然后利用图 1-8a 中的元件和仪表，按图 1-8b 接线。

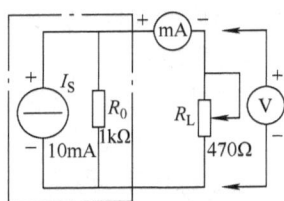

图 1-7　电流源模型

调节恒流源的输出电流 I_S，使两表的读数与按图 1-8a 接线时的数值相等，记录 I_S 的值，验证等效变换条件的正确性。

4）注意事项。

在测电压源外特性时，不要忘记测空载时的电压值；测电流源外特性时，不要忘记测短路时的电流值。换接线路时，必须关闭电源开关。直流仪表的接入应注意极性与量程。

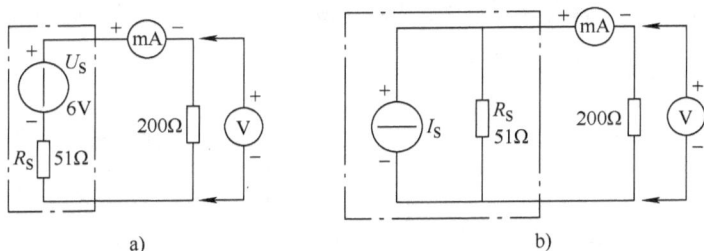

a)

b)

图 1-8　电压源与电流源等效变换
a）读取电路中两表读数　b）调节恒流源 I_S

5. 思考题

电压源与电流源的外特性为什么呈下降趋势？稳压源和恒流源的输出在任何负载下是否保持恒值？

6. 实验报告

1）根据实验数据绘出电源的 4 条外特性曲线，并总结、归纳各类电源的特性。

2）从实验结果，验证电源等效变换的条件。

3）心得体会及其他。

技能训练 1.7　有源二端网络的研究

1. 实验目的

1）用实验方法验证戴维南定理。

2）掌握有源二端网络开路电压 U_{OC} 和入端等效电阻 R_i 的测定方法。

3）理解负载获最大功率的阻抗匹配条件。

2. 原理说明

1）戴维南定理：含独立源的线性二端电阻网络，对其外部而言，都可以用电压源和电阻串联组合等效代替；该电压源的电压等于网络的开路电压，该电阻等于网络内部所有独立源作用为零情况下网络的等效电阻。

2）开路电压 U_{OC} 的测定方法：

① 直接测量：有源二端网络入端等效电阻 R_i 与电压表内阻 R_V 相比可忽略不计时，用电压表直接测量开路电压 U_{OC}（见图 1-9）。

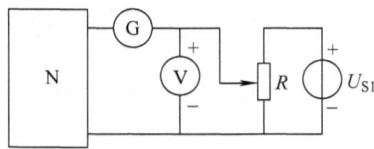

② 补偿法：当入端等效电阻 R_i 较大时，用电压表直接测量误差较大，采用补偿法测 U_{OC} 较准确。图 1-10 中 U_{S1} 为另一直流电压源，可变电阻 R 接成分压器使用，G 为检流计，V 为电压表，调可变电阻，使检流计 G 指示为 0，电压表 V 的读数即为开路电压 U_{OC}。

3）入端等效电阻 R_i 的测定方法：

① 外加电压源：使有源二端网络内独立源作用为 0，端钮上外加电源电压 U，测量端钮电流 I，如图 1-11 所示，则 $R_i = \dfrac{U}{I}$。

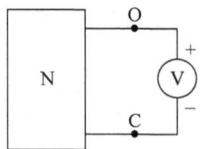

図 1-9　电压表测量开路电压　　　　図 1-10　补偿法测量开路电压

② 开路短路法：分别测量有源二端网络的开路电压 U_{OC} 和短路电流 I_{SC}，则 $R_i = \dfrac{U_{OC}}{I_{SC}}$。

③ 半偏法：先测出有源二端网络的开路电压 U_{OC}，再按图 1-12 接线，R_L 为电阻箱电阻，调 R_L 使其端电压 U_{RL} 即电压表的读数为开路电压 U_{OC} 的一半，即 $U_{RL} = \dfrac{1}{2}U_{OC}$，此时 $R_L = R_i$。本次实验测 R_i 即采用半偏法。

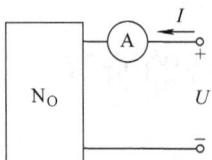

図 1-11　外加电压源测 R_i　　　　図 1-12　半偏法测 R_i

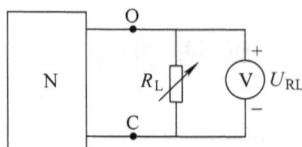

4）当负载电阻等于等效电源内阻，即 $R_L = R_i$ 时，负载 R_L 将获得最大功率，称为负载阻抗匹配。

3. 实验设备

实验设备见表 1-17。

表 1-17　实验设备

序号	名　　称	规格	数量
1	直流可调稳压电源	$0 \sim 30V$	1 台
2	电阻器	$R_1 = 100\Omega$、$R_2 = 1k\Omega$	若干
3	直流数字电压表	$0 \sim 200V$	1 块
4	直流数字毫安表	$0 \sim 500mA$	1 块
5	可调电阻箱	$0 \sim 99999.9\Omega$	2 台

4. 实验内容

1）测量有源二端网络的开路电压 U_{OC} 和入端等效电阻 R_i。调直流稳压电源 $U_S =$ 10V（用电压表测出），然后与电路板相连接组成有源二端网络如图 1-13 所示。用直接测量法测出 O、C 端开路电压 U_{OC}。然后采用半偏法，在 OC 端接电阻箱，调电阻箱电阻，使其两端电压表电压为 $\frac{1}{2}U_{OC}$，则电阻箱电阻即为入端电阻 R_i（见图 1-14）。将 U_{OC} 和 R_i 的数据记入表 1-18 中。

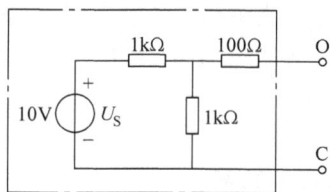

图 1-13　接线图 1　　　　　　　　　　图 1-14　测 R_i

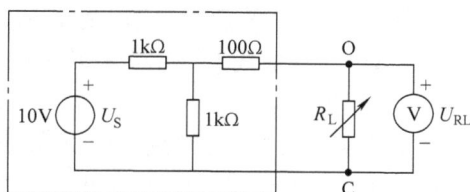

2）测定有源二端网络的外特性。在有源二端网络 O、C 端钮上，按图 1-15 接线，取电阻箱电阻 R_L 为表 1-18 中所列各值，用电压表和电流表测出相应的电压和电流记入表1-18中。

3）测定戴维南等效电路的外特性。按图 1-16 接线，图中 U_{OC} 和 R_i 即为实验内容 1）中有源二端网络的开路电压 U_{OC} 和入端等效电阻 R_i，U_{OC} 从直流稳压电源取得，R_i 从电阻箱取得。O、C 端接另一电阻箱作为负载电阻 R_L，取表 1-18 中所列各电阻值，测出相应的端电压 U 和电流 I，记入表 1-18 中。

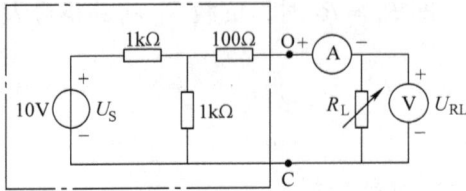

图 1-15 接线图 2   图 1-16 接线图 3

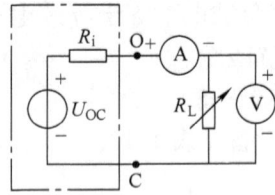

表 1-18 实验数据记录

有源二端网络		开路电压 $U_{OC} =$ V						入端等效电阻 $R_i =$ Ω				
负载电阻 R_L/Ω		0	100	200	300	400	450	500	600	700	800	900
有源二端网络	U/V											
	I/mA											
	$P = I^2 R_L/W$											
戴维南等效电路	U/V											
	I/mA											
	$P = I^2 R_L/W$											

5. 思考题

1）根据表 1-18 的实验数据，绘出有源二端网络和戴维南等效电路的外特性即 $U—I$ 曲线。根据特性曲线说明两个电路等效的意义。

2）根据表 1-18 的实验数据，绘出有源二端网络的负载功率与负载电阻 R_L 的关系曲线 $P = f(R_L)$，在曲线上找出负载功率的最大点，该点是否符合 $R_L = R_i$ 的条件？

6. 实验报告

1）写出实验目的、实验原理、实验用仪器和实验内容。

2）列表整理测量结果，分析讨论在实验过程中出现的问题。

3）心得体会及其他。

第 2 章　正弦交流电路分析

技能训练 2.1　电阻、电感、电容元件的频率特性验证

1. 实验目的
验证电阻、感抗、容抗与频率的关系，测定 R-f，X_L-f 与 X_C-f 特性曲线。

2. 原理说明
在正弦交变信号作用下，R、L、C 元件在电路中的抗流作用与信号频率关系如下：

1）纯电阻元件 R 的阻抗 $Z = R$。

2）纯电感元件 L 的感抗 $X_L = 2\pi f L$。

3）纯电容元件 C 的容抗 $X_C = \dfrac{1}{2\pi f C}$。

3. 实验设备
实验设备见表 2-1。

表 2-1　实验设备

序号	名称	型号与规格	数量
1	函数信号发生器	15Hz ~ 150kHz	1 台
2	晶体管毫伏表	1mV ~ 300V	1 块
3	元器件	$R = 1\text{k}\Omega$，$C = 1\mu\text{F}$ $L = 15\text{mH}$，$r = 100\Omega$	若干

4. 实验内容
实验电路如图 2-1 所示，R、L、C 为被测元件，r 为电流取样电阻。改变信号源的频率，分别测量每一元件两端的电压，而流过被测元件的电流 I，则可由 U_r/r 计算得到。

图 2-1　R、L、C 频率特性线路图

1）将函数信号发生器输出的正弦信号接至实验电路的输入端，并用晶体管毫伏表测量，使输入电压的有效值为 $U_S = 3\text{V}$，并保持不变。

2）调信号源的输出频率从 100Hz 逐渐增至 5kHz，并使开关分别接通 R、L、C 三个元件，用晶体管毫伏表分别测量 U_R、U_L、U_C 及相应的 U_r 之值，并通过计算得到

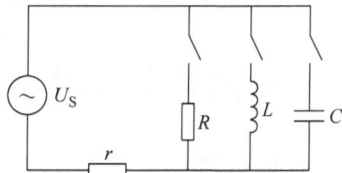

各频率点时的 R、X_L 与 X_C 之值，记入表 2-2 中。

表 2-2　元件的阻抗频率特性

频率 f/Hz		100	200	500	1k	2k	3k	4k	5k
R	U_r/mV								
	$I_R = U_r/r$/mA								
	U_R/mV								
	$R = U_R/I_R$/kΩ								
L	U_r/mV								
	$I_R = U_r/r$/mA								
	U_L/mV								
	$X_L = U_L/I_L$/kΩ								
C	U_r/mV								
	$I_C = U_r/r$/mA								
	U_C/mV								
	$X_C = U_C/I_C$/kΩ								

3）实验注意事项。晶体管毫伏表属于高阻抗电表，测量前必须先用表笔短接两个测试端钮，使指针逐渐回零后再进行测量。

5. 思考题

1）测量 R、L、C 元件的频率特性时，如何测量流过被测元件的电流？为什么要为其串联一个小电阻？

2）在直流电路中，C 和 L 的作用如何？

6. 实验报告

1）根据表中实验数据，在坐标纸上分别绘制 R、L、C 三个元件的频率特性曲线。

2）根据实验数据，总结归纳出本次实验的结论。

技能训练 2.2　RLC 串联电路幅频特性的测定

1. 实验目的

1）研究谐振电路的特点，掌握电路品质因数 Q 的物理意义。

2）测试 RLC 串联电路的幅频特性曲线，观测串联谐振现象。

2. 原理说明

（1）RLC 串联谐振电路

在 R、L、C 串联电路中，当正弦交流信号源的频率 f 改变而幅值 U_i 维持不变时，电路中的感抗、容抗随之而变，电路中的电流也随 f 而变，即

$$I = \frac{U_i}{\sqrt{(R+r)^2 + \left(\omega L - \dfrac{1}{\omega C}\right)^2}}$$

当 $\omega L = \dfrac{1}{\omega C}$ 时，电路谐振，谐振频率为

$$f_0 = \frac{1}{2\pi \sqrt{LC}}$$

当输入电压 U_i 维持不变时，在不同频率信号的激励下，测出 R 两端的电压 U_o 之值，然后以 f 为横坐标，以电流 I（$I = \dfrac{U_o}{R}$）为纵坐标，绘出光滑的曲线，即为电流谐振曲线。

（2）串联谐振的特征

1）阻抗 $Z_0 = R + r$ 为最小，且是纯电阻性的。

2）感抗与容抗相等，即 $X_L = X_C$。

3）谐振电流最大，$I_0 = \dfrac{U_i}{R+r}$。

4）当 $X_L = X_C > R$ 时，$U_{L0} = U_{C0} = QU_i$，当 Q 值很大时，$U_{L0} = U_{C0} \gg U_i$ 称为过电压现象。

（3）谐振电路的品质因数

RLC 串联谐振电路品质因数 Q 的定义为　$Q = \dfrac{U_{L0}}{U_i} = \dfrac{U_{C0}}{U_i}$

故可通过测量谐振时，C 和 L 上的电压 U_{L0} 和 U_{C0} 及输入电压 U_i，从而求得 Q 值的大小。

Q 值越大，曲线越尖锐，通频带越窄，电路的选择性越好。在恒压源供电时，电路的品质因数、选择性与通频带只决定于电路本身的参数，而与信号源无关。

3. 实验设备

实验设备见表2-3。

表2-3　实验设备

序号	名称	型号与规格	数量
1	函数信号发生器	15Hz～150kHz	1 台
2	交流毫伏表	1mV～300V	1 块
3	元器件	$R_1 = 330\Omega$，$R_2 = 1k\Omega$ $C = 0.01\mu F$，$L \approx 25mH$	若干

4. 实验内容

按图 2-2 组成测量电路，取 $R = 330\Omega$，用交流毫伏表监测信号源输出电压，使

$U_i = 1V$，并保持不变。

（1）寻找谐振点，观察谐振现象

谐振时应满足 3 个条件：

1）维持 $U_i = 1V$ 不变。

2）电路中的电流 I（或 U_R）为最大。

3）U_L 应略大于 U_C（线圈中包含有导线电阻 r）。

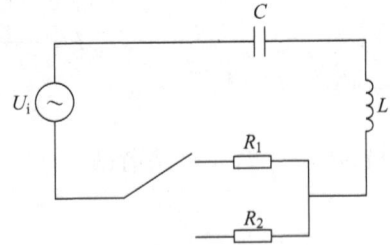

图 2-2　RLC 串联电路幅频特性的测定

先估算出谐振频率 f_0'，并将毫伏表接在 R（330Ω）两端，令信号源的频率在 f_0' 左右由小逐渐变大（注意要维持信号源的输出电压不变），当 U_R 的读数为最大时，读得的频率值即为实际的谐振频率 f_0，同时测出谐振时的 U_{RO}、U_{CO} 与 U_{LO} 之值（注意及时更换毫伏表的量程），数据记入表 2-4 中，计算谐振电流 I_0 和电路的品质因数 Q。

表 2-4　谐振点测试

R/Ω	f_0'/Hz	f_0/Hz	U_{RO}/V	U_{LO}/V	U_{CO}/V	I_0/mA	Q
330							
1000							

（2）测绘谐振曲线

在谐振点 f_0 两侧，按频率递增或递减依次各取 8 个测量点（f_0 附近多取几点），逐点测出 U_R 值，数据记入表 2-5 中，并计算出电流值。

（3）改变电阻值，取 $R = 1k\Omega$，重复上述测量过程，数据记入表 2-6 中。

表 2-5　谐振曲线的测量 1

测量值	f/kHz							
U_R/V								
$I = U_R/R/mA$								
$U_i = 1V$, $R = 330\Omega$								

表 2-6　谐振曲线的测量 2

测量值	f/kHz							
U_R/V								
$I = U_R/R/mA$								
$U_i = 1V$, $R = 1000\Omega$								

（4）实验注意事项

1）测试频率点的选择应在靠近 f_0 附近多取几点，在改变频率测试前，应观察信号输出，使其维持 1V 输出不变。

2）在测量 U_C 和 U_L 数值前，应将毫伏表的量程改大，而且在测量 U_L 与 U_C 时毫伏表的"+"端接 C 与 L 的公共点，其接地端分别触及 L 和 C 的非公共点。

3）实验过程中交流毫伏表电源线采用两线插头。

5. 思考题

1）根据实验线路板给出的元件参数值，估算电路的谐振频率。

2）改变电路的哪些参数可以使电路发生谐振？如何判别电路是否发生谐振？

3）电路发生串联谐振时，为什么输入电压不能太大？如果信号源给出 1V 的电压，电路谐振时，用交流毫伏表测 U_L 和 U_C，应该选择用多大的量程？

4）电路谐振时，对应的 U_L 与 U_C 是否相等？如有差异，原因何在？

5）影响 R、L、C 串联电路的品质因数的参数有哪些？

6. 实验报告

1）根据测量数据，在同一坐标中绘出不同 Q 值时的两条电流谐振曲线 $I-f$。

2）计算出通频带与 Q 值，说明不同的 R 值对电路通频带与品质因数的影响。

3）对两种不同测 Q 值的方法进行比较，分析误差原因。

4）谐振时，比较输出电压 U_o 与输入电压 U_i 是否相等，试分析原因。

5）通过本次实验，总结归纳串联谐振电路的特性。

第 3 章　半导体器件

技能训练　数字示波器的使用

1. 实验目的

1) 学习数字示波器、函数发生器的使用方法。

2) 初步掌握观察波形和读取波形参数的方法。

2. 原理说明

在电子电路实验中，经常使用示波器、函数发生器等仪器，利用这些仪器可以方便地进行测试。

实验中要对各种电子仪器进行综合使用，可按照信号流向，以连线简捷、调节顺手、观察与读数方便等原则进行合理布局。同时，接线时应注意，为防止外界干扰，各仪器的公共接地端应连接在一起，称共地。信号源和交流毫伏表的引线通常用屏蔽线或专用电缆线，示波器接线使用专用电缆线，直流电源的接线用普通导线。

（1）示波器

示波器是经常使用的仪器，可以显示波形以及对参数进行测量。示波器有模拟示波器和数字示波器，市面上主要用数字示波器。下面对数字示波器简单进行说明。

按下 AUTO 按钮，数字示波器自动设置垂直偏转系数，扫描时间以及触发方式，如果没达到理想显示的要求可以自动设置之后进行手动设置直到波形显示达到最佳效果。

垂直位移按钮可以改变当前波形的垂直位置，同时基线光标处显示垂直位移值。垂直档位可以改变当前波形幅值的大小。

水平调节位置可以改变波形图的水平宽度，水平位移按钮可以调节波形图的水平位置。

按下电源按钮，待示波器进入启动界面，选择其中一个通道，将通道的 BNC 连上探头的 BNC，接上探针和鳄鱼夹，然后按下 AUTO 按钮，此时示波器显示界面应该出现一个频率为 1kHz 的方波。然后检测其他通道是否都显示此方波。

在首次将探头与任一输入通道连接时，需要进行此项调节，使探头与输入通道相配。未经补偿校正的探头会导致测量误差或错误。若调整探头补偿，请按如下步骤：

1) 将探头菜单衰减系数设定为 10×，探头上的开关置于 10×，并将示波器探头与 CH1 通道连接。如使用探头钩形头，应确保与探头接触可靠。将探头探针与示波器的"探头补偿信号连接片"相连，接地夹与探头补偿连接片的"接地端"相连，打开 CH1 通道，然后按 AUTO 按键。

2）观察显示的波形。

3）如显示波形如图 3-1a、c"补偿过度"或"补偿不足"，用非金属手柄的调笔调整探头上的可变电容，直到显示界面的波形如图 3-1b"补偿正确"。

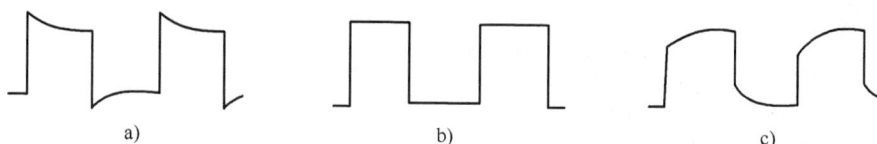

图 3-1　探头补偿校正

a）补偿过度　b）补偿正确　c）补偿不足

（2）函数发生器

函数发生器可以输出方形波、矩形波、正弦波、锯齿波、任意波，可以通过设置参数频率、幅值、偏置、占空比等参数，输出想要的波形。

3. 实验设备

实验设备见表 3-1。

表 3-1　实验设备

序号	名　称	规格	数量
1	数字示波器	模拟带宽 100MHz，采样率 1GS/s	1 台
2	函数发生器	输出频率 2Hz～2MHz	1 台

4. 实验内容

1）按下 AUTO 键进行自检。

2）用函数发生器和示波器测量 100Hz、1kHz、10kHz、100kHz，幅值均为 1V 的正弦波信号，记录在表 3-2 中。

表 3-2　实训记录

信号频率/Hz	周期	频率	幅值
100			
1k			
10k			
100k			

注意事项：检查信号连接线是否正常接在模拟通道输入端上，在波形切换激活的状态下，通过旋转参数调节旋钮可快速切换当前波形类型，波形的图形将显示在波形

显示区。

5. 思考题

1）如何操纵示波器有关旋钮，以便从示波器显示屏上观察到稳定清晰的波形？

2）函数发生器有哪几种波形输出？它的输出能否短接？如用屏蔽线作为输出引线，则屏蔽层一端应该接在哪个接线柱上。

6. 实验报告

1）写出实验目的、使用仪器、实验内容和方法。

2）整理实验数据并进行分析。

3）心得体会及其他。

第4章 基本放大电路

技能训练 4.1 单管共射放大电路的研究

1. 实验目的
1）掌握放大器静态工作点调试方法及其对放大器性能的影响。
2）学习测量放大器静态工作点、放大倍数、输入电阻、输出电阻的方法，了解共射极电路特性。
3）观察静态工作点对放大器性能和输出波形的影响。
4）测试放大器的动态参数。

2. 原理说明
图 4-1 为电阻分压式单管共射放大器实验电路图。
1）放大器静态工作点的测量和调试。
2）放大器的动态指标测试。
放大器的动态指标包括电压放大倍数、输入电阻、输出电阻、最大不失真输出电压（动态范围）和通频带等。

3. 实验设备
实验设备见表 4-1。

表 4-1 实验设备

序号	名　称	规格	数量
1	数字示波器	模拟带宽 100MHz，采样率 1GS/s	1 台
2	函数发生器	输出频率 2Hz ~ 2MHz	1 台
3	直流可调稳压电源	0 ~ 30V	1 台
4	数字万用表	200mV ~ 1000V，2mA ~ 20A	1 块
5	毫伏表	1mV ~ 300V	1 块
6	元器件	$R_{P1} = 470k\Omega$，$R_L = R_C = 2k\Omega$，$C_1 = C_2 = C_3 = 47\mu F$，$R_{B12} = 12k\Omega$，$R_{B11} = 4.7k\Omega$，$R_{E1} = 510\Omega$ $R_E = 51\Omega$，VT1 为 S9013	若干

4. 实验内容

（1）连接电路

按图 4-1 所示连接电路，（注意：接线前先测量 12V 电源，关断电源后再连线），将 R_{P1} 的阻值调到最大位置。接线完毕仔细检查，确定无误后接通电源。

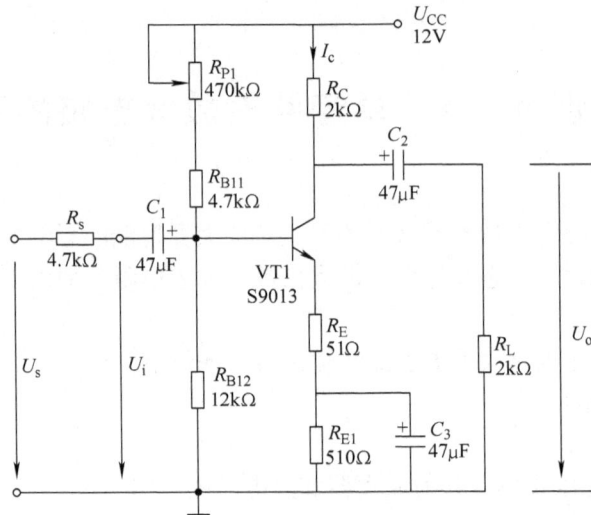

图 4-1　单管共射放大电路

（2）静态工作点的测试

1）按 $I_c = 2.5\text{mA}$ 为依据进行调试。

实验电路如图 4-1 所示，使输入信号 u_i 为零，调节 R_{P1}，使 $I_c = 2.5\text{mA}$（即 $U_{RC} = 5\text{V}$），用直流电压表测量 U_b、U_c、U_e 的值，填入表 4-2。

2）按 $U_{CE} = 4\text{V}$ 为依据进行调试。

实验电路如图 4-1 所示，使输入信号 u_i 为零，调节 R_{P1}，使 $U_{CE} = 4\text{V}$，用直流电压表测量 U_b、U_c、U_e 的值，填入表 4-2。

3）按最大不失真输出为依据进行调试。

接入频率为 1kHz 的正弦交流输入电压 u_i，用示波器观测输出电压的波形，慢慢改变 u_i 的值，并不断调节 R_{P1}，使输出达到最大不失真输出，用交流电压表测出此时的输入、输出电压值 U_i 和 U_o，并计算电压放大倍数 A_u 的值，将测量结果记入表 4-3；去掉输入信号 u_i，用万用表测试电路的静态工作点 U_b、U_c、U_e 的值，填入表 4-2。

（3）观察静态工作点对输出波形失真的影响

按最大不失真输出为依据调好电路的静态工作点，测出 U_b、U_c、U_e 值，记入表 4-4 中。使输出达到最大不失真，然后保持输入信号不变，分别增大和减小 R_{P1}，使放大器出现饱和和截止失真，撤去输入信号，分别测出两种失真时的 U_b、U_c、U_e 值记入表4-4中，并说明用示波器观测到的波形的失真情况。

（4）电压放大倍数的测试

在放大器输入端加入频率为 1kHz 的正弦波信号 U_s，调节信号发生器的输出幅度旋钮使放大器输入电压 U_i 为 10mV，同时用示波器观察放大器输出电压 U_o 的波形，在不失真的情况下用交流毫伏表测量表4-5中3种情况下的 U_o 值，将结果填入表4-5，并用双踪示波器观察 U_o 与 U_i 相位关系，进行比较。

（5）测放大器输入/输出电阻

取 $R_C = 2k\Omega$，$R_L = 2k\Omega$，调静态工作点使 $I_c = 2.5mA$。输入频率为 1kHz 的正弦波，在输出不失真的情况下，用交流毫伏表测量出 U_s、U_i 和 U_L 值。保持 U_s 不变，断开 R_L，测量输出电压 U_o，计算 R_i 和 R_o 的值，记入表4-6中。

（6）测量幅频特性曲线

取 $R_C = 2k\Omega$，$R_L = 2k\Omega$，调静态工作点使 $I_c = 2.5mA$。保持输入信号为 U_i 的幅度不变（一般取放大器输出幅度最大不失真时输入信号幅度的50%），改变信号源频率 f 见表4-7，逐点测出相应的输出电压 U_o，记入表4-7中。根据测试结果绘制电路的幅频特性曲线，并根据幅频特性曲线计算出放大器的下限频率 f_L 和上限频率 f_H，根据通频带的计算公式 $f_{BW} = f_H - f_L$ 求出通频带。

（7）将图 4-1 电路中的 R_E 用短路线短接，再重新做一遍实验

比较两种情况下的实验结果有什么不同。

表4-2　静态工作点的测试

测试条件	U_b	U_c	U_e	U_{ce}	U_{be}	I_c
按 $I_c = 2.5mA$ 为依据						
按 $U_{CE} = 4V$ 为依据						
按最大不失真输出为依据						

表4-3　最大不失真输出电压的测试

U_o/V	U_i/mV	A_u

表4-4　静态工作点对输出波形的影响

R_{Pl}	U_b/V	U_c/V	U_e/V	U_{ce}/V	I_c/mA	输出波形失真情况
最大						
合适						
最小						

表4-5　电压放大倍数的测试

给定参数		实测		实测计算	估算
R_c/Ω	R_L/Ω	U_i/mV	U_o/V	A_u	A_v
2k	∞				
5.1k	∞				
2k	2k				

表4-6　放大器输入／输出电阻的测试

U_s/mV	U_i/mV	$R_i/k\Omega$		U_L/V	U_o/V	$R_o/k\Omega$	
		测量值	计算值			测量值	计算值

表4-7　幅频特性曲线的测试（$U_i=$　　　）

f/Hz	10	20	50	100	200	500	1k	2k	5k	10k	20k	50k	100k	200k	500k	1M
U_o/V																
$A_v=U_o/U_i$																

5. 思考题

1）结合实验，思考输入电阻和输出电阻的含义以及它们的大小有什么影响？

2）实验过程中，静态工作点变化对放大器输出波形有什么样的影响？

6. 实验报告

1）写出实验目的、实验用仪器、实验内容及方法。

2）列表整理测量结果，并把实测的静态工作点、电压放大倍数、输入电阻、输出电阻的值与理论计算值比较（取一组数据进行比较），分析产生误差的原因。

3）总结 R_C、R_L、静态工作点对放大器电压放大倍数、输入电阻及输出电阻的影响。

4）分析讨论在实验过程中出现的问题。

5）电路的幅频特性曲线。

技能训练4.2　多级放大电路的研究

1. 实验目的

1）巩固前面学过的放大器主要性能（静态工作点、电压放大倍数、输入输出电阻）的测试方法。

2）观察两级放大器的级间联系和相互影响。

3）掌握放大电路幅频特性的测试方法。

2. 原理说明

实验原理电路如图 4-2 所示，该电路是典型的两级放大电路，级间采用阻容耦合，每级的静态工作点独立，可通过调节电位器来改变电路的静态工作点。

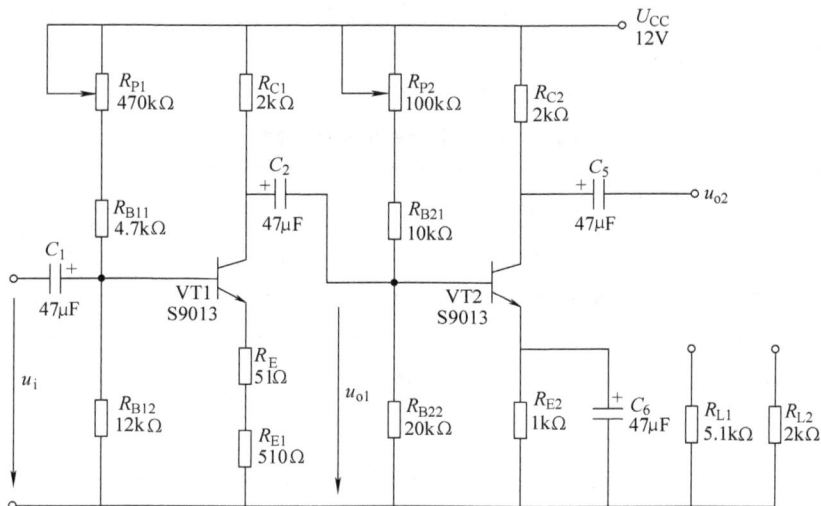

图 4-2　两级阻容耦合共射放大电路

电路的电压放大倍数等于每级电路电压放大倍数的积，即

$$A_u = u_o / u_i = (u_{o1} / u_{i1})(u_{o2} / u_{i2}) = A_{u1} \times A_{u2}$$

3. 实验设备

实验设备见表 4-8。

表 4-8　实验设备

序号	名　称	规格	数量
1	数字示波器	模拟带宽 100MHz 采样率 1GS/s	1 台
2	函数发生器	输出频率 2Hz ~ 2MHz	1 台
3	直流可调稳压电源	0 ~ 30V	1 台
4	数字万用表	200mV ~ 1000V，2mA ~ 20A	1 块
5	毫伏表	1mV ~ 300V	1 块
6	元器件	$R_{P1} = 470\mathrm{k}\Omega$，$R_{C1} = R_{C2} = 2\mathrm{k}\Omega$，$C_1 = C_2 = C_5 = C_6 = 47\mu\mathrm{F}$，$R_{B12} = 12\mathrm{k}\Omega$，$R_{B11} = 4.7\mathrm{k}\Omega$，$R_{E1} = 510\Omega$ $R_E = 51\Omega$，$R_{E2} = 1\mathrm{k}\Omega$，$R_{L2} = 2\mathrm{k}\Omega$，$R_{B22} = 20\mathrm{k}\Omega$，$R_{L1} = 5.1\mathrm{k}\Omega$，$R_{B21} = 10\mathrm{k}\Omega$，晶体管 S9013	若干

4. 实验内容

1）按图 4-2 连接实验电路。

2）静态工作点的调整和测试。

调整 R_{P1} 和 R_{P2}，使 $U_{ce1}=4V$；$U_{ce2}=5V$，按表 4-9 的要求分别测量空载和带载情况下的静态工作点并记入表中。

注意：测静态工作点时应使信号源电压为零。

表 4-9　静态工作点的调整和测试

	静态工作点						输入/输出电压			电压放大倍数		
	第一级			第二级						第一级	第二级	整体
	U_{c1}	U_{b1}	U_{e1}	U_{c2}	U_{b2}	U_{e2}	U_i	U_{o1}	U_{o2}	A_{u1}	A_{u2}	A_u
空载												
负载												

3）电压放大倍数的测试。

保持电路的静态工作点不变，在输入端输入大小为 1mV、频率为 1kHz 的正弦交流信号，用示波器观测输出信号的波形，在输出信号不失真的情况下，用电压表分别测量输入电压 U_i，输出电压 U_{o1} 和 U_{o2}，计算 A_{u1}、A_{u2} 和 A_u 的值，记入表 4-9。

4）测两级放大器的频率特性。

① 将放大器负载断开，先将输入信号频率调到 1kHz，幅度调到使输出幅度最大而不失真。取放大器输出幅度最大不失真时输入信号幅度的 50% 作为输入信号大小。

② 保持输入信号幅度不变，改变频率，按表 4-10 测量并记录，画出频率特性曲线。

③ 接上负载，重复上述实验，画出频率特性曲线。

表 4-10　放大电路幅频特性的测试（$U_i=$_____）

f/Hz		10	20	50	100	200	500	1k	2k	5k	10k	20k	50k	100k	200k	500k	1M
$R_L=\infty$	U_o																
	A_v																
$R_L=2k\Omega$	U_o																
	A_v																
$R_L=5.1k\Omega$	U_o																
	A_v																

5. 思考题

结合实验思考，多级放大电路中电压放大倍数、输入电阻、输出电阻和每级参数有什么关系？

6. 实验报告

写出实验总结报告，要求：

1）写出实验目的、实验用仪器、实验内容及方法。

2）列表整理测量结果，并进行分析。

第5章　集成运算放大器及其应用

技能训练5.1　比例放大电路的测试

1. 实验目的

1) 掌握比例放大电路的测试方法。

2) 测试比例放大电路的传输特性。

2. 原理说明

如图5-1所示，开关S打到1处，构成反相比例运算电路，根据"虚短"和"虚断"得出

$$u_o = -\frac{R_f}{R_1}u_i$$

此式表明输出电压 u_o 与输入电压 u_i 成比例放大关系，且相位相反。

开关S打到2处，构成同相比例运算电路，根据"虚短"和"虚断"得出

$$u_o = \left(1 + \frac{R_f}{R_1}\right)u_i$$

此式说明 u_o 与 u_i 为同相比例关系，其特点是集成运放的两输入端电位等于输入电压，存在较高的共模输入电压。

3. 实验设备

实验设备见表5-1。

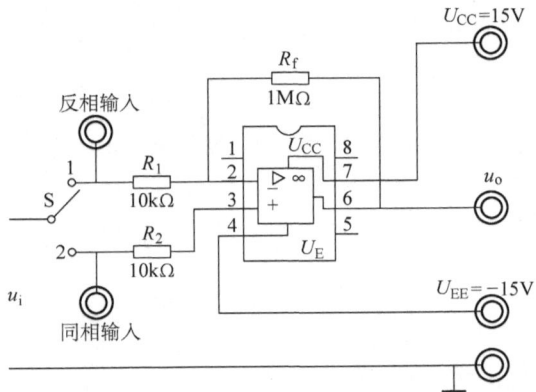

图5-1　比例放大电路实验电路

表5-1　实验设备

序号	名　称	规格	数量
1	数字示波器	模拟带宽100MHz，采样率1GS/s	1台
2	函数发生器	输出频率2Hz~2MHz	1台
3	直流可调稳压电源	0~30V	1台
4	数字万用表	200mV~1000V，2mA~20A	1块
5	电阻器	10kΩ、1MΩ	若干

4. 实验内容

1）调好并接好 ±15V 直流电源。

2）反相比例放大电路的测试。

将 2 端接地，在反相输入端接入 $f = 1\text{kHz}$ 的正弦信号 u_i，用示波器观察输出电压 u_o 波形，调整输入信号的幅度，得到最大输出不失真输出电压 u_o，将 u_i 接入示波器 X 输入端，将 u_o 接入示波器 Y 输入端，用示波器读出 u_i 和 u_o 的峰峰值 u_{ipp} 和 u_{opp} 记入表 5-2 中。观测 u_i 和 u_o 的相位关系记入表 5-2 中。

将示波器 X 偏转因数旋钮拨到 X – Y 工作状态，观测电路的传输特性，并绘出电压传输特性曲线。

表 5-2　比例放大电路测试结果

电路形式	u_{ipp}	u_{opp}	A_{uf}	相位关系
反相比例放大电路				
同相比例放大电路				

3）同相比例放大电路的测试。

将 1 端接地，在同相输入端接入信号，实验内容步骤同反相比例放大电路的测试。

5. 实验数据记录与处理

1）电压传输特性曲线如图 5-2 所示。

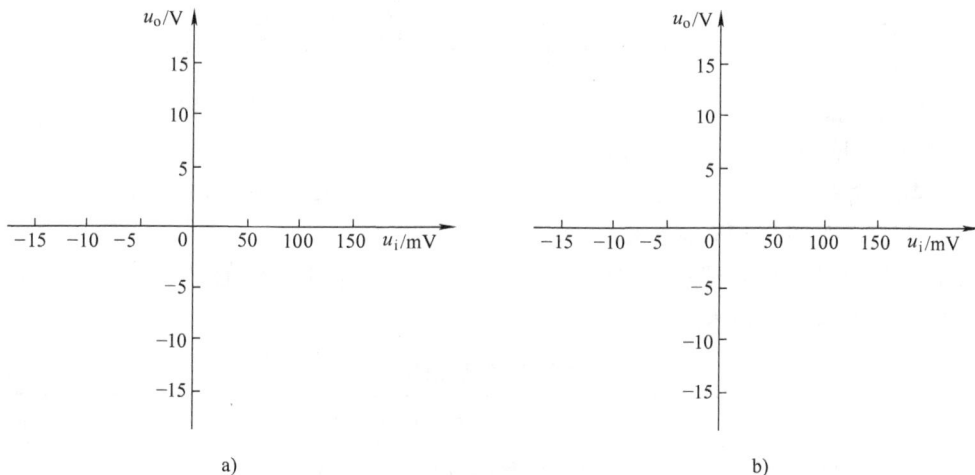

图 5-2　电压传输特性曲线

a）反相比例放大电路传输特性　b）同相比例放大电路传输特性

2）根据实验数据计算电路的闭环电压放大倍数 $\left(A_{uf} = \dfrac{u_o}{u_i} = \dfrac{u_{opp}}{u_{ipp}} \right)$ 并填入表 5-2 中。

3）根据电路参数计算公式：$A_{uf} = -\dfrac{R_f}{R_1}$，计算反相比例放大电路的电压放大倍数，与表 5-2 中的 A_{uf} 比较，分析产生误差的原因。

4）根据电路参数计算公式：$A_{uf} = 1 + \dfrac{R_f}{R_1}$，计算同相比例放大电路的电压放大倍数，与表 5-2 中的 A_{uf} 比较，分析产生误差的原因。

6. 实验报告

1）写出实验目的、使用仪器、实验内容和方法。
2）整理实验数据并进行分析。
3）心得体会及其他。

技能训练 5.2　加法器电路的测试

1. 实验目的

1）进一步熟悉集成运放电路的应用。
2）掌握反相求和电路的测试方法。

2. 实验原理

实验电路如图 5-3 所示，由图可得

$$u_o = -\left(\frac{R_f}{R_1}u_{i1} + \frac{R_f}{R_2}u_{i2} \right) = -10(u_{i1} + u_{i2})$$

3. 实验设备

实验设备见表 5-3。

4. 实验内容

1）调好并接好 ±15V 直流电源。

2）测试加法器的功能：分别调节 R_{P1} 和 R_{P2}，使 u_{i1} 和 u_{i2} 的值见表 5-4，分别测出输出电压 u_o 的值，并记入表中。

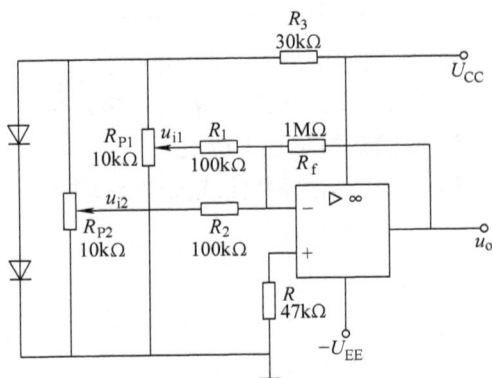

图 5-3　加法器实验电路

表 5-3　实验设备

序号	名称	型号与规格	数量
1	数字示波器	模拟带宽 100MHz，采样率 1GS/s	1 台
2	函数发生器	输出频率 2Hz～2MHz	1 台
3	直流可调稳压电源	0～30V	1 台
4	数字万用表	200mV～1000V，2mA～20A	1 块
5	电阻器	$R_{P1}=R_{P2}=10k\Omega$，$R_1=R_2=100k\Omega$，$R=47k\Omega$，$R_f=1M\Omega$，$R_3=30k\Omega$	若干

表 5-4　加法器电路测试结果

u_{i1}/V	0	0	0.1	0.1	0.3	0.3	0.5	0.5	0.8	1
u_{i2}/V	0	0.1	0.1	0.3	0.3	0.5	0.5	0.8	1	1
u_o/V										

5. 思考题

根据测试结果，分析是否对应所有输入电压组合，输出电压都符合 $u_o = -10(u_{i1} + u_{i2})$ 的结论。若不符合，分析其原因。

6. 实验报告

1）写出实验目的、使用仪器、实验内容和方法。

2）整理实验数据并进行分析。

3）心得体会及其他。

第6章 直流稳压电源

技能训练 6.1 串联型直流稳压电源

1. 实验目的
1）掌握串联型直流稳压电源的工作原理及调试方法。
2）掌握用电压法测试电路故障的基本方法。

2. 原理说明
实验电路如图6-1所示，图中的调整管 VT_1 可用2只晶体管复合构成。

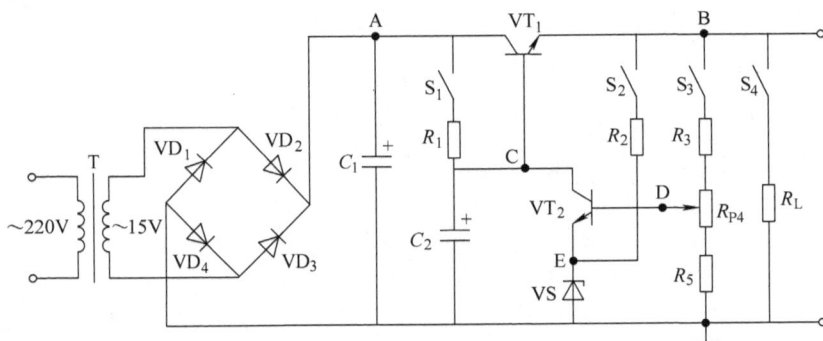

图 6-1 串联型直流稳压电源实验电路

3. 实验设备
实验设备见表6-1。

表 6-1 实验设备

序号	名称	型号与规格	数量
1	直流可调稳压电源	$0 \sim 30V$	1 台
2	数字万用表	$200mV \sim 1000V$，$2mA \sim 20A$	1 块
3	元器件	$C_1 = 1000\mu F$，$C_2 = 47\mu F$，$R_1 = 2k\Omega$，$R_2 = 1k\Omega$，$R_3 = 300\Omega$，$R_{P4} = 680\Omega$，$R_5 = 510\Omega$，$R_L = 100\Omega$，稳压管 IN4734（VS），二极管 IN4007（$VD_1 - VD_4$），晶体管 3DG12（VT_1），晶体管 9013（VT_2）	若干

4. 实验内容

1）电路正常工作时（各开关均闭合），调整 R_{P4} 测出最大输出电压和最小输出电压记入表 6-2 中，然后调整 R_{P4} 使输出保持最大输出电压，在以下的测试中不再调整 R_{P4}。

2）测试电路正常工作时各点的电位，将测试结果记入表 6-2 中，并观测 R_L 接通和断开时电路的稳压情况。

3）测试 R_1 断开（S_1 断开，其他开关闭合，将 C_2 先放电）时各点的电位，将测试结果记入表 6-2 中。

4）测试 R_2 断开（S_2 断开，其他开关闭合）时各点的电位，将测试结果记入表 6-2 中。

5）测试 S_3 断开（其他开关闭合）时各点的电位，将测试结果记入表 6-2 中。

6）测试当 VS 击穿（用短路线将 VS 短路，开关全闭合）时各点的电位，将测试结果记入表 6-2 中。

7）测试当 VT_2 的 BE 结击穿（用短路线将 BE 结短路，开关全闭合）时各点的电位，将测试结果记入表 6-2 中。

表 6-2　实验数据记录

工作状态	U_A/V	U_B/V	U_C/V	U_D/V	U_E/V	U_{BE1}/V	U_{CE1}/V	U_{BE2}/V	U_{CE2}/V
正常工作时									
S_1 断开									
S_2 断开									
S_3 断开									
VS 短路									
VT_2 的 BE 结短路									
最大输出电压/V				最小输出电压/V					

5. 思考题

分析上述各种测试结果的原因。

6. 实验报告

1）写出实验目的、使用仪器、实验内容和方法。

2）整理实验数据并进行分析。

3）心得体会及其他。

技能训练 6.2　集成稳压电源

1. 实验目的

1）掌握低压直流稳压电源的测试方法。

2）了解三端可调集成稳压电源的特性和使用方法。

2. 原理说明

实验电路如图 6-2 所示。

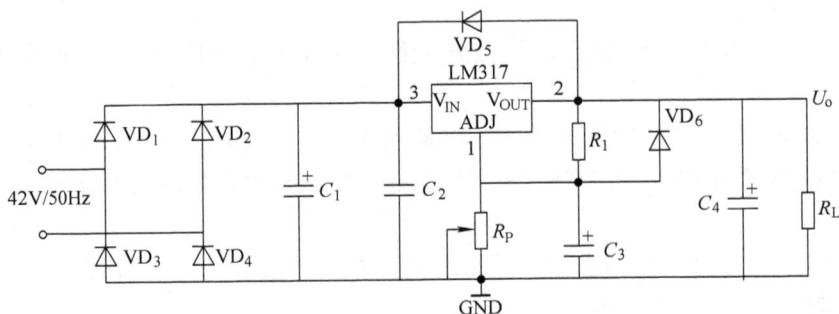

图 6-2　由三端稳压集成电路构成的直流稳压电源实验电路

3. 实验设备

实验设备见表 6-3。

表 6-3　实验设备

序号	名称	规格	数量
1	直流可调稳压电源	0～30V	1 台
2	数字万用表	200mV～1000V，2mA～20A	1 块
3	元器件	稳压器 LM317，二极管 IN4007（VD_1～VD_4），二极管 IN4001（VD_5、VD_6），$C_1 = 1000\mu F$，$C_2 = 0.22\mu F$，$C_3 = 20\mu F$，$C_4 = 20\mu F$，$R_P = 4.7k\Omega$，$R_1 = 240\Omega$，$R_L = 2k\Omega$	若干

4. 实验内容

1）连接测试电路，检查无误后，将调压器调至 42V，接通电源。

2）测直流稳压电源输出电压范围。用万用表（直流电压档）测输出电压 U_O。调节 R_P，测试并记录输出电压 U_O 的变化范围（U_{Omin}、U_{Omax}）。

3）测试电源电路的纹波电压。将输出直流电压调至最大，用示波器观测输出直流电压上叠加的纹波电压波形，并用电子电压表测试纹波电压的大小。

5. 思考题

1）电压输出范围是多少？

2）用示波器观测到的输出直流电压上叠加的纹波电压的波形是什么形状？

3）纹波电压的大小（用电子电压表读取的数值）是多少？

6. 实验报告

1）写出实验目的、使用仪器、实验内容和方法。

2）整理实验数据并进行分析。

3）心得体会及其他。

第7章　数字电路基础

技能训练　门电路逻辑功能测试

1. 实验目的

1) 熟悉实验台及多功能电路插接板的结构、基本功能和使用方法。

2) 掌握常用非门、与非门、或非门、与或非门、异或门的逻辑功能及其测试方法。

2. 原理说明

1) 实验中常用的多功能电路插接板（俗称为面包板）有 120 线和 130 线两种，之间的凹槽把面包板分为上下对称的两部分，其中最上面和最下面的两横排小孔通过内部的金属簧片左右相连，但又没有完全连通，120 线的左边和右边 15 个小孔左右相连，中间 20 个小孔左右相连；130 线的左边和右边 20 个小孔左右相连，中间 15 个小孔左右相连，其余小孔上下每 5 个连在一起，每两个小孔中间的距离均为 0.1in（1in = 2.54cm），与双列直插式集成电路的引脚之间的距离相等。

2) 对于 TTL 门电路，当输入端接地时，相当于输入低电平，当输入端悬空时，相当于输入高电平。

3) 对于输出端，当输出电压高于 2.7V 时，相当于输出高电平，当输出电压低于 0.3V 时，相当于输出低电平。

3. 实验设备

实验设备见表 7-1。

表 7-1　实验设备

序号	名称	规格	数量
1	元器件	74LS00、74LS04、74LS20、74LS86	各 1 片
2	数字万用表	200mV ~ 1000V，2mA ~ 20A	1 块
3	面包板	700 孔	若干
4	导线	杜邦线	若干

4. 实验内容

1) 74LS00 逻辑功能测试。

将 74LS00 正确插入面包板，并注意识别第 1 脚位置（集成块正面放置且缺口向左，则左下角为第 1 脚，逆时针方向依次增加），按表 7-2 要求输入高、低电平信号，测出相应的输出逻辑电平，并记入表中。

表 7-2　74LS00 逻辑功能测试

1A	1B	1Y	2A	2B	2Y	3A	3B	3Y	4A	4B	4Y
0	0		0	0		0	0		0	0	
0	1		0	1		0	1		0	1	
1	0		1	0		1	0		1	0	
1	1		1	1		1	1		1	1	

2）74LS04 的逻辑功能测试。

将 74LS04 正确插入面包板，并注意识别第 1 脚位置，按表 7-3 要求输入高、低电平信号，测出相应的输出逻辑电平。

3）74LS20 的逻辑功能测试。

将 74LS20 正确插入面包板，并注意识别第 1 脚位置，按表 7-4 要求输入高、低电平信号，测出相应的输出逻辑电平。

表 7-3　74LS704 逻辑功能测试

1A	1Y	2A	2Y	3A	3Y	4A	4Y	5A	5Y	6A	6Y
0		0		0		0		0		0	
1		1		1		1		1		1	

表 7-4　74LS720 逻辑功能测试

1A	1B	1C	1D	1Y	2A	2B	2C	2D	2Y
0	0	0	0		0	0	0	0	
0	0	0	1		0	0	0	1	
0	0	1	0		0	0	1	0	
0	0	1	1		0	0	1	1	
0	1	0	0		0	1	0	0	
0	1	0	1		0	1	0	1	
0	1	1	0		0	1	1	0	
0	1	1	1		0	1	1	1	
1	0	0	0		1	0	0	0	
1	0	0	1		1	0	0	1	
1	0	1	0		1	0	1	0	
1	0	1	1		1	0	1	1	
1	1	0	0		1	1	0	0	
1	1	0	1		1	1	0	1	
1	1	1	0		1	1	1	0	
1	1	1	1		1	1	1	1	

4）74LS86 逻辑功能测试。

将 74LS86 正确接入面包板，注意识别 1 脚位置，按表 7-5 要求输入信号，测出相应的输出逻辑电平。

表 7-5　74LS86 逻辑功能测试

1A	1B	1Y	2A	2B	2Y	3A	3B	3Y	4A	4B	4Y
0	0		0	0		0	0		0	0	
0	1		0	1		0	1		0	1	
1	0		1	0		1	0		1	0	
1	1		1	1		1	1		1	1	

根据实验结果，总结 74LS00、74LS04、74LS20 和 74LS86 的逻辑功能，写出它们的逻辑表达式。

5. 思考题

1）TTL 与非门闲置输入端有哪些处置方法？

2）使用 TTL 门电路时应注意哪些问题？

6. 实验报告

1）写出实验目的、使用仪器、实验内容和方法。

2）整理实验数据并进行分析。

3）根据实验结果，总结 74LS00、74LS04、74LS20 和 74LS86 的逻辑功能，写出其逻辑表达式。

4）心得体会及其他。

第8章　组合逻辑电路

技能训练 8.1　组合逻辑电路的设计与测试

1. 实验目的

1）通过实训，进一步熟悉组合逻辑电路的特点。

2）学会组合逻辑电路的实验分析及其设计方法。

2. 原理说明

组合逻辑电路的设计是根据给定的实际逻辑问题，求出实现其逻辑功能的最简单的逻辑电路。组合逻辑电路的设计步骤：

1）分析设计要求，设置输入输出变量并逻辑赋值。

2）列真值表。

3）写出逻辑表达式，并化简。

4）画逻辑电路。

3. 实验设备

实验设备见表 8-1。

表 8-1　实验设备

序号	名称	型号与规格	数量
1	元器件	74LS00、74LS04、74LS55、74LS86	各 1 片
2	数字万用表	200mV ~ 1000V，2mA ~ 20A	1 块
3	面包板	700 孔	若干
4	导线	杜邦线	若干

4. 实验内容

（1）测试用与非门构成的电路的逻辑功能

按图 8-1 接线。根据输入端的组合状态，测出相应的输出逻辑电平，并做好实验记录。

（2）测试用异或门和与非门组成的电路的逻辑功能

按图 8-2 接线。根据输入端的组合状态，测出相应的输出逻辑电平，并做好实验记录。

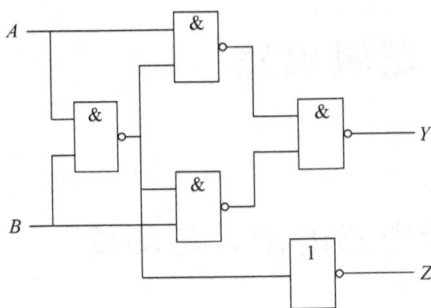

图 8-1　由与非门构成的组合逻辑电路功能测试

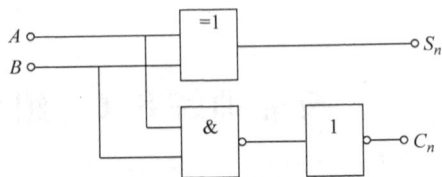

图 8-2　用异或门和与非门组成的电路

（3）测试用异或门、非门和与或非门组成的电路的逻辑功能

按图 8-3 接线。根据输入端的组合状态，测出相应的输出逻辑电平，并做好实验记录。

5. 思考题

如何用与非门设计一个 3 人表决电路，当多数人同意时决议通过，否则决议不通过？

1）设计电路。

2）选择器件。

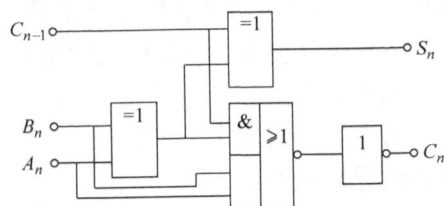

图 8-3　用异或门、非门和与或非门组成的电路

由电路图可以看出，可以采用一片二输入端的下非门 74LS00 和一片四输入端的与非门 74LS20；也可采用两片四输入端的与非门 74LS20，结果都满足要求。但从器件的种类考虑，后一种方法更合适。

3）连接电路并测试。

选择两片 74LS20 插入实验台的相应插口上，按照逻辑图对元器件的各个引脚进行连接，输入端接逻辑电平开关，输出端接逻辑电平显示器。为了避免干扰，多余端应接高电平。按表所列真值表的状态验证电路的正确性。

4）实验结果分析。

① 总结用实验来分析组合逻辑电路功能的方法和步骤。

② 接线时不用的输入端如何处置？

6. 实验报告

1）写出实验目的、使用仪器、实验内容和方法。

2）整理实验数据并进行分析。

3）心得体会及其他。

技能训练 8.2 译码器及其应用

1. 实验目的

1）掌握 MSI 组合电路变量译码器的实验分析方法。

2）熟悉中规模集成 3 线—8 线译码器的应用。

2. 原理说明

二进制译码器是将输入二进制代码译成相应输出信号的电路。输入为二进制代码（N 位），输出有 2^n 个，每个输出仅包含一个最小项。

译码器 74LS138 地址输入端作为逻辑函数的输入变量，译码器的每个输出端 $\overline{Y_i}$ 都与某一个最小项 m_i 相对应，加上适当的门电路，就可以利用译码器实现组合逻辑函数。

3. 实验设备

实验设备见表 8-2。

表 8-2 实验设备

序号	名称	规格	数量
1	元器件	74LS20、74LS138	各 1 片
2	数字万用表	200mV～1000V，2mA～20A	1 块
3	面包板	700 孔	若干
4	导线	杜邦线	若干

4. 实验内容

1）利用数字逻辑实验箱测试 74LS138 译码器的逻辑功能，并记录实验数据。请在预习时自行拟出实验步骤，列出表述其功能的真值表（包括所有输入端的功能）。

2）用 74LS138 及与非门设计一个三变量多数表决电路，要求画出逻辑电路图，拟出实验步骤，正确接线并测试电路的逻辑功能，列出表述其功能的真值表，记录实验数据。若 G1 端接地，会怎样？请测试。

5. 思考题

1）74LS138 译码器的输出是高电平有效，还是低电平有效？

2）试说明 S_1、$\overline{S_2}$、$\overline{S_3}$ 输入端的作用。

6. 实验报告

1）列出具体实验步骤。

2）整理实验测试结果，说明 74LS138 译码器的功能。

3）画出用 74LS138 及与非门构成的多数表决电路的逻辑电路图，列出真值表，求出逻辑表达式。若 G1 端接地，结果如何？

技能训练 8.3　数据选择器及其应用

1. 实验目的

1）进一步熟悉用实验来分析组合逻辑电路功能的方法。

2）了解中规模集成八选一数据选择器 74LS151 的应用。

3）了解组合逻辑电路由小规模集成电路设计和由中规模集成电路设计的不同特点。

2. 原理说明

在数据选择器中，通常用地址输入信号来完成挑选数据的任务。如一个 4 选 1 的数据选择器，应有两个地址输入端，它共有 $2^2 = 4$ 种不同的组合，每一种组合可选择对应的一路输入数据输出。同理，对一个 8 选 1 的数据选择器，应有 3 个地址输入端。其余类推。而多路数据分配器的功能正好和数据选择器的相反，它是根据地址码的不同，将一路数据分配到相应的一个输出端上输出。

3. 实验设备

实验设备见表 8-3。

表 8-3　实验设备

序号	名称	规格	数量
1	元器件	74LS00、74LS04、74LS20、74LS151	各 1 片
2	数字万用表	200mV ~ 1000V，2mA ~ 20A	1 块
3	面包板	700 孔	若干
4	导线	杜邦线	若干

4. 实验内容

1）利用数字逻辑实验箱测试 74LS151 数据选择器的逻辑功能。

2）用 74LS151 设计一个交通灯故障报警电路。

3）有一密码电子锁，锁上有 4 个锁孔 A、B、C、D，当按下 A 和 B 或 A 和 D 或 B 和 D 时，再插入钥匙，锁即打开。若按错了键孔，当插入钥匙时，锁打不开，并发出报警信号，请设计该电路图并验证其正确性。

5. 思考题

上述实验中 74LS151 若 S 端悬空，结果如何？

6. 实验报告

1）写出实验目的、使用仪器、实验内容和方法。

2）列出具体实验步骤，整理实验测试结果，说明 74LS151 的 8 选 1 功能。

3）列出具体实验步骤，画出用 74LS151 及辅助门电路构成的设计电路图，列出真值表，求出逻辑表达式。

4）心得体会及其他。

第 9 章　触发器与时序逻辑电路

技能训练 9.1　触发器逻辑功能测试

1. 实验目的

1）进一步掌握及验证 JK 触发器、D 触发器的功能特点。

2）验证直接置"0"端 $\overline{R}_D$、直接置"1"端 $\overline{S}_D$ 的作用。

3）学会使用无抖动开关。

2. 原理说明

（1）双 D 触发器 74LS74

双 D 上升沿型触发器 74LS74 的引脚图如图 9-1 所示，它具有直接置数和清零功能，其逻辑功能真值表见表 9-1。

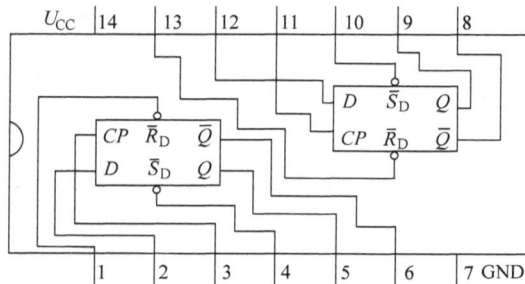

图 9-1　74LS74 引脚图

表 9-1　74LS74 功能真值表

输入				输出	
置数 $\overline{S}_D$	清零 $\overline{R}_D$	时钟 CP	D	Q	$\overline{Q}$
0	1	×	×	1	0
1	0	×	×	0	1
0	0	×	×	不	定
1	1	↑	1	1	0
1	1	↑	0	0	1
1	1	0	×	Q_0	$\overline{Q}_0$

（2）双 JK 触发器 74LS76

双 JK 下降沿型触发器 74LS76 具有很强的抗干扰能力，其引脚图如图 9-2 所示，下降沿触发，具有直接置数和清零功能，其逻辑功能真值表见表 9-2。

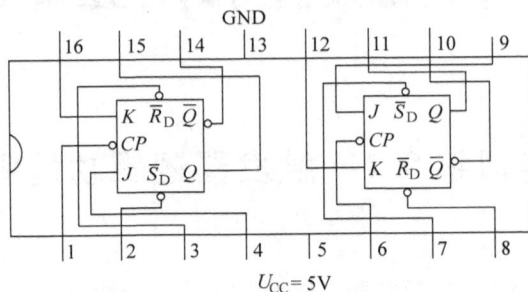

图 9-2　74LS76 引脚图

表 9-2　74LS76 功能真值表

置数 $\overline{S}_D$	清零 $\overline{R}_D$	输入			输出	
		CP	J	K	Q	$\overline{Q}$
0	1	×	×	×	1	0
1	0	×	×	×	0	1
0	0	×	×	×	1	1
1	1	↓	0	0	Q_0	$\overline{Q}_0$
1	1	↓	0	0	1	0
1	1	↓	0	1	0	1
1	1	↓	1	1	翻	转
1	1	1	×	×	Q_0	$\overline{Q}_0$

3. 实验设备

实验设备见表 9-3。

表 9-3　实验设备

序号	名称	规格	数量
1	元器件	74LS74、74LS76	各 1 片
2	数字万用表	200mV～1000V，2mA～20A	1 块
3	面包板	700 孔	若干
4	导线	杜邦线	若干
5	发光二极管	10mA	2 只

4. 实验内容

（1）74LS74 的功能验证

1）验证 74LS74 中的 $\overline{R}_d$、$\overline{S}_d$ 的功能，并将验证结果填在表 9-4 中，进行结果

分析。

2）用 74LS00 中的两个与非门接成一个无抖动开关（基本 RS 触发器）。验证无抖动开关的工作情况，使其正常工作后，将其中的一个输出端作为 D 触发器的 CP 输入端。

3）验证 D 触发器的功能（注意验证触发器的有效触发沿），并将验证结果填入表 9-5 进行结果分析。

（2）对 74LS76 的验证

1）验证 74LS76 中的 $\overline{S}_d$、$\overline{R}_d$ 的功能，将结果填入表 9-6，并进行结果分析。

表 9-4 74LS76 的 $\overline{R}_d$、$\overline{S}_d$ 功能验证

CP	D	$\overline{R}_d$	$\overline{S}_d$	$\overline{Q}$
0	0	0	1	
		1	0	
	1	0	1	
		1	0	
1	0	0	1	
		1	0	
	1	0	1	
		1	0	

表 9-5 D 触发器功能验证

D	CP	Q^{n+1}	
		$Q^n = 0$	$Q^n = 1$
0	0→1		
0	1→0		
1	0→1		
1	1→0		

表 9-6 74LS76 的 $\overline{S}_d$、$\overline{R}_d$ 功能验证

CP	J	K	$\overline{R}_d$	$\overline{S}_d$	Q
×	×	×	0	1	
×	×	×	1	0	

2）验证 JK 的触发器功能（注意验证触发器的有效触发沿），将结果填入表 9-7 并进行结果分析。

5. 思考题

结合实验总结一下，D 触发器和 JK 触发器的功能分别是什么？

6. 实验报告

1）写出实验目的、使用仪器、实验内容和方法。

2）列出具体实验步骤，整理实验测试结果，说明 D 触发器的功能。

3）心得体会及其他。

表 9-7 JK 的触发器功能验证

J	K	CP	Q_{n+1}	
			$Q_n = 0$	$Q_n = 1$
0	0	0→1		
0	0	1→0		
0	1	0→1		
0	1	1→0		
1	0	0→1		
1	0	1→0		
1	1	0→1		
1	1	1→0		

技能训练9.2　计数器的使用

1. 实验目的

1）掌握计数器74161和7490的功能。

2）掌握任意模计数器的构成方法。

3）掌握计数器的扩展方法。

2. 原理说明

计数器分为同步计数器和异步计数器。同步计数器有统一的时钟并同时供给各触发器。常见的集成芯片74161就是同步的可预置的四位二进制计数器，并具有异步清零功能。

在异步计数器中，各触发器的时钟不是来自统一的时钟源，因此计数器各触发器不能同时翻转。在分析异步触发器时，应特别注意，只有时钟脉冲的有效沿到达时触发器才会翻转，即触发器的变更，取决于对应触发脉冲的有效沿是否到来。常用的集成芯片74290是一个异步的BCD码十进制计数器。

3. 实验设备

实验设备见表9-8。

表9-8　实验设备

序号	名称	规格	数量
1	元器件	74161、7490、7400	各1片
2	数字万用表	200mV ~ 1000V，2mA ~ 20A	1块
3	面包板	700孔	若干
4	导线	杜邦线	若干

4. 实验内容

1）验证74161和7490的逻辑功能，并将验证结果进行记录。

2）用1片74161和1片7400采用反馈复位法和反馈预置法构成一个模7计数器。认真观察计数状态，并记录，最后画出 $Q_3 Q_2 Q_1 Q_0$ 的波形图。

3）用1片7490和1片7400采用反馈复位法构成一个模7计数器。认真观察计数状态，并记录，最后画出 $Q_3 Q_2 Q_1 Q_0$ 的波形图。

4）用2片7490构成一个模21计数器。认真观察数码管数字的变化。

5. 思考题

根据实验，总结和思考实现 N 进制计数器时同步计数器和异步计数器的区别是什么？

6. 实验报告

1）写出实验目的、使用仪器、实验内容和方法。

2）列出具体实验步骤，整理实验测试结果，说明D触发器的功能。

3）心得体会及其他。

第10章 脉冲波形的产生与整形

技能训练 555定时器构成的多谐振荡器的制作与测量

1. 实验目的

1) 了解555定时器的使用方法。

2) 掌握多谐振荡器的工作原理。

2. 原理说明

根据教材第10章教学内容，查阅相关资料，设计电路如图10-1所示，仿真结果如图10-2所示。选择各个元器件的有关参数，将R_1、R_2、C_1的参数代入下式并计算。

$$f = \frac{1}{T} \approx \frac{1.43}{(R_1 + 2R_2)C_1}$$

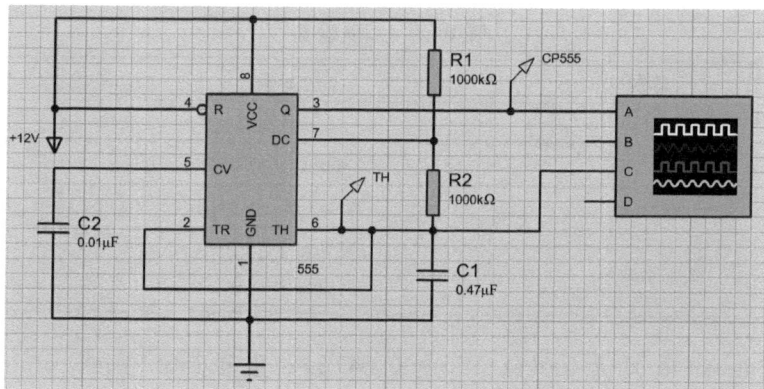

图10-1 由555定时器组成的多谐振荡器仿真电路

3. 实验设备

实验设备见表10-1。

4. 实验内容

（1）电路仿真

利用Proteus绘制原理电路图并进行仿真测试。观测 TH 端和 Q 端的电压波形及周期大小，并与计算结果比较。

1) 改变 C_1 为 $0.047\mu F$，利用Proteus重新放仿真测试，将 C_1 代入公式并进行计算，将计算结果与仿真测试的结果进行比较，填表 10-2。

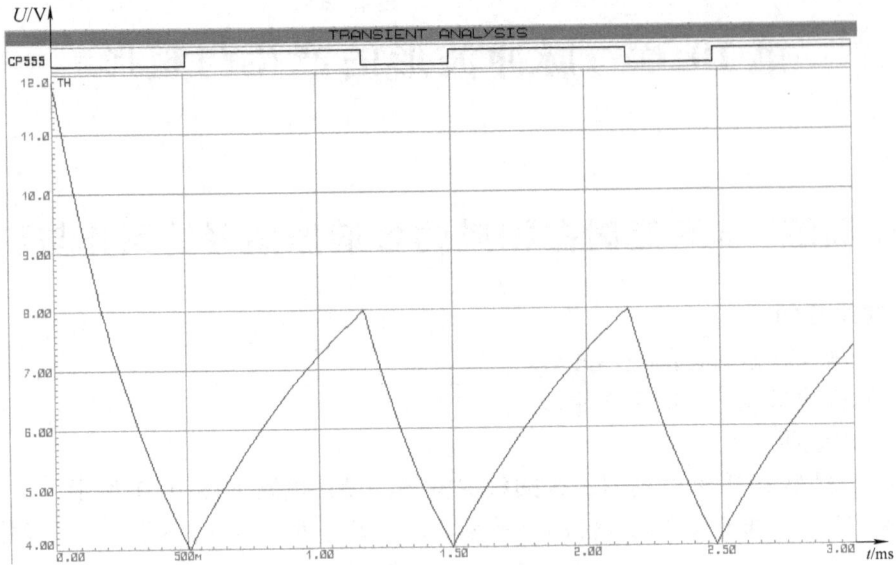

图 10-2　多谐振荡器仿真结果

表 10-1　实验设备

序号	名称	规格	数量
1	定时器	HA17555	1 片
2	电阻器	100kΩ，1000kΩ	若干
3	电容器	0.047μF，0.47μF	若干
4	数字示波器	模拟带宽 100MHz 采样率 1GS/s	1 台

2）改变 R_1 和 R_2 均为 100kΩ、C_1 为 0.047μF，重复步骤 1）。

3）改变 R_1 和 R_2 均为 100kΩ、C_1 为 0.47μF，重复步骤 1）。

表 10-2　实验数据

$R_1/\text{k}\Omega$	$R_2/\text{k}\Omega$	$C_1/\mu\text{F}$	$f=\dfrac{1}{T}\approx\dfrac{1.43}{(R_1+2R_2)\ C_1}$	$T\approx\dfrac{(R_1+2R_2)\ C_1}{1.43}$	实测 f	实测 T	计算结果与仿真结果是否一致
1000	1000	0.47					
1000	1000	0.047					
100	100	0.047					
100	100	0.47					

4）观察并分析总结上述规律。

（2）连接并调试电路

按照仿真电路用面包板连接实际电路，在 3 种情况下分别用示波器测出波形，并记录。

5. 思考题

设计一个振荡器，使其输出周期 $T = 1\text{s}$ 的方波。

6. 实验报告

1）写出实验目的、使用仪器、实验内容和方法。

2）使用示波器测量多谐振荡器电路的脉冲波形，与理论波形对比并分析。

3）心得体会及其他。

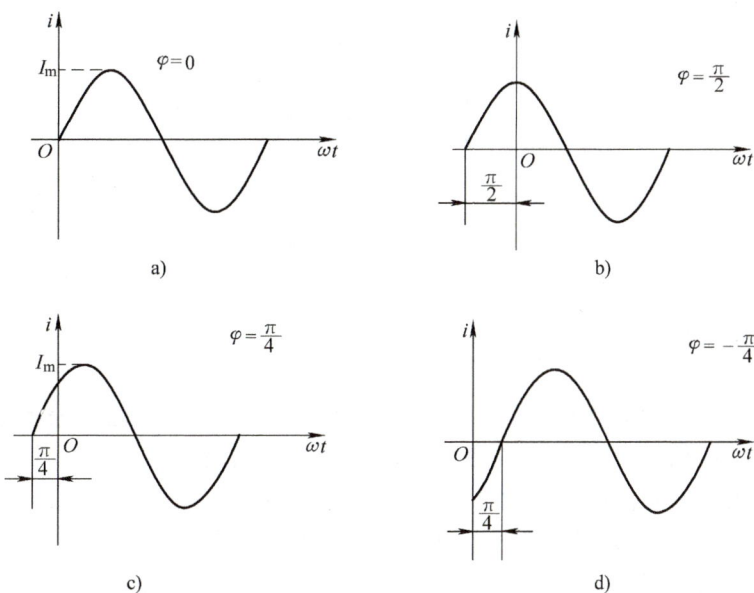

图 2-7　几种不同计时起点的正弦电流的波形图

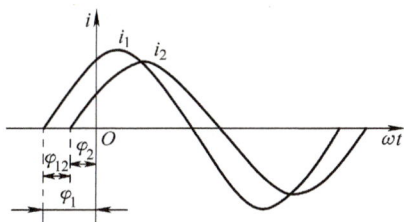

图 2-8　两个同频率正弦电流

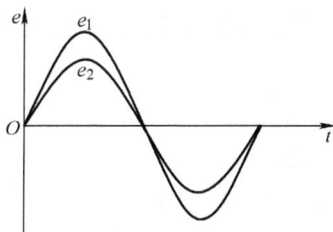

图 2-9　正弦量同相

当 $\varphi_{12} = \pi/2$ 时，如图 2-11 所示，一个正弦量较另一个正弦量超前 90°，称这两个正弦量正交。

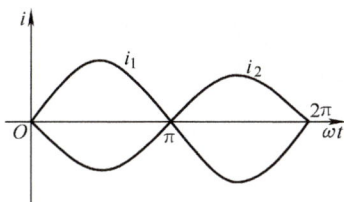

图 2-10　i_1 与 i_2 反相

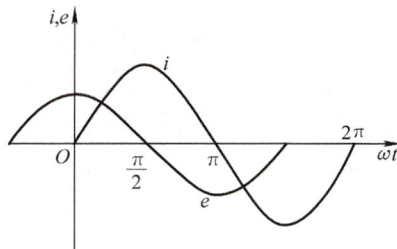

图 2-11　正弦量正交

【例 2-5】　写出图 2-12 中 e_1、e_2 的最大值、初相和角频率。

解：e_1 的最大值是 100V、初相是 $-\dfrac{\pi}{4}$、角频率是 ω；

e_2 的最大值是 70V、初相是 $\dfrac{\pi}{6}$、角频率是 ω。

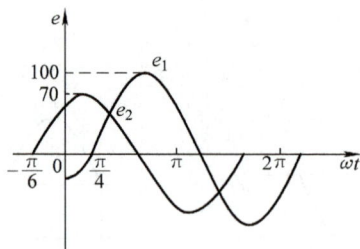

图 2-12　例 2-5 图

2.2　正弦量的相量表示

为了便于分析问题和解决问题，一个正弦量可采用多种不同方法来表示。解析式法可以方便地算出交流电任何瞬间的值。波形图表示法可以反映出交流电的最大值、初相及角频率，还可以直接表示出交流电随时间的变化趋势，以及同频率的不同正弦量间的超前和滞后关系。但是涉及正弦量加减运算时，这两种方法都不方便分析和计算，为此引入相量表示法。相量表示法用复数来表示正弦量，因此可以用复数的运算规则来计算正弦量，使得正弦量的运算大为简化。

2.2.1　复数的表示形式及其运算规则

1. 复数的表示形式

（1）代数形式

设 A 为复数，则 A 可用代数形式表示为

$$A = a + b\mathrm{j} \tag{2-4}$$

式中，a 为实部；b 为虚部；$\mathrm{j} = \sqrt{-1}$，为虚部单位，在数学中用 i 来表示，但是在电路中 i 常用来表示电流，为了区分这里用 j 进行替代。

在实轴和虚轴组成的复平面内，复数 A 可以用一有向线段（矢量）$\boldsymbol{OA}$ 来表示，如图 2-13 所示。图中矢量 $\boldsymbol{OA}$ 的长度 $|A|$ 称为复数的模，$\boldsymbol{OA}$ 与实轴的夹角 φ 称为 A 的辐角，a 是复数 A 的实部，等于矢量 $\boldsymbol{OA}$ 在实轴上的投影，b 为复数 A 的虚部，等于矢量 $\boldsymbol{OA}$ 在虚轴上的投影。根据数学中三角函数关系，图中可得到如下关系式，即

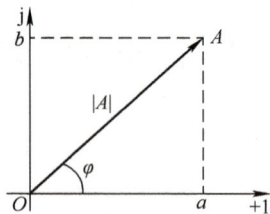

图 2-13　复数的矢量表示

$$|A| = \sqrt{a^2 + b^2}$$
$$a = |A|\cos\varphi$$
$$b = |A|\sin\varphi$$
$$\tan\varphi = \frac{b}{a}$$

（2）三角函数形式

将 a 和 b 代入式（2-4）可得复数的三角函数形式，即

$$A = |A|\cos\varphi + \mathrm{j}|A|\sin\varphi = |A|(\cos\varphi + \mathrm{j}\sin\varphi)$$

（3）指数形式

根据欧拉公式

$$e^{j\varphi} = \cos\varphi + j\sin\varphi \tag{2-5}$$

又可得到复数的指数形式，即

$$A = |A|e^{j\varphi} \tag{2-6}$$

（4）极坐标形式

在电工技术中，为了方便计算，常常使用复数的极坐标形式

$$A = |A|\underline{/\varphi} \tag{2-7}$$

2. 复数的四则运算

设有两个复数

$$A_1 = a_1 + jb_1 = |A_1|\underline{/\varphi_1}$$

$$A_2 = a_2 + jb_2 = |A_2|\underline{/\varphi_2}$$

（1）复数的加减运算

复数的加减运算只需将实部和虚部分别相加减，得到的结果就是运算结果，即

$$A_1 \pm A_2 = (a_1 \pm a_2) + j(b_1 \pm b_2)$$

复数的加减运算也可以由复平面内矢量求和的平行四边形法则得到，如图 2-14 所示。

（2）复数的乘除运算

复数的乘除运算，将模进行乘除，辐角相加减。

复数的乘法运算：

$$A_1 \cdot A_2 = |A_1||A_2|\underline{/\varphi_1 + \varphi_2}$$

复数的除法运算：

$$\frac{A_1}{A_2} = \frac{|A_1|}{|A_2|}\underline{/\varphi_1 - \varphi_2}$$

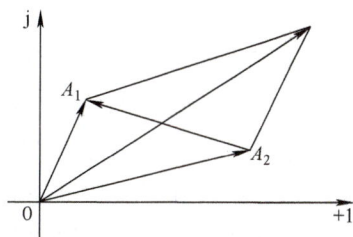

图 2-14 平行四边形法则进行矢量相加减

【例 2-6】 写出复数 $A_1 = 8 - j6$ 和 $A_2 = -6 + j8$ 的极坐标形式和三角函数形式。

解：A_1 的模为

$$|A_1| = \sqrt{8^2 + (-6)^2} = 10$$

$$\tan\varphi_1 = \frac{-6}{8} = -0.75$$

辐角为

$$\varphi_1 = \arctan(-0.75) \approx -36.9° \text{（在第四象限）}$$

则 A_1 的极坐标形式为

$$A_1 = 10\underline{/-36.9°}$$

A_1 的三角函数形式为 $A_1 = 10[\cos(-36.9°) + j\sin(-36.9°)]$

A_2 的模为

$$|A_2| = \sqrt{(-6)^2 + 8^2} = 10$$

$$\tan\varphi_2 = \frac{8}{-6} = -1.33$$

辐角为

$$\varphi_2 = \arctan(-1.33) \approx 126.9° \text{（在第二象限）}$$

则 A_2 的极坐标形式为

$$A_2 = 10\underline{/126.9°}$$

A_2 的三角函数形式为

$$A_2 = 10(\cos126.9° + j\sin126.9°)$$

【例 2-7】 已知两个复数的代数式 $A_1 = 3 + j4$，$A_2 = 8 + j6$，求它们的和、差、积、商

解： 根据复数的加减法运算规则有

$$A_1 + A_2 = (3 + 8) + j(4 + 6) = 11 + 10j$$

$$A_1 - A_2 = (3 - 8) + j(4 - 6) = -5 - 2j$$

复数的乘除用极坐标形式，因此先将代数式化为极坐标式，即

$$|A_1| = \sqrt{3^2 + 4^2} = 5 \qquad \varphi_1 = \arctan\left(\frac{4}{3}\right) \approx 53°$$

$$|A_2| = \sqrt{8^2 + 6^2} = 10 \qquad \varphi_2 = \arctan\left(\frac{3}{4}\right) \approx 37°$$

$$A_1 = 5\underline{/53°}$$

$$A_2 = 10\underline{/37°}$$

$$A_1 \cdot A_2 = 5 \times 10\underline{/53° + 37°} = 50\underline{/90°}$$

$$\frac{A_1}{A_2} = \frac{5}{10}\underline{/53° - 37°} = 0.5\underline{/16°}$$

2.2.2 正弦量的相量表示

图 2-15 所示，做一长度为 I_m 的矢量，初始位置与坐标横轴正方向夹角为 φ，从初始位置开始，以角速度 ω 的角速度绕坐标原点逆时针旋转，经过任意时间 t_1 之后，矢量转动过 ωt_1 角度到图上所示位置。以矢量旋转过的角度 ωt 和矢量在纵轴上面的投影分别为横纵坐标轴做一坐标系，则当前位置处的角度和旋转矢量在纵轴上的投影在坐标系内可得到一个点，将无数个点连接起来可得到如图所示曲线，这个曲线正是一正弦量的波形图，设其纵坐标为电流瞬时值 i，则此正弦量解析式为 $i = I_m \sin(\omega t + \varphi)$。

由此可见，任何一矢量都能得到唯一与之对应的正弦量，任意正弦量也都能找出唯一与之对应的矢量，矢量与正弦量是一一对应关系，正弦量可用平面内矢量来表示。

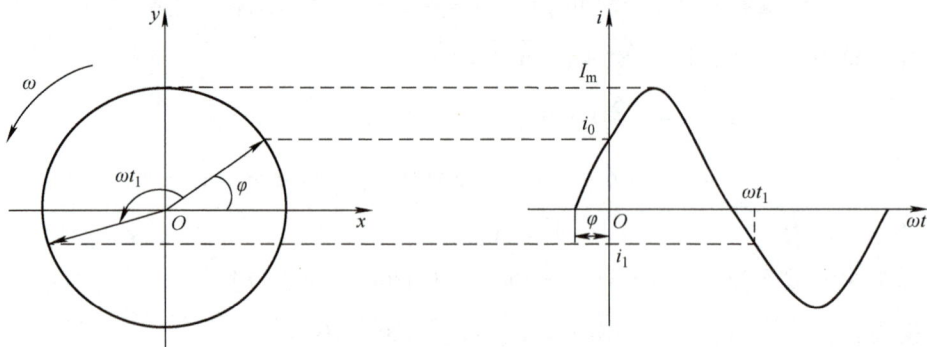

图 2-15　矢量与正弦量关系图

因此用复平面内一矢量来代表正弦量，如图 2-16 所示为一电流有效值相量，矢量的长度等于正弦量的有效值（或最大值），矢量的初始位置和横轴正方向夹角等于初相 φ，并以角速度 ω 绕原点逆时针旋转，该矢量称为正弦量的有效值（或最大值）相量，用符号 $\dot{E}$、

$\dot{U}$、$\dot{I}$（或 $\dot{E}_m$、$\dot{U}_m$、$\dot{I}_m$）来表示。由前一节的内容可知，复平面内的矢量表示的是一复数，因此可用复数表示此相量。如正弦交流电流为

$$i = I_m \sin(\omega t + \varphi)$$

有效值相量为

$$\dot{I} = I\underline{/\varphi}$$

最大值相量为

$$\dot{I}_m = I_m\underline{/\varphi}$$

这种方法称为正弦量的相量表示法，同频率的几个正弦量的相量可以画在同一幅图上，这样的图称为相量图。例如有三个同频率的正弦量：

$$e = 60\sin(\omega t + 60°) \text{V}$$
$$u = 60\sin(\omega t + 30°) \text{V}$$
$$i = 5\sin(\omega t - 30°) \text{A}$$

它们的相量图如图 2-17 所示。

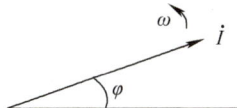

图 2-16　电流有效值相量　　　　图 2-17　e、u、i 的相量图

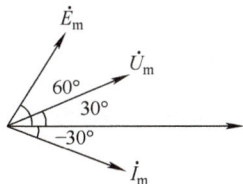

注意：若无特殊说明，今后提到的相量都是指有效值相量。

【例 2-8】　图 2-17 中的 3 个正弦量的最大值相量和有效值相量分别如何表示。

解：

$$\dot{E}_m = 60\underline{/60°}\text{V} \qquad \dot{E} = \frac{60}{\sqrt{2}}\underline{/60°}\text{V}$$

$$\dot{U}_m = 60\underline{/30°}\text{V} \qquad \dot{U} = \frac{60}{\sqrt{2}}\underline{/30°}\text{V}$$

$$\dot{I}_m = 5\underline{/-30°}\text{A} \qquad \dot{I} = \frac{5}{\sqrt{2}}\underline{/-30°}\text{A}$$

【例 2-9】　已知某正弦交流电压的最大值是 310V，频率是 50Hz，初相是 30°，写出它的解析式，并求 0.01s 时电压的瞬时值大小、方向及相位角。

解：电压的解析式为

$$u = U_m\sin(\omega t + \varphi) = 310\sin(100\pi t + 30°)\text{V}$$

$t = 0.01\text{s}$ 时电压的瞬时值为

$$u = 310\sin(100\pi \times 0.01 + 30°)\text{V} = 310\sin210°\text{V} = -155\text{V}$$

则电压瞬时值的大小是 155V，方向与参考方向相反，相位角是 210°。

【例 2-10】　设已知正弦电压 $u_1 = 141\sin\left(\omega t + \dfrac{\pi}{3}\right)\text{V}$，$u_2 = 70.7\sin\left(\omega t - \dfrac{\pi}{3}\right)\text{V}$，写出 u_1 和 u_2 的相量并画相量图。

解：
$$\dot{U}_1 = \frac{141}{\sqrt{2}} \bigg/ \frac{\pi}{3} = 100 \bigg/ \frac{\pi}{3} \text{V}$$

$$\dot{U}_2 = \frac{70.7}{\sqrt{2}} \bigg/ -\frac{\pi}{3} \text{V} = 50 \bigg/ -\frac{\pi}{3} \text{V}$$

相量图如图 2-18 所示。

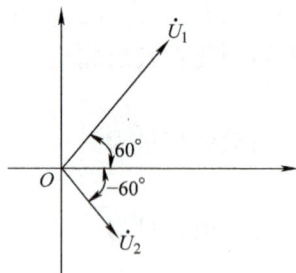

图 2-18　例 2-10 相量图

【例 2-11】 在选定的参考方向下，已知两正弦量的解析式为 $i = -6\sin\omega t \text{A}$，$u = 10\sin(\omega t + 200°)\text{V}$，求每个正弦量的振幅值和初相。

解：（1）分析：由于最大值应是正值，而电流解析式前有负号，所以通过改变初相把负号去掉，即 $i = -6\sin\omega t = 6\sin(\omega t \pm \pi)\text{A}$，则振幅值 $I_m = 6\text{A}$，初相 $\varphi_i = \pi$（或 $\varphi_i = -\pi$）。

（2）分析：电压的初相大于 π，应把初相变成绝对值小于 π 的角，即
$$u = 10\sin(\omega t + 200°) = 10\sin(\omega t - 160°)\text{V}$$

则振幅值 $U_m = 10\text{V}$，初相 $\varphi_u = -160°$。

【例 2-12】 试画出 $u_1 = U_{m1}\sin\omega t$，$i = I_m\sin\omega t$，$u_2 = U_{m2}\sin(\omega t + 90°)$，$e = E_m\sin(\omega t - 180°)$ 的波形图，并说明各量与 i 的相位关系。

解：以 ωt 为横轴，按一定比例标出 $\frac{\pi}{2}$、π 等值，纵轴代表 u、i、e，分别画出 u_1、u_2、i 和 e 的波形图，如图 2-19 所示。

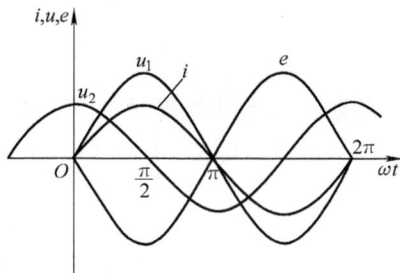

图 2-19　例 2-12 图

正弦量 u_1 与 i 初相都为零，$\varphi_{u_1 i} = 0° - 0° = 0°$，所以 u_1 与 i 同相。

正弦量 u_2 与 i 的相位差：$\varphi_{u_2 i} = 90° - 0° = 90°$，所以 u_2 与 i 正交。

正弦量 e 与 i 的相位差为 $\varphi_{ei} = -180° - 0° = -180°$，所以 e 与 i 反相。

【例 2-13】 两个电压频率均为 50Hz，相量分别为 $\dot{U}_1 = 220 \big/ 30° \text{V}$，$\dot{U}_2 = 110 \big/ -60° \text{V}$，写出这两个电压的解析式。

解：
$$\omega = 2\pi f = 2\pi \times 50 = 314 \text{rad/s}$$

$$U_{m1} = 220\sqrt{2}\text{V} \quad u_1 = 220\sqrt{2}\sin(314t + 30°)\text{V}$$

$$U_{m2} = 110\sqrt{2}\text{V} \quad u_2 = 110\sqrt{2}\sin(314t - 60°)\text{V}$$

相量类似矢量，加减运算时同样用平行四边形法则：两个同频率正弦量进行加法运算时，先画出与正弦量相对应的相量图，并以这两相量为平行四边形的两个邻边，画出平行四边形。这两个相量邻边所夹对角线就是两相量的和，即对角线的长度表示和的值，对角线与水平轴正方向的夹角为和的初相，角频率不变。

【**例2-14**】 已知 $i_1 = 10\sqrt{2}\sin(314t + \frac{\pi}{3})\text{A}$，$i_2 = 10\sqrt{2}\sin(314t - \frac{\pi}{3})\text{A}$，求 $i_1 + i_2$。

解：（1）如图 2-20 所示画出与 i_1、i_2 相对应的相量 $\dot{I}_1$、$\dot{I}_2$，并画出平行四边形、对角线 $\dot{I}$。

（2）由平行四边形法则可知：$\dot{I} = \dot{I}_1 + \dot{I}_2$。

（3）由于 $I_1 = I_2 = 10\text{A}$，并且 $\dot{I}_1$ 和 $\dot{I}_2$ 与 x 轴正方向的夹角均为 $\frac{\pi}{3}$，则 $I = I_1 = I_2 = 10\text{A}$。

（4）$\dot{I}$ 与水平轴正方向一致，即初相角为 $0°$。

所以 $\qquad\qquad i = i_1 + i_2 = 10\sqrt{2}\sin314t\text{A}$

若求两相量的差，如 $\dot{I}_1 - \dot{I}_2$，可改为求 $\dot{I}_1 + (-\dot{I}_2)$，即画出 $\dot{I}_2$ 的反方向相量 $-\dot{I}_2$，使其与 $\dot{I}_1$ 相加即可。

注意：只有同频率正弦量才能画在同一相量图中，也只有同频率正弦量才能借助平行四边形法则进行加减运算。

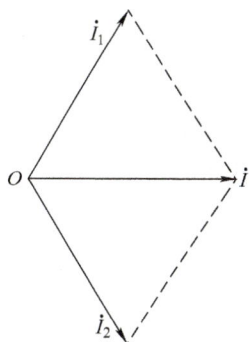

图 2-20 例 2-14 图

2.3 正弦交流电路中单一元件的约束关系

在正弦交流电路中，电压和电流都是随时间变化的。如果电路中含有 R、L、C 元件，电压和电流之间的关系如何呢？本节就来研究正弦交流电路中只含单一元件的电路，称为单一参数正弦交流电路。

2.3.1 电阻电路

1. 电阻元件的电流、电压关系

白炽灯、电炉等电路元件接在交流电路中，都可以看成是纯电阻电路。如图 2-21 所示，选定电流和电压的参考方向关联，若在电阻两端加正弦电压：

图 2-21 纯电阻电路的电流、电压

$$u_R = U_{Rm}\sin(\omega t + \varphi_u)$$

则根据欧姆定律，电路中的电流为

$$i_R = \frac{u_R}{R} = \frac{U_{Rm}\sin(\omega t + \varphi_u)}{R} = I_{Rm}\sin(\omega t + \varphi_i) \tag{2-8}$$

结论：1）纯电阻电路中，当外加正弦电压时，电流也是正弦形式，且电流与电压的频率相同，如图 2-22 所示。

2）电流与电压的相位相同，即

$$\varphi_u = \varphi_i \tag{2-9}$$

3）电阻元件电流和电压的瞬时值、有效值、最大值及相量都符合欧姆定律形式，即

$$u = iR,\ U_R = I_R R,\ U_{Rm} = I_{Rm}R,\ \dot{U}_R = R\dot{I}_R \tag{2-10}$$

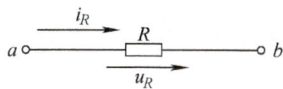

相量图如图 2-23 所示。

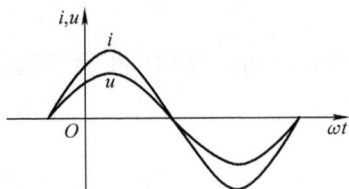

图 2-22　纯电阻元件上 u、i 波形图

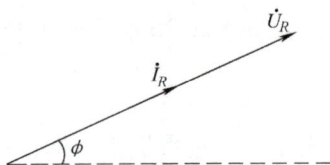

图 2-23　纯电阻电路的电压、电流相量图

【例 2-15】　已知电阻 $R = 10\Omega$，通过的电流 $i = 1.1\sqrt{2}\sin(100t - 120°)\,\text{A}$，求电阻两端的电压 u。

解：因为
$$U_{Rm} = I_{Rm}R$$

所以
$$U_{Rm} = 1.1\sqrt{2} \times 10\,\text{V} = 11\sqrt{2}\,\text{V}$$

又因为
$$\varphi_u = \varphi_i = -120°$$

所以
$$u = 11\sqrt{2}\sin(100t - 120°)\,\text{V}$$

2. 电阻电路的功率

1）瞬时功率和平均功率。

正弦交流电路在某一瞬间所吸收或发出的功率，称为瞬时功率，用小写字母 p 表示，u、i 参考方向关联时，有

$$p = ui \tag{2-11}$$

以 u 为参考量，二端网络端口处的电压和电流分别为

$$u = \sqrt{2}U\sin\omega t \quad i = \sqrt{2}I\sin(\omega t + \varphi)$$

则瞬时功率为　$p = ui = 2UI\sin\omega t \cdot \sin(\omega t + \varphi) = UI\cos\varphi - UI\cos(2\omega t + \varphi)$

由此可见，瞬时功率由两部分组成，即恒定分量 $UI\cos\varphi$ 和瞬时分量 $UI\cos(2\omega t + \varphi)$，且瞬时分量变化速度是原角频率的 2 倍。

注意：当正弦电流和电压参考方向一致时：$p > 0$ 表示二端网络吸收或消耗能量；$p < 0$ 表示二端网络发出或产生能量。

瞬时功率在一个周期内的平均值称为平均功率，用大写字母 P 表示，即

$$P = \frac{1}{T}\int_0^T p(t)\,\mathrm{d}t$$

注意：平均功率反映了元件实际消耗电能的情况，所以又称有功功率，简称为功率。功率的单位为 W（瓦），工程上也常用 kW（千瓦）作计量单位，$1\text{kW} = 10^3\text{W}$。

例如，40W 的白炽灯，就是指白炽灯的平均功率是 40W。

2）纯电阻电路的瞬时功率。

设纯电阻两端电压和电流方向关联时，如纯电阻两端电压为

$$u = U_m\sin\omega t$$

则纯电阻内电流为
$$i = I_m\sin\omega t$$

所以瞬时功率为
$$p = ui = 2UI\sin^2\omega t = 2UI\left(\frac{1 - \cos2\omega t}{2}\right)$$

$$= UI - UI\cos2\omega t$$

由于电压和电流同相，所以瞬时功率总是正值，电阻 u、i、p 波形图如图 2-24 所示。纯电阻元件在一个周期内的瞬时功率总大于零，表示电阻总是消耗功率，把电能转换成热能，这种能量转换是不可逆的。

3）纯电阻电路的平均功率。

对于电阻元件来说，其平均功率为

$$P = \frac{1}{T}\int_0^T p\mathrm{d}t = U_R I_R = I_R^2 R = \frac{U_R^2}{R} \qquad (2-12)$$

【例 2-16】 有一电阻 $R = 100\Omega$，通过的电流 $i = 1.1\sqrt{2}\sin(100t - 120°)\mathrm{A}$，求电阻消耗的功率。

解：
$$I = 1.1\mathrm{A}$$
$$P = I^2 R = 1.1^2 \times 100\mathrm{W} = 121\mathrm{W}$$

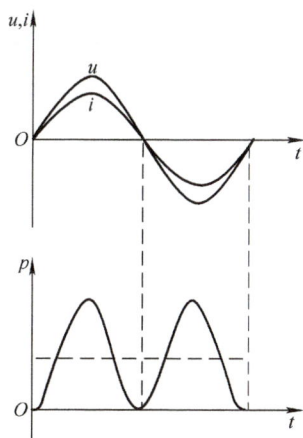

图 2-24　电阻电路 u、i、p 波形图

【例 2-17】 工频电路中，电阻的电压 $\dot{U} = 100\underline{/30°}\,\mathrm{V}$，$P = 100\mathrm{W}$。求电阻值和电流。

解： 工频电路有
$$\omega = 314\mathrm{rad/s}$$
因为
$$U = 100\mathrm{V}$$
所以
$$R = \frac{U^2}{P} = \frac{100^2}{100}\Omega = 100\Omega$$

$$\dot{I} = \frac{\dot{U}}{R} = \frac{100\underline{/30°}}{100}\mathrm{A} = 1\underline{/30°}\mathrm{A}$$

所以
$$i = \sqrt{2}\sin(314t + 30°)\mathrm{A}$$

2.3.2 纯电容电路

1. 纯电容元件的电流、电压关系

由于电容器的损耗很小，一般情况下可以看作纯电容。对于仅含有纯电容元件的电路，在电容元件两端加正弦交流电压时，电容器极板上的电荷量随电压变化，电路中形成电流。如图 2-25a 所示，电流和电压的参考方向关联时，如外加电压为 $u_C = U_{Cm}\sin(\omega t + \varphi_u)$，有

纯电容电路

$$i_c = C\frac{\mathrm{d}u_c}{\mathrm{d}t} = C\frac{\mathrm{d}[U_{Cm}\sin(\omega t + \varphi_u)]}{\mathrm{d}t} = CU_{Cm}\omega\cos(\omega t + \varphi_u)$$

$$= C\omega U_{Cm}\sin\left[\omega t + \left(\varphi_u + \frac{\pi}{2}\right)\right] = I_{Cm}\sin(\omega t + \varphi_i) \qquad (2-13)$$

结论：1）纯电容电路中，当外加正弦电压时，电流也是正弦形式，且电流与电压的频率相同。

2）电流超前电压 $\frac{\pi}{2}$，如图 2-25b 所示。

$$\varphi_i = \varphi_u + \frac{\pi}{2} \qquad (2-14)$$

3）电容元件电流和电压的大小关系为

$$I_{Cm} = U_{Cm}\omega C = \frac{U_{Cm}}{\dfrac{1}{\omega C}} = \frac{U_{Cm}}{X_C}$$

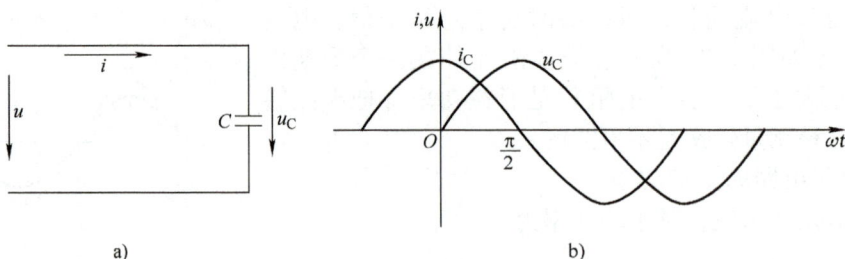

图 2-25　纯电容电路中电压与电流的关系

$$I_C = \frac{U_C}{X_C} \qquad (2\text{-}15)$$

$$\dot U_C = \dot I_C X_C \underline{/-90^\circ} = -\mathrm{j}\,\dot I_C X_C \qquad (2\text{-}16)$$

纯电容元件电流和电压的最大值、有效值符合欧姆定律形式，但瞬时值不符合欧姆定律形式。

电容电抗为
$$X_C = \frac{1}{\omega C} = \frac{1}{2\pi f C} \qquad (2\text{-}17)$$

式中，X_C 称为电容电抗，简称为容抗，单位为欧姆（Ω）。它是电容在正弦电流情况下，阻碍电流通过能力大小的反映。

容抗 X_C 与 C 和 f 成反比。电容 C 一定时，容抗 X_C 与频率 f 成反比，即 f 越高，X_C 越小，图 2-26 画出了 X_C 与 f 的关系曲线。当 $f\to\infty$ 时，$X_C\to 0$，这时电容相当于短路；当 $f=0$ 时（相当于在直流情况下），$X_C\to\infty$，这时电容相当于开路，表明直流电不能通过电容，这就是电容器"隔直流通交流"的作用。

式（2-16）是电容元件电流与电压之间的相量关系式，相量图如图 2-27 所示。

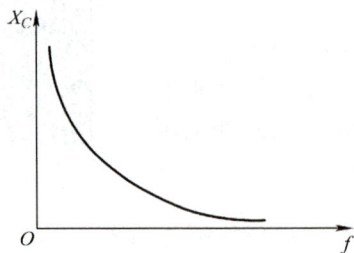

图 2-26　纯电容电路中容抗与频率的关系曲线

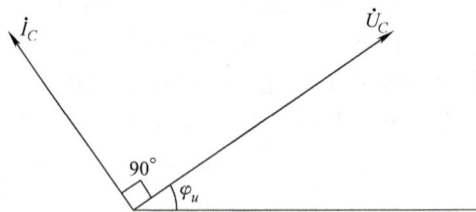

图 2-27　纯电容电路电流和电压的相量图

【例 2-18】　有一容量 $C=2\mu F$ 的电容器，现把它分别接到 1）直流电源；2）50Hz 正弦交流电源；3）500Hz 正弦交流电源 3 种不同电源上，若电压都是 220V，求其容抗和电流有效值？

解：1）直流电源的频率可视为零，即 $f=0$
$$X_{C1} = \frac{1}{\omega_1 C} = \frac{1}{2\pi f_1 C} \to \infty$$

$$I_1 = \frac{U_C}{X_{C1}} = 0$$

2）将电容接于 50Hz、220V 的交流电源上，则有

$$X_{C2} = \frac{1}{\omega_2 C} = \frac{1}{2\pi f_2 C} = \frac{1}{2\pi \times 50 \times 2 \times 10^{-6}}\Omega = 1592\Omega$$

$$I_2 = \frac{U_C}{X_{C2}} = \frac{220}{1592}\text{A} = 0.138\text{A}$$

3）将电容接于 500Hz、220V 的交流电源上，则有

$$X_{C3} = \frac{1}{\omega_3 C} = \frac{1}{2\pi f_3 C} = \frac{1}{2\pi \times 500 \times 2 \times 10^{-6}}\Omega = 159.2\Omega$$

$$I_3 = \frac{U_C}{X_{C3}} = \frac{220}{159.2}\text{A} = 1.38\text{A}$$

比较计算结果可知，电压一定时，频率越高，容抗越小，电流越大。

2. 电容电路的功率

1）电容电路的瞬时功率。

设电容两端电压和电流方向关联时，如电容两端电压为 $u = U_m \sin\omega t$，
则电容的电流为

$$i = I_m \sin(\omega t + 90°)$$

所以瞬时功率为

$$p = ui = U_m \sin\omega t \cdot I_m \sin(\omega t + 90°) = U_m I_m \sin\omega t \cos\omega t$$

$$= \frac{1}{2} U_m I_m \sin 2\omega t = UI\sin 2\omega t$$

电容元件的瞬时功率是随时间变化的正弦函数，其频率为电源频率的 2 倍，u 或 i 变化一周，功率变化两周。图 2-28 所示的纯电容功率曲线，当瞬时功率为正值时，电容元件吸取电源的电能，即电容充电，把电能储存在电容元件的电场中；当瞬时功率为负值时，电容发出能量，即电容把电场能量归还给电源，电容器放电。纯电容元件在一个周期内的瞬时功率平均值等于零，所以纯电容与电源之间仅存在着能量的转换，而不消耗能量。

2）电容电路的平均功率。

对于纯电容元件来说，

$$P = \frac{1}{T}\int_0^T p\,\mathrm{d}t = \frac{1}{T}\int_0^T UI\sin 2\omega t\,\mathrm{d}t = 0$$

所以，纯电容元件不消耗能量。

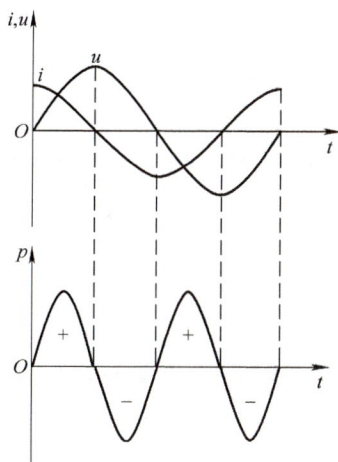

图 2-28　纯电容 u、i、p 波形图

3）电容电路的无功功率。

纯电容电路的平均功率虽然等于零，但电容与电源之间的能量交换始终在进行着，即瞬时功率不为零。为了反映这种能量交换的规模，把瞬时功率的最大值称为无功功率，用符号 Q 表示，单位为乏尔（var）。

电容的无功功率为

$$Q_C = U_C I_C = I_C^2 X_C = \frac{U_C^2}{X_C} \tag{2-18}$$

2.3.3　电感电路

1. 电感元件电流、电压关系

当电感线圈的电阻小到可以忽略时，这个电感线圈就可以看作纯电感线圈。当正弦交流电

通过电感线圈时，线圈内的磁场随之变化，线圈中产生感应电压。如图2-29a所示，关联方向下，设电流为 $i_L = I_{Lm}\sin(\omega t + \varphi_i)$，则电感元件的端电压为

$$u_L = L\frac{\mathrm{d}i_L}{\mathrm{d}t} = L\omega I_{Lm}\cos(\omega t + \varphi_i) = L\omega I_{Lm}\sin\left(\omega t + \varphi_i + \frac{\pi}{2}\right)$$

$$= U_{Lm}\sin(\omega t + \varphi_u) \tag{2-19}$$

结论：1）纯电感电路中，当通过正弦电流时，电压也是正弦形式，且电压与电流的频率相同。

2）电压超前电流 $\dfrac{\pi}{2}$，如图 2-29b 所示。

$$\varphi_u = \varphi_i + 90° \tag{2-20}$$

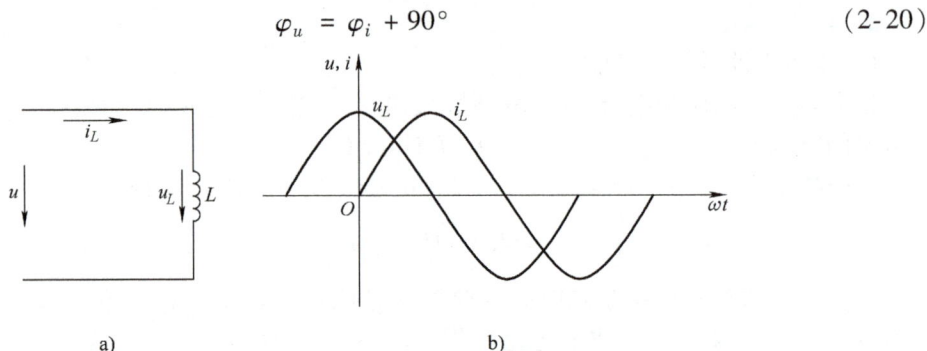

a)   b)

图 2-29   纯电感元件上电压与电流关系

3）电感元件电流和电压的大小关系为

$$U_{Lm} = \omega L I_{Lm} = X_L I_{Lm} \quad 或 \quad U_L = \omega L I_L$$

即

$$I_{Lm} = \frac{U_{Lm}}{X_L} \quad 或 \quad I_L = \frac{U_L}{X_L} \tag{2-21}$$

$$\dot{U}_L = \dot{I}_L X_L \underline{/90°} = \mathrm{j}\,\dot{I}_L X_L \tag{2-22}$$

电感元件电流和电压的最大值与有效值都符合欧姆定律形式，但瞬时值不符合欧姆定律形式。

感抗为

$$X_L = \omega L = 2\pi f L \tag{2-23}$$

式中，X_L 称为电感元件的电抗，简称为感抗，单位是欧姆（Ω）。

感抗 X_L 与 f 及 L 成正比关系。在 f 一定时，L 越大，X_L 越大。当 L 一定时，f 越高，电流变化也就越快，X_L 也越大。当 $f \to \infty$ 时，$X_L \to \infty$，这时电感相当于开路；当 $f = 0$ 时（相当于在直流情况下），$X_L = 0$，这时线圈相当于短路，表明直流电通过电容时没有任何阻碍，这就是电感线圈"阻交流通直流"的作用。

当电压 U 一定时，感抗 X_L 越大，电流 I_L 越小，可见 X_L 的作用和电阻相似：X_L 是表征电感对交流电阻碍能力大小的一个物理量。

式（2-22）为电感元件电压与电流之间的相量关系式，相量图如图 2-30 所示。

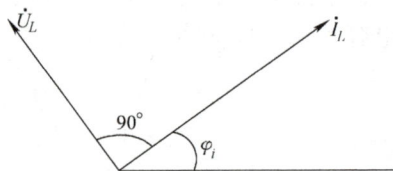

图 2-30   纯电感电路电流和电压的相量图

【例2-19】 已知一纯电感电路 $L = 2\mathrm{H}$，$u_L = 311\sin(100t - 30°)\mathrm{V}$，求电感电流 i_L，并画出相量图。

解：选定电流 i_L 与电压 u_L 的参考方向一致，则

$$U = \frac{311}{\sqrt{2}} = 220\text{V}$$

$$X_L = \omega L = 100 \times 2\Omega = 200\Omega$$

$$I = \frac{U}{X_L} = \frac{220}{200}\text{A} = 1.1\text{A}$$

因为电感元件的电压在相位上超前电流 $90°$，即电流滞后电压 $90°$，所以

$$\varphi_i = -30° - 90° = -120°$$

$$i_L = 1.1\sqrt{2}\sin(100t - 120°)\text{A}$$

相量图如图 2-31 所示。

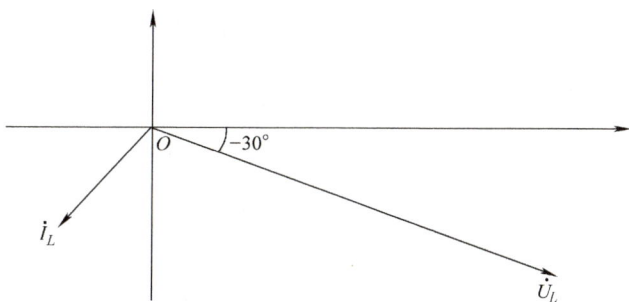

图 2-31　例 2-19 相量图

2. 纯电感电路的功率

1）纯电感电路的瞬时功率。

设纯电感两端电压和电流方向关联时，如纯电感电压为

$$u = U_m\sin\omega t$$

则纯电感的电流为

$$i = I_m\sin(\omega t - 90°)$$

所以瞬时功率为

$$p = ui = -U_m I_m\sin\omega t\cos\omega t = -\frac{1}{2}U_m I_m\sin2\omega t$$

$$= -UI\sin2\omega t$$

电感元件的瞬时功率是随时间变化的正弦函数，其频率是电源频率的 2 倍，波形图与电容元件波形图反相。瞬时功率为负值时，电感元件发出能量，即电感把储存在线圈磁场内的磁能归还给电源；瞬时功率为正值时，电感吸收能量，即电感把电源的能量存储在线圈磁场中。在一个周期内能量消耗为零，说明电感元件也不消耗能量，只是把电源的电能与电感元件磁场内的磁能进行周期性的转换。

图 2-32 所示为电感功率图。

2）纯电感电路的平均功率。

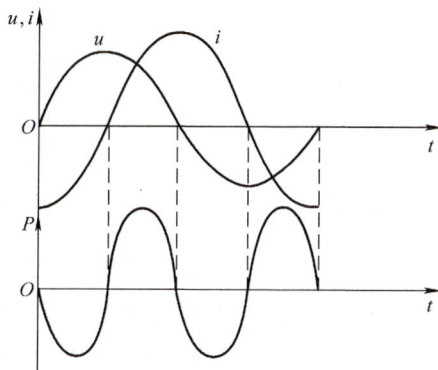

图 2-32　电感功率图

对于纯电感元件来说，

$$P = \frac{1}{T}\int_0^T p\mathrm{d}t = \frac{1}{T}\int_0^T UI\sin 2\omega t = 0$$

纯电感元件也不消耗能量。

3）电感电路的无功功率。

根据无功功率的定义，电感的无功功率为

$$Q_L = U_L I_L = I_L^2 X_L = \frac{U_L^2}{X_L} \tag{2-24}$$

【例 2-20】 电感 $L = 0.127\mathrm{H}$，接在工频电路中，电压 $\dot{U} = 100\underline{/30°}\mathrm{V}$。求 X_L、i、Q。

解：1）
$$X_L = \omega L = 314 \times 0.127\Omega = 40\Omega$$

2）
$$I = \frac{U}{X_L} = \frac{100}{40}\mathrm{A} = 2.5\mathrm{A}$$

3）
$$i = 2.5\sqrt{2}\sin(314t + 30° - 90°) = 2.5\sqrt{2}\sin(314t - 60°)\mathrm{A}$$

$$Q = UI = 100 \times 2.5\mathrm{var} = 250\mathrm{var}$$

2.4　*RLC* 串联电路

2.4.1　基尔霍夫定律的相量形式

1. 交流电路的基尔霍夫电流定律

基尔霍夫电流定律的根据是电流的连续性原理。在交流电路中，任一瞬间电流也是连续的，因此在交流电路中，基尔霍夫电流定律可写为

$$\sum i = 0 \tag{2-25}$$

因为正弦交流电路中，各电流都是与电源频率相同的正弦量，所以电流的相量也应符合基尔霍夫电流定律，即

$$\sum \dot{I} = 0 \quad 或 \quad \sum \dot{I}_\mathrm{m} = 0 \tag{2-26}$$

电流的正负同在直流电路中一样，由参考方向决定，参考方向指向节点的电流为正，背离节点的电流就为负。

2. 交流电路的基尔霍夫电压定律（KVL）

交流电路的任一瞬间都遵从能量守恒定律，所以基尔霍夫电压定律也适用于交流电路的任一瞬间，即

$$\sum u = 0 \tag{2-27}$$

因为正弦交流电路中，各段电压都是与电源同频率的正弦量，所以相量形式的 KVL 为

$$\sum \dot{U} = 0 \quad 或 \quad \sum \dot{U}_\mathrm{m} = 0 \tag{2-28}$$

电压的正负同在直流电路中一样由参考方向决定，若参考方向与回路的环绕方向相同的电压为正，参考方向与回路的环绕方向相反的电压就为负。

2.4.2　*RLC* 串联电路分析

电阻、电感和电容的串联电路，包含了 3 种不同的电路参数，是在实际工作中常常遇到的典型电路。图 2-33 所示的就是 *RLC* 串联电路。

1. *RLC* 串联电路电压间的关系

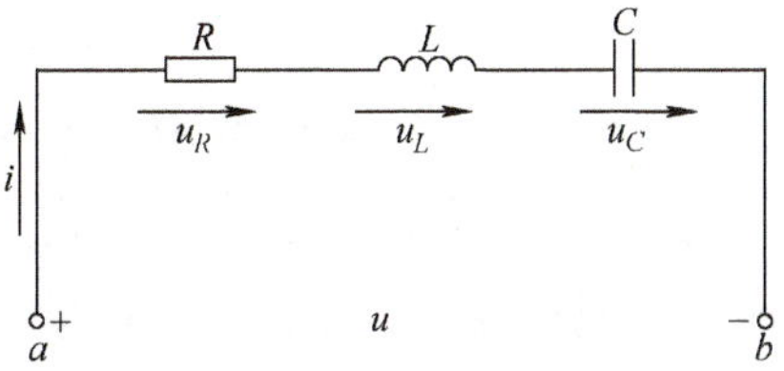

由于元件串联，任一瞬间通过各元件的电流都相同，设通过的电流为　　　　$i = I_m \sin\omega t$

图 2-33　*RLC* 串联电路

电阻两端的电压为　　　　$u_R = RI_m \sin\omega t$

电感两端的电压为　　　　$u_L = X_L I_m \sin\left(\omega t + \dfrac{\pi}{2}\right)$

电容两端的电压为　　　　$u_C = X_C I_m \sin\left(\omega t - \dfrac{\pi}{2}\right)$

电路总电压的瞬时值为　　　　　　$u = u_R + u_L + u_C$

电路总电压的相量为　　　　　　$\dot{U} = \dot{U}_R + \dot{U}_L + \dot{U}_C$

图 2-34 是 i、u_R、u_L、u_C 的相量图，应用平行四边形法则，则总电压为

$$U = \sqrt{U_R^2 + (U_L - U_C)^2} \tag{2-29}$$

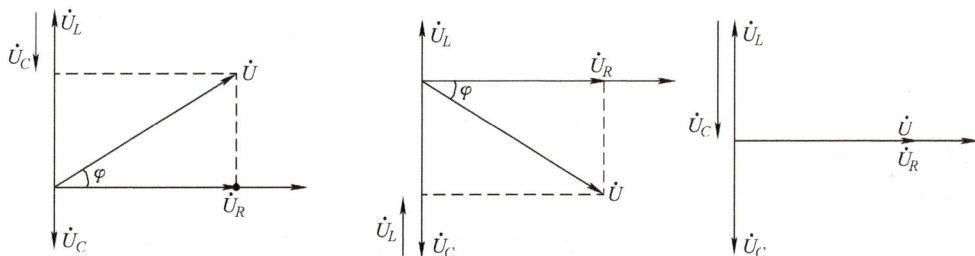

图 2-34　*RLC* 串联电路相量图

总电压与电流的相位差为　　　　$\varphi = \arctan \dfrac{U_L - U_C}{U_R} \tag{2-30}$

注意：当 $U_L > U_C$ 时，$\varphi > 0$，总电压超前电流；当 $U_L < U_C$ 时，$\varphi < 0$，总电压滞后电流；当 $U_L = U_C$ 时，$\varphi = 0$，总电压与电流同相。

由图 2-34 可以看出，U、U_R、$(U_L - U_C)$ 是直角三角形的 3 个边，这个直角三角形称为电压三角形，如图 2-35 所示。

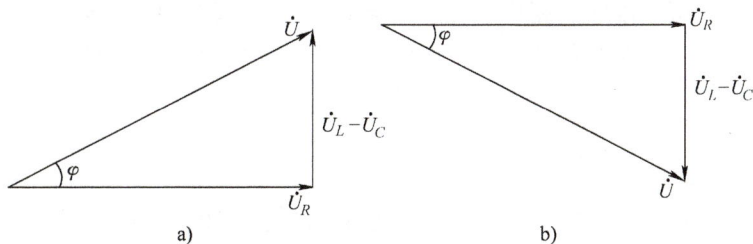

a)　　　　　　　　　　　　　　b)

图 2-35　电压三角形
a) $U_L > U_C$　b) $U_C > U_L$

在电压三角形中 $\qquad U_R = U\cos\varphi \qquad U_L - U_C = U\sin\varphi$

2. RLC 串联电路的阻抗

将 $U_R = RI$，$U_C = X_C I$，$U_L = X_L I$ 代入式（2-29）中，可以得到

$$U = \sqrt{(RI)^2 + I^2(X_L - X_C)^2} = I\sqrt{R^2 + (X_L - X_C)^2}$$

$$I = \frac{U}{\sqrt{R^2 + (X_L - X_C)^2}} = \frac{U}{\sqrt{R^2 + X^2}} = \frac{U}{|Z|} \qquad (2\text{-}31)$$

式中，$X = X_L - X_C$，X 称为 RLC 串联电路的电抗，单位为 Ω。

$|Z| = \sqrt{R^2 + X^2} = \sqrt{R^2 + (X_L - X_C)^2}$ 称为 RLC 串联电路的阻抗，单位为 Ω。阻抗是电压与电流有效值的比，不是相量，所以 Z 的上面不加点。

阻抗 $|Z|$、电阻 R 和电抗 X 也组成一个与电压三角形相似的直角三角形，称阻抗三角形。如图 2-36 所示，由于 3 个量都不是相量，所以各边都不画箭头。阻抗 $|Z|$ 与电阻 R 的夹角 φ 称阻抗角，$\varphi = \arctan\dfrac{X}{R}$，大小由电路的参数（$R$，$L$，$C$）以及电源频率 f 决定。

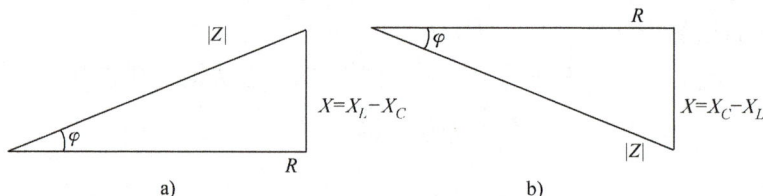

图 2-36　阻抗三角形

a）$X > 0$　b）$X < 0$

在阻抗三角形中 $\qquad R = |Z|\cos\varphi \qquad X = |Z|\sin\varphi$

3. RLC 串联电路的性质

X 与元件的参数（R，L，C）以及电源频率 f 有关，当参数（R，L，C）以及电源频率 f 不同时，电路呈现不同的性质。

当 $X_L > X_C$ 时，$X > 0$，$\varphi > 0$，总电压超前电流 φ，电路对外呈电感性质，称为感性电路。

当 $X_L < X_C$ 时，$X < 0$，$\varphi < 0$，总电压滞后电流 φ，电路对外呈电容性质，称为容性电路。

当 $X_L = X_C$ 时，$X = 0$，$\varphi = 0$，总电压与电流同相，电路对外呈电阻性质，称为阻性电路，也称为串联谐振。

【例 2-21】　在 RLC 串联电路中，已知 $R = 40\Omega$、$L = 223\text{mH}$、$C = 80\mu\text{F}$，若外加工频电压 $U = 220\text{V}$，试求：1）电路的阻抗；2）电流的有效值；3）各元件两端电压的有效值；4）判断电路的性质。

解：工频为 $\qquad\qquad\qquad \omega = 314\text{rad/s}$

1）电路的阻抗为

$$X_L = \omega L = 314 \times 223 \times 10^{-3}\,\Omega \approx 70\Omega$$

$$X_C = \frac{1}{\omega C} = \frac{1}{314 \times 80 \times 10^{-6}}\,\Omega \approx 40\Omega$$

$$|Z| = \sqrt{R^2 + (X_L - X_C)^2} = \sqrt{40^2 + (70-40)^2}\,\Omega = 50\Omega$$

2）电流的有效值为

$$I = \frac{U}{|Z|} = \frac{220}{50}A = 4.4A$$

3）各元件两端的电压有效值分别为

$$U_R = IR = 4.4 \times 40V = 176V$$
$$U_L = IX_L = 4.4 \times 70V = 308V$$
$$U_C = IX_C = 4.4 \times 40V = 176V$$

4）因为 $X_L > X_C$，则 $\varphi > 0$，总电压超前电流 φ，所以电路呈电感性。

4. RLC 串联电路的功率

（1）有功功率

在 RLC 串联电路中，只有电阻消耗能量，而电感和电容不消耗能量，因此 RLC 串联电路中的平均功率，就是电阻上消耗的能量，即

$$P = U_R I = UI\cos\varphi \tag{2-32}$$

式中，U 是总电压，φ 是阻抗角。

（2）无功功率

电感和电容虽然不消耗能量，但与电源之间进行着周期性的能量交换，它们的无功功率分别为

$$Q_L = U_L I, \ Q_C = U_C I$$

因为电感和电容两端的电压在任何时刻都是反向的，所以 Q_L 和 Q_C 的符号总相反。因此，整个电路的无功功率为线圈和电容上的无功功率之差，即

$$Q = Q_L - Q_C = (U_L - U_C)I = UI\sin\varphi \tag{2-33}$$

（3）视在功率

电路中电流与总电压的乘积称为视在功率（S），即

$$S = UI \tag{2-34}$$

$$S = \sqrt{P^2 + Q^2} \tag{2-35}$$

视在功率又称为表功功率，单位为伏安（V·A）。视在功率是电器设备的容量。可以看出，P、Q、S 也组成一个直角三角形，称为功率三角形，如图 2-37 所示。

在功率三角形中，有 $\qquad P = S\cos\varphi, \ Q = S\sin\varphi$

对于串联电路，由于功率三角形、电压三角形和阻抗三角形都是相似三角形，则有

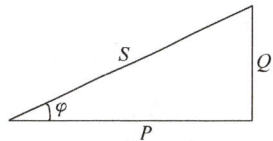

图 2-37　功率三角形

$$\cos\varphi = \frac{P}{S} = \frac{U_R}{U} = \frac{R}{|Z|}$$

$\cos\varphi$ 称为功率因数，功率因数越大电源的利用率越高，所以要尽量提高功率因数以提高电源的利用率。功率因数常用 λ 表示，$\lambda = \cos\varphi$。

【例 2-22】　由 $R = 2\Omega$、$L = 2mH$、$C = 25\mu F$ 组成的 RLC 串联电路，接在 $u = 141\sin(10000t + 30°)$ V 的电源上，求电流 I、有功功率 P、无功功率 Q 及视在功率 S。

解：$\quad |Z| = \sqrt{R^2 + \left(\omega L - \frac{1}{\omega C}\right)^2} = \sqrt{2^2 + \left(10000 \times 2 \times 10^{-3} - \frac{10^6}{10000 \times 25}\right)^2}\Omega$

$\qquad\qquad = \sqrt{2^2 + 16^2}\Omega = 16.1\Omega$

电流为
$$I = \frac{U}{|Z|} = \frac{100}{16.1}A = 6.21A$$

有功功率为
$$P = UI\cos\varphi = UI \times \frac{R}{|Z|} = 100 \times 6.21 \times \frac{2}{16.1}W = 77.1W$$

无功功率为
$$Q = UI\sin\varphi = UI \times \frac{X}{|Z|} = 100 \times 6.21 \times \frac{16}{16.1}var = 617.1var$$

视在功率为
$$S = UI = 100 \times 6.21V \cdot A = 621V \cdot A$$

2.4.3 串联电路的谐振

RLC 串联电路中，当电源的角频率 ω、电路的参数 L 和 C 满足一定的条件时，电路中的电流与电压同相位的现象称为串联谐振。

1. 串联谐振的条件

若谐振，则有
$$\varphi = 0$$

即
$$X = \omega L - \frac{1}{\omega C} = 0 \tag{2-36}$$

上式就是谐振的条件。显然调节电源的角频率 ω 或电路的参数 L 和 C 都能使电路谐振。若谐振频率用 ω_0（f_0）表示，则有
$$\omega_0 = \frac{1}{\sqrt{LC}}, \quad f_0 = \frac{1}{2\pi\sqrt{LC}} \tag{2-37}$$

谐振时的频率 f_0（或角频率 ω_0）由电路的参数 L 和 C 决定，是电路所固有的，与 u、i 无关，所以 f_0（或 ω_0）常称为电路的固有频率（或固有角频率）。

当电源频率 f_s 等于电路的固有频率（即 $f_s = f_0$）时，电路发生谐振。所以电感 L 和电容 C 固定不变时，可改变电源频率使电路谐振。

当电源的频率一定时，可改变电路的参数 L 和 C，从而改变电路的固有频率 f_0，使 f_0 等于电源频率 f_s，电路也可以发生谐振现象。调节 L 或 C 使电路谐振的过程称为调谐。我们日常生活中使用的收音机，就是通过调电容使电路发生谐振，达到接收信号的目的。

【例 2-23】 图 2-38 所示电路中，已知 $L = 500\mu H$，C 为可变电容，变化范围在 12～290pF，$R = 10\Omega$，若信号源频率为 700kHz，则 C 应为何值才能使电路发生谐振？

解：由于电源频率一定，电感也一定，则可调电容使其谐振。

由 $\omega_s = \frac{1}{\sqrt{LC}}$，得

$$C = \frac{1}{\omega_s^2 L} = \frac{1}{(2\pi f_s)^2 L} = \frac{1}{(2\pi \times 700 \times 10^3)^2 \times 500 \times 10^{-6}}F = \frac{1}{9.66 \times 10^9}F$$

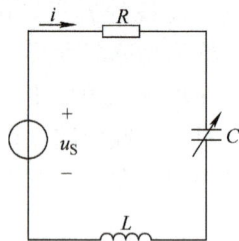
图 2-38 例 2-23 图

$$= 103.5 \times 10^{-12}F = 103.5pF$$

2. 串联谐振电路的基本特征

（1）谐振时的阻抗

因谐振时 $X = 0$，则阻抗为
$$|Z| = \sqrt{R^2 + X^2} = R = |Z_0| \tag{2-38}$$

阻抗最小，且为纯电阻 R。

感抗为
$$X_{L0} = \omega_0 L = \sqrt{\frac{L}{C}} = \rho \tag{2-39}$$

容抗为
$$X_{C0} = \frac{1}{\omega_0 C} = \sqrt{\frac{L}{C}} = \rho \tag{2-40}$$

其中
$$\rho = \omega_0 L = \frac{1}{\omega_0 C} = \sqrt{\frac{L}{C}} \tag{2-41}$$

ρ 称为电路的特性阻抗，单位为 Ω。它的大小由构成电路的元件参数 L 和 C 决定，而与谐振频率的大小无关。谐振时，感抗和容抗相等且等于特性阻抗。

（2）谐振时的电流

电源电压为 U_s 时，有
$$\dot{I}_0 = \frac{\dot{U}_s}{Z_0} = \frac{\dot{U}_s}{R} \tag{2-42}$$

因为谐振时阻抗最小为 R，所以 I_0 最大且与 U_s 同相。

（3）谐振时的电感电压和电容电压

谐振时，电感上电压为
$$U_{L0} = I_0 X_L = \frac{U_s}{R} \times \omega_0 L = \frac{\rho}{R} U_s = Q U_s$$

电容上电压为
$$U_{C0} = I_0 X_C = \frac{U_s}{R} \times \frac{1}{\omega_0 C} = \frac{\rho}{R} U_s = Q U_s$$

其中
$$Q = \frac{\rho}{R} = \frac{\omega_0 L}{R} = \frac{X_L}{R} = \frac{I^2 X_L}{I^2 R} = \frac{Q_L}{P} \tag{2-43}$$

$$Q = \frac{\rho}{R} = \frac{1}{R \omega_0 C} = \frac{X_C}{R} = \frac{I^2 X_C}{I^2 R} = \frac{Q_C}{P} \tag{2-44}$$

Q 称为串联谐振电路的品质因数。它是电路中电感（或电容）的无功功率 Q_L（或 Q_C）与电路中电阻的有功功率 P 之比；也是电路中的感抗值 X_L（或容抗值 X_C）与电路中电阻值 R 之比。谐振时电感电压和电容电压大小相等，相位相反，其大小为电源电压 U_s 的 Q 倍，即
$$U_{L0} = U_{C0} = Q U_s \tag{2-45}$$

所以串联谐振又称为电压谐振。

电路的 Q 值一般在 $50 \sim 200$ 之间。因此，即使电源电压不高，在谐振时，电路元件上的电压仍可能很高（$U_{L0} = U_{C0} = Q U_s$）。特别对于电力电路来说，这就必须注意到元件的耐压问题，并且设法避免串联谐振，但在无线电技术中常利用谐振获取信号。

（4）谐振时的功率

因谐振时，$\varphi = 0$，则无功功率为
$$Q = Q_L - Q_C = S \sin \varphi = 0$$

即谐振时电感和电容之间进行着能量交换，而与电源之间没有能量交换，电源只向电阻提供有功功率，即 $P = S$。

【例 2-24】 已知 RLC 串联电路中，$L = 30 \mu H$，$C = 211 pF$，$R = 9.4 \Omega$，电源电压 $U_s = 100 \mu V$。若电路谐振，求电源频率 f_s、回路的特性阻抗 ρ、回路的品质因数 Q 及 U_{C0}。

解：
$$f_s = \frac{1}{2\pi \sqrt{LC}} = \frac{1}{2 \times 3.14 \times \sqrt{30 \times 10^{-6} \times 211 \times 10^{-12}}} Hz$$
$$= 2 \times 10^6 Hz = 2 MHz$$
$$\rho = \omega_0 L = 2\pi f_s L = 2 \times 3.14 \times 2 \times 10^6 \times 30 \times 10^{-6} \Omega = 377 \Omega$$

$$Q = \frac{\rho}{R} = \frac{377}{9.4} = 40$$

$$U_{C0} = QU_{s} = 40 \times 100 \times 10^{-6}\text{V} = 4 \times 10^{-3}\text{V} = 4\text{mV}$$

2.5 功率因数的提高

2.5.1 功率因数的定义

因为 $$P = UI\cos\varphi = S\cos\varphi$$

可得 $\cos\varphi = \dfrac{P}{S}$，称为电路的功率因数，常用 λ 表示，反映了负载上获得的功率占设备总容量的百分比。

2.5.2 提高功率因数的意义

1）为充分利用电源设备容量，需提高负载的功率因数。

功率因数越大，相同 S 时，负载上的有功功率 P 就越大，设备容量的利用率就越高。

2）在电压和有功功率一定的条件下，负载的功率因数越小，线路所需电流就越大，线路上的损失就越大，即

$$\cos\varphi = \frac{P}{S} = \frac{P}{UI} \qquad I = \frac{P}{U\cos\varphi}$$

因此，为了减小电路损耗，要尽量提高电路的功率因数。

2.5.3 提高功率因数的方法

实际电路大多是感性负载，因此提高功率因数的方法主要是：

尽量减少感性设备的空载和轻载，或在感性设备两端并联适当电容。

原因：并联电容后，加强了电感和电容之间能量的转换，降低了电源与电感之间的能量转换，相当于减小了无功功率 Q，S 一定的情况下，P 增大了，因此功率因数提高了。

【例 2-25】 一台功率为 1.1kW 的感应电动机，接在 220V、50Hz 的电路中，电动机需要的电流为 10A，求：1）电动机的功率因数。2）若在电动机两端并联一个电容，通过相量图解释功率因数的变化情况。

解：1）功率因数为

$$\cos\varphi = \frac{P}{UI} = \frac{1.1 \times 10^{3}}{220 \times 10} = 0.5 \qquad \varphi_{1} = 60°$$

2）在未并联电容前，电路中的电流为 I_{1}；并联电容后，电动机中的电流不能变化，仍为 I_{1}，但总电流发生了变化，变成 I，即

$$\dot{I} = \dot{I}_{1} + \dot{I}_{C}$$

画出电路图和电路相量图进行分析，如图 2-39 所示。

可见阻抗角减小了，功率因数提高了。

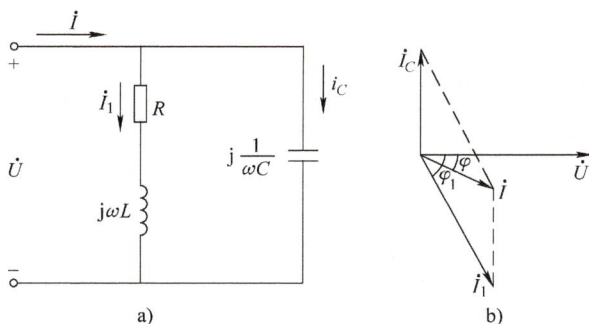

图 2-39　例 2-25 电路及相量图

2.6　互感器与变压器

互感器与变压器都是多端元件，在实际电子电路中应用非常广泛。

2.6.1　互感电路的概念

1. 互感现象

单个线圈中的电流发生变化时，线圈中产生变化的磁通 Φ 和变化的磁链（$\Psi = N\Phi$），从而在线圈中感应出电压（自感电压）的现象称为自感现象。变化的磁链与产生该磁链的电流的比，称为线圈的自感系数，用 L 表示，$L = \Psi/i$。

如果在匝数为 N_1 的线圈 I 附近，放置另一个匝数为 N_2 的线圈 II，如图 2-40 所示。当线圈 I 中通过变化的电流 i_1 时，在线圈 I 中产生变化的自感磁通 Φ_{11} 和变化的自感磁链（$\Psi_{11} = N_1\Phi_{11}$），进而产生自感电压 U_{L1}。由于两线圈放置得很近，磁通 Φ_{11} 中一部分磁通 Φ_{21} 穿过线圈 II，对线圈 II 来说，这部分磁通称为互感磁通。随着 i_1 的变化，互感磁通 Φ_{21} 和互感磁链（$\Psi_{21} = N_2\Phi_{21}$）也变化，因而在线圈 II 中同样也产生感应电压 U_{21}。同理，如果线圈 II 中有电流 i_2 变化，线圈 II 中会产生自感电压 U_{L2}，而在线圈 I 中也会产生感应电压 U_{12}。这种因为一个线圈中电流变化而在另一个线圈中产生感应电压的现象称为互感现象。由于互感作用而产生的电压称为互感电压。两线圈的磁通相互穿过对方线圈的现象称为磁耦合（匝链）。

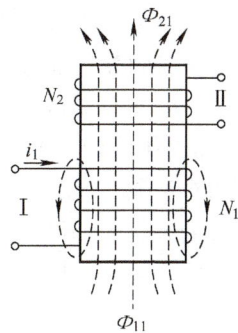

图 2-40　两线圈的互感

2. 互感系数

在两个有磁耦合的线圈中，互感磁链与产生此磁链的电流的比值，叫作这两个线圈的互感系数，简称为互感，用符号 M 表示，即

$$M_{21} = \frac{\Psi_{21}}{i_1} \quad M_{12} = \frac{\Psi_{12}}{i_2} \tag{2-46}$$

对于理想线圈有 $\qquad M_{21} = M_{12} = M \qquad$ (2-47)

互感系数的单位是亨（H）。互感系数只和这两个线圈的结构、几何尺寸、相互位置及磁介质有关。当用磁性材料作耦合磁路时，M 是变量。

3. 耦合系数

两个线圈耦合，一般情况下电流的磁通只有部分相互交链，彼此不交链部分称为漏磁通。为了说明两耦合线圈相互交链磁通的多少，即两个线圈耦合的紧密程度，引入耦合系数 k，即

$$k = \frac{M}{\sqrt{L_1 L_2}} \qquad (2-48)$$

可以推出 $\qquad k = \sqrt{\frac{M_{12} M_{21}}{L_1 L_2}} = \sqrt{\frac{\Psi_{12} \Psi_{21}}{\Psi_{11} \Psi_{22}}} = \sqrt{\frac{\Phi_{12} \Phi_{21}}{\Phi_{11} \Phi_{22}}}$

因为 $\Phi_{21} \leqslant \Phi_{11}$，$\Phi_{12} \leqslant \Phi_{22}$，所以

$$0 \leqslant k \leqslant 1$$

k 接近零时为松耦合；k 近似 1 时为紧耦合；$k = 1$ 时为全耦合，此时自感磁通都是互感磁通。k 的大小与线圈的结构、两线圈的相互位置及周围磁介质的性质有关，改变两线圈的相互位置可以改变 M 的大小，这就是可变电感器的原理。

2.6.2　互感线圈同名端的测试方法

在电子电路中，对于两个或两个以上的有电磁耦合的线圈，常常需要知道互感电压的极性。例如，LC 正弦波振荡器中，必须使互感线圈的极性正确连接，才能产生振荡。但是在实际的电路图上，要把每个线圈的绕法和各线圈的相对位置都画出来，运用楞次定律来判断感应电压的极性是不实际的，因此在电路图中用同名端标记来解决这一问题。

1. 同名端的概念

当两相邻线圈通入电流后，所产生的磁通方向相同，即相互增强，则这两个线圈的电流流入端为同名端，用"＊"或"·"表示。同名端电压极性相同。

如图 2-41a 所示，当线圈 a 中通以电流 i（实际方向如图中虚线箭头所示），在线圈 a 中产生的磁通向左，而线圈 b 中电流从端 4 进入、线圈 c 中电流从端 5 进入时，产生的磁通也都向左，由同名端定义可知 1、4、5 端为同名端，电压极性相同。因 2、3、6 端都是电流输出端，极性应与 1、4、5 的极性相反。如 1、4、5 为正极，2、3、6 就为负极。显然 2、3、6 也是同名端。

当电流从 3 端流入时，由同名端定义，用同名端"●"标出后，图 2-41a 的 3 个线圈就可以画成图 2-41b 所示的简单形式。

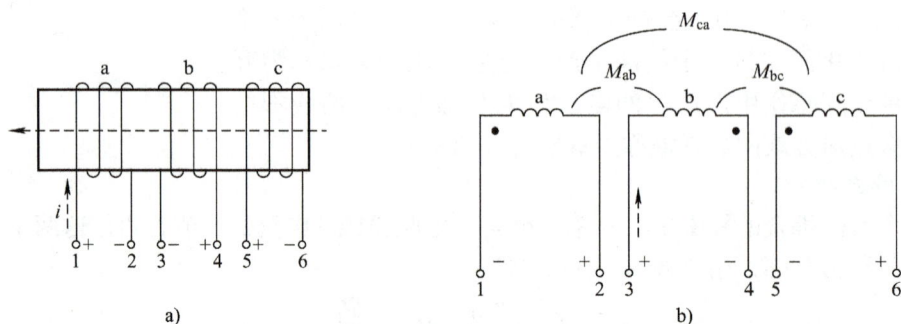

图 2-41　线圈的同名端

2. 同名端的判断方法

若两互感线圈中分别有电流 i_1、i_2 流入，且 i_1 产生的磁通与 i_2 产生的磁通是相互增强的，那么 i_1、i_2 的流入端口就是同名端，这就是同名端的判断方法。

如图 2-42 所示，由同名端的判断方法，标出了互感线圈的同名端。

对于图 2-43，因为没有一根磁感应线可以同时穿过这 3 个线圈，所以这 3 个线圈不能像图 2-41a 中的 3 个线圈那样具有共同的同名端，该线圈的同名端只能两两确定，所以有 3 组同名端，每一组同名端用不同的符号来区分。对于线圈 a、b 来说，1 和 4 同时流入电流时产生的磁场方向一致，是一对同名端，用 " • " 表示。对于线圈 b、c 来说，3 和 6 同时流入电流时产生的磁场方向一致，是一对同名端，用 " ∗ " 表示。对于线圈 c、a 来说，1 和 6 同时流入电流时产生的磁场方向一致，是一对同名端，用 " △ " 表示。

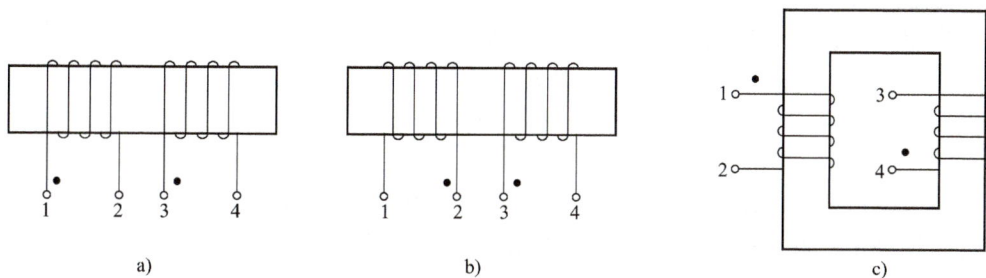

图 2-42　互感线圈同名端的判断

在实际工作中，有时会碰到两个互感线圈的绕向无法判别的情况。例如有些设备中的线圈是封装着的。这时常用试验方法来测定两线圈的同名端，接线方式如图 2-44 所示。按下开关，电路接通的瞬间，电流 i 由端子 1 流入，如果此时电流计 G 向正方向偏转，则与电流计 G 正端相连的端子 3 和端子 1 是同名端。因为 1 端是高电位，3 端这时也是高电位。若电流计 G 反向偏转，则端子 4 和端子 1 是同名端。

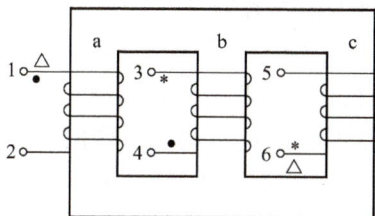

图 2-43　3 个线圈的同名端标记

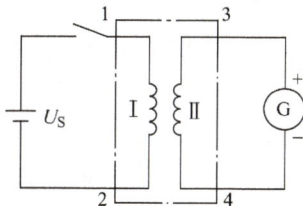

图 2-44　同名端的测定

2.6.3　理想变压器

1. 理想变压器

利用互感耦合实现从一个电路向另一个电路传递能量和信号的装置称为变压器。理想变压器是实际变压器忽略某些条件而抽象出的理想化装置。它由两个耦合线圈组成，电路图如图 2-45a 所示。其中与电源相连的线圈为一次绕组（原线圈），与负载相连的线圈为二次绕组（副线圈）。

2. 理想变压器的电压比

变压器中电压、电流的参考方向关联时，若一次绕组匝数为 N_1，二次绕组匝数为 N_2，则有

$$\frac{U_1}{U_2} = \frac{N_1}{N_2} = n \qquad (2\text{-}49)$$

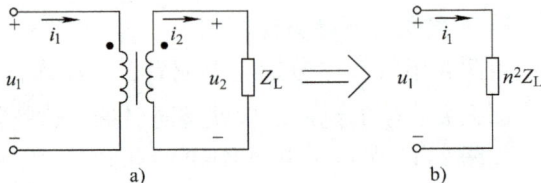

图 2-45　理想变压器的等效电路

一、二次绕组的端电压与它们的匝数成正比。$n = \dfrac{N_1}{N_2}$ 称为变压器的电压比（或变换系数）。

当 $n > 1$ 时，$U_1 > U_2$，称为降压变压器；当 $n < 1$ 时，$U_1 < U_2$，称为升压变压器。

3. 理想变压器的电流比

由于理想变压器不储能也不耗能，只传递能量，所以一次、二次绕组的功率相等，即

$$U_1 I_1 = U_2 I_2$$

则有

$$\frac{I_1}{I_2} = \frac{U_2}{U_1} = \frac{N_2}{N_1} = \frac{1}{n} \qquad (2\text{-}50)$$

一次绕组电流 I_1 和二次绕组电流 I_2 与它们的端电压成反比，因而高电压端的电流小，可用细导线作绕组；低电压端的电流大，则用粗导线作绕组。

又

$$I_1 = \frac{1}{n} I_2$$

即 I_2 增大时，I_1 也增大；I_2 减小时，I_1 也随之减小。

4. 理想变压器的阻抗变换

图 2-45a 中从一次绕组端看进去的输入阻抗为

$$Z = \frac{U_1}{I_1} = \frac{nU_2}{\frac{1}{n}I_2} = n^2 Z_L \qquad (2\text{-}51)$$

Z 为负载阻抗，Z_L 为通过变压器等效变换到一次绕组的等效阻抗。从变压器一次侧看进去时，理想变压器的等效电路如图 2-45b 所示。

变压器负载阻抗的等效变换应用非常广泛。例如，在晶体管收音机电路中，作为负载的扬声器电阻 R_L，一般不等于晶体管收音机二端网络的等效内阻 R_i，这就需要用变压器进行等效变换，以满足 $R_i = n^2 R_L$，达到阻抗匹配，此时扬声器获得最大的功率，如图 2-46 所示。

理想变压器的电压变换、电流变换及阻抗变换，都只与变比 n 有关，而与两线圈的电感 L_1、L_2 及互感 M 无关。

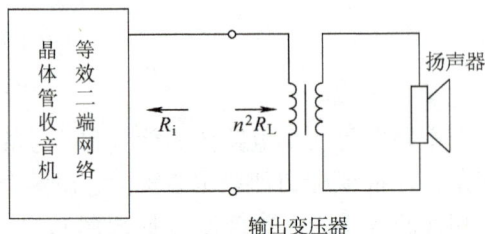

图 2-46　阻抗变换的应用

【例2-26】　有一理想变压器一次绕组接在220V电压上，测得二次绕组的端电压为22V，如一次绕组的匝数为2100匝，求变压器的电压比和二次绕组的匝数。

解：

$$n = \frac{U_1}{U_2} = \frac{220}{22} = 10$$

由 $N_1/N_2 = n$，得

$$N_2 = \frac{N_1}{n} = \frac{2100}{10} 匝 = 210\ 匝$$

【例2-27】　某晶体管收音机输出变压器的一次绕组匝数 $N_1 = 230$ 匝，二次绕组匝数 $N_2 = 80$ 匝。原来配有音圈阻抗为8Ω的电动扬声器，现在要改接4Ω的扬声器，问输出变压器二次绕组的匝数应如何变动（一次绕组匝数不变）。

解：设输出变压器二次绕组变动后的匝数为 N'_2，则

当 $R_L = 8\Omega$ 时，

$$Z = n^2 \times R_L = \left(\frac{230}{80}\right)^2 \times 8\Omega$$

当 $R_L = 4\Omega$ 时，

$$Z' = n'^2 \times R'_L = \left(\frac{230}{N'_2}\right)^2 \times 4\Omega$$

根据题意 $Z = Z'$，即

$$\frac{230^2}{(80)^2} \times 8 = \frac{230^2}{(N'_2)^2} \times 4$$

则

$$N'_2 = \frac{80}{\sqrt{2}} 匝 \approx 57\ 匝$$

拓展阅读　信息化时代电工电子技术的发展

随着我国社会经济的飞速发展，信息化时代逐步来临，信息技术在各个领域的应用十分广泛，电工电子技术的发展也进入了一个新的时期。党的二十大报告指出，"建成现代化经济体系，形成新发展格局，基本实现新型工业化、信息化"。

电工电子技术的发展呈现出精细化程度越来越明显的特征，在保证电力充足的基础上，电工电子技术可以实现机械设备的高度自动化操作，完成传统机械无法完成的操作，从而在很大程度上提升机械设备的工作效率。因此，通过电工电子技术的应用，可以有效降低人力成本和生产成本，从而提升生产企业的经济效益。电工电子技术还具有可控性的特点。在实际生产过程中，操作人员可以直接通过应用程序完成生产操作，并且使用该技术可以进行较为灵活的生产活动，从而实现高效生产。

信息化时代下，人们的生产生活的数量和质量的要求都更高了，只有不断优化电工电子技术的水平才能跟上时代的发展。如将电工电子技术与数字化结合，实现更多信息的传输及处理，提高自动化水平。

习　题　2

2.1　正弦量的三要素是_____、_____、_____。

2.2　正弦量的有效值是最大值的_____倍。

2.3　正弦量的频率是 200kHz，周期是_____。

2.4　已知一正弦电流 $i = 10\sin(314t - \frac{\pi}{6})\text{A}$，其振幅是_____，角频率是_____，频率是_____，周期是_____，初相是_____。

2.5　选定参考方向后，电流的解析式为 $i = 54\sin(314t + \frac{\pi}{3})\text{A}$，如把参考方向换成与选定的方向相反，则电流的解析式为_____。

2.6　已知 $u_A = 311\sin3140t\text{V}$，$u_B = 311\sin(3140t - \frac{\pi}{3})\text{V}$，则 u_A 与 u_B 的相位差是_____；u_B 与 u_A 的相位差是_____。

2.7　图 2-47 给出 i 和 u 的波形，则 u 的初相是_____，i 的初相是_____，u_____（填超前或滞后）i_____rad。

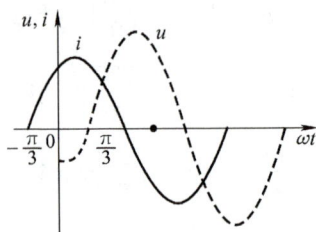

图 2-47　习题 2.7 图

2.8　已知 $E_m = 10\text{V}$，$\varphi_e = \frac{\pi}{4}$，$I_m = 1\text{A}$，$\varphi_i = -\frac{2}{3}\pi$，$\omega = 31400\text{rad/s}$，则 $e = $_____，$i = $_____，且_____超前_____（角度）。

2.9　3 个正弦电流 i_1、i_2、i_3 的最大值分别为 1A、2A 和 3A，角频率都是 ω。若 i_1 较 i_2 超前 30°，较 i_3 滞后 150°，试以 i_3 为参考量，3 个电流的解析式分别是 $i_1 = $_____、$i_2 = $_____、$i_3 = $_____。

2.10　纯电感的感抗 $X_L = $_____，其电压和电流的相位差是_____；纯电容的容抗 $X_C = $_____，其电压和电流的相位差是_____。

2.11　串联谐振时，阻抗最_____，等于_____；电流最_____，等于_____；感抗 X_L_____容抗 X_C_____特性阻抗 ρ，U_{C0}_____U_{L0}_____QU_i。

2.12　RLC 串联电路中，R 上的功率叫_____功率，用_____表示，运算公式为_____，单位是_____；L 及 C 上的功率叫_____功率，用_____表示，运算公式为_____，单位是_____；总功率叫_____功率，用_____表示，运算公式为_____，单位是_____。

2.13　正弦电流 $i_{(t_1)} = 0.2\text{A}$，$i_{(t_2)} = -0.5\text{A}$ 各代表什么含义？

2.14　已知一正弦电压的振幅为 310V，频率为 50Hz，初相为 $\pi/4$，试写出其解析式，并绘出波形图。

2.15　对于 3 个正弦电压

$$u_A = 141\sin314t\text{V}$$

$$u_B = 141\sin(314t - \frac{2}{3}\pi)\,\mathrm{V}$$

$$u_C = 141\sin(314t + \frac{2}{3}\pi)\,\mathrm{V}$$

试问：1）u_A 比 u_B、u_B 比 u_C、u_C 比 u_A 超前或滞后各是多少？2）若选 u_B 为参考正弦量，试重写它们的解析式。

2.16　写出 $i_1 = 2\sqrt{2}\sin(314t+60°)\,\mathrm{A}$，$u = 220\sqrt{2}\sin314t\,\mathrm{V}$，$i_2 = 4\sqrt{2}\sin(314t-30°)\,\mathrm{A}$，$i_3 = 3\sqrt{2}\sin(314t+90°)\,\mathrm{A}$ 对应的相量，并画出相量图。

2.17　求下列相量所代表的正弦量的瞬时值表达式（设角频率为 ω）：

$$\dot{U} = -50\,\underline{/30°}\,\mathrm{V}, \quad \dot{I} = 20\,\underline{/45°}\,\mathrm{A}$$

2.18　在下列电压、电流中：$u_1 = U_{m1}\sin(\omega t+\varphi_1)$，$u_2 = U_{m2}\sin(\omega t-\varphi_2)$，$u_3 = U_{m3}\sin(3\omega t+\varphi_3)$，$i_4 = I_{m4}\sin(\omega t+\varphi_4)$，$i_5 = I_{m5}\sin(\omega t+\varphi_5)$，$i_6 = I_{m6}\sin(\omega t-\varphi_6)$，哪几个正弦量能用相量法进行加减运算？

2.19　已知在 10Ω 电阻上通过的电流 $i = 5\sin(314t+\frac{\pi}{6})\,\mathrm{A}$，试求电阻两端电压的有效值，写出电压解析式。

2.20　对 $100\mathrm{mH}$ 的电感，外加 $u = 220\sqrt{2}\sin314t\,\mathrm{V}$，在关联方向下，求 i。

2.21　在关联方向下，电感两端 $u_L = 120\sin(12560t+45°)\,\mathrm{V}$，通过电流 $i_L = 100\sin(12560t-\varphi_i)\,\mathrm{mA}$，试求 L 及 φ_i。

2.22　把一个 $100\mu\mathrm{F}$ 的电容器，先后接在角频率为 $50\mathrm{rad/s}$ 或 $500\mathrm{rad/s}$、电压为 $220\mathrm{V}$ 的电源上，分别计算上述两种情况下的容抗及通过的电流。

2.23　在 RLC 串联电路中，已知 $L = 0.1\mathrm{H}$，$C = 30\mu\mathrm{F}$，求信号频率分别为 $50\mathrm{Hz}$、$5000\mathrm{Hz}$ 时的电抗，并说明何时为容性，何时为感性。

2.24　在 RLC 串联电路中，已知 $R = 8\Omega$，$L = 0.07\mathrm{H}$，$C = 122\mu\mathrm{F}$，总电压 $U = 120\mathrm{V}$，$f = 50\mathrm{Hz}$，试求电路中电流 I，电压 U_R、U_L、U_C，并画出相量图。

2.25　在 RLC 串联电路中，已知 $\dot{I} = 4\,\underline{/0°}\,\mathrm{A}$，电压相量 $\dot{U} = 80\,\underline{/30°}\,\mathrm{V}$，求阻抗及电路的性质。

2.26　已知某交流电路，电源电压 $u = 100\sqrt{2}\sin\omega t\,\mathrm{V}$，电路中的电流 $i = \sqrt{2}\sin(\omega t-60°)\,\mathrm{A}$，求电路的有功功率、无功功率和视在功率。

2.27　在 RLC 串联谐振电路中，$L = 400\mathrm{mH}$，$C = 0.1\mu\mathrm{F}$，$R = 20\Omega$，电源电压为 $0.1\mathrm{V}$，求谐振频率、特性阻抗、品质因数、谐振时的电容及电感电压。

2.28　在 RLC 串联谐振电路中，特性阻抗是 1000Ω，谐振频率是 $\omega = 10^6\mathrm{rad/s}$，求 C、L。

2.29　线圈的自感为 $L_1 = 5\mathrm{mH}$，$L_2 = 4\mathrm{mH}$。试求：

1）若 $k = 0.5$，求互感 M。

2）若 $M = 3\mathrm{mH}$，求耦合系数 k。

3）若两线圈全耦合，求 M。

2.30　变压器一次、二次绕组的匝数各为 2000 匝和 50 匝，一次绕组电流为 0.1A，负载电阻 $R_L = 10\Omega$，试求一次绕组的电压和负载获得的功率。

2.31　晶体管收音机，原配好 4Ω 的扬声器，今改接 8Ω 的扬声器，已知输出变压器的一次绕组匝数为 $N_1 = 250$ 匝，二次绕组匝数 $N_2 = 60$ 匝，若一次绕组匝数不变，问二次绕组的匝数应如何变动才能阻抗匹配？

2.32　某收音机的输入回路（调谐回路），可简化为 RLC 串联电路，已知电感 $L = 300\mu H$，今欲接收某广播电台中波段信号，其频率范围是 $525 \sim 1605 \text{kHz}$，试求电容 C 的变化范围。

第3章 　半导体器件

众所周知，半导体元件的出现使世界发生了翻天覆地的变化，它改变了人们的生活方式。在它出现之前，一台计算机的体积像一座房子那样大，现在它已经走进千家万户，其中我们离不开的芯片都是半导体材料制成的。二极管和晶体管是半导体最基本的元器件，是搭建一切模拟电路和数字电路的基本单元，本章将认识它们的结构和特性，为后面放大电路的研究打下基础。

学习目标：

1. 了解半导体的基本知识，PN 结的形成及特性。
2. 掌握二极管的特性。
3. 掌握晶体管结构和特性，分配关系和放大作用。
4. 掌握晶体管的 3 种工作状态及条件。
5. 了解晶体管的主要参数。

素养目标：

1. 养成良好的工作责任心、坚强的意志力和严谨的工作作风。
2. 培养良好的职业素养和创新意识。

3.1 　半导体的基本知识

3.1.1 　本征半导体及其特性

1. 半导体的概念

日常生活中，我们经常看到或用到各种各样的物体，它们的性质是各不相同的。有些物体（如金、银、铜、铝、铁等）具有良好的导电性能，称它们为导体。相反，有些物体（如玻璃、橡皮和塑料等）不易导电，称它们为绝缘体（或非导体）。还有一些物体，如锗、硅、砷化镓及大多数的金属氧化物和金属硫化物，它们既不像导体那样容易导电，也不像绝缘体那样不易导电，而是介于导体和绝缘体之间，把它们叫作半导体。它们内部的原子都按照一定的规律排列，绝大多数半导体都是晶体。因此，人们往往又把半导体材料称为晶体。

目前常用的半导体材料有硅和锗，它们都是第四主族元素，核外价电子数目都为 4。由于锗的核外电子层数高于硅，因此原子核对核外电子的吸引能力弱，其核外电子更易脱离原子核的束缚成为自由电子，所以，锗比硅的导电能力更强。两种材料的特性也有差异，用不同材料制造的半导体器件的参数也有差异。

2. 半导体的特性

1）热敏特性：半导体对温度很敏感。

导体、绝缘体的电阻率值随温度的影响而变化很小。但温度变化时，半导体的电阻率变

化却很明显；例如纯锗，温度每升高 10℃，它的电阻率下降到原来的一半左右。由于半导体的电阻对温度变化的反应灵敏，而且大都具有负的电阻温度系数，所以人们就把它制成了各种自动控制装置中常用的热敏电阻传感器，利用它们能迅速测量物体温度的变化。

2）光敏特性：半导体对光和其他射线都很敏感。也就是说，照射的光线强度不同，它的导电性能也会发生很大的变化。

例如一种硫化镉半导体材料，在没有光照射时，电阻高达几十兆欧；若有光照射时，电阻可降到几十千欧，两者相差上千倍。可以利用半导体的这种对光敏感的特性，制成光敏电阻、光电二极管、光电晶体管、太阳能电池等，应用在复印机、激光打印机等设备上。

3）掺杂特性：半导体对杂质很敏感。所谓杂质，是在纯净的半导体中掺进微量的某种元素，这对其导电性能影响极大。

在金属或绝缘体中，如果杂质含量不超过千分之一，它的电阻率变化是微不足道的。但半导体中含有杂质时对它的影响却很大。以锗为例，只要含杂质一千万分之一，电阻率就下降到原来的 1/16。

3. 本征半导体

纯净的、具有一定晶体结构的半导体，称为本征半导体。当本征半导体的温度升高或受到光线照射时，其共价键中的价电子就从外界获得能量，就有少量的价电子挣脱原子核的束缚而成为自由电子，同时在原来共价键上留下了相同数量的空位，由于该空位失去电子，因而带正电，把此带正电的空位称为空穴，所以本征半导体中电子和空穴总是成对出现，它们的数目相等，称为电子－空穴对。这种现象称为本征激发。由于自由电子和空穴都可以参与导电形成电流，因此称它们为载流子。

在产生电子－空穴对的同时，有的自由电子在杂乱的热运动中又会不断地与空穴相遇，重新结合，使电子－空穴对消失，这称为复合。在一定温度下，载流子的产生过程和复合过程是相对平衡的，载流子的浓度是一定的。在常温下，本征半导体受热激发所产生的自由电子和空穴数量很少，同时本征半导体的导电能力远小于导体的导电能力，导电能力很差。温度升高，激发速度首先增加，所产生的电子－空穴对也增加，由于电子－空穴的增加，所以复合的速度也增加，重新达到平衡，但此时电子－空穴浓度是增加的，半导体的导电能力也就增强。反之，导电能力也就减弱。

综上所述，在半导体中不仅有自由电子一种载流子，而且还有另一种载流子——空穴。它们共同参与半导体的导电，这是半导体不同于导体导电的一个重要特性。在本征半导体内，自由电子和空穴总是成对出现的，也就是说，有一个自由电子就必定有一个空穴，因此在任何时候，本征半导体中的自由电子数和空穴数总是相等的。

3.1.2　杂质半导体

本征半导体中虽然存在两种载流子，但因载流子的浓度很低，导电能力差，同时较难人为的控制。如果在本征半导体中，人为地掺入某种少量的物质，即可大大改变它的导电性能。按照掺入杂质的不同，可获得 P 型半导体和 N 型半导体两种杂质半导体。

1）P 型半导体：在本征半导体（硅或锗的晶体）中掺入三价元素杂质，如硼、镓、铟等，因杂质原子的最外层只有 3 个价电子，它与周围硅（锗）原子组成共价键时，缺少一个电子，于是在晶体中便产生一个空穴。当相邻共价键上的电子受到热振动或在其他激发条件下获得能量时，就有可能填补这个空穴，使硼原子成为不能移动的负离子，而原来硅原子的共价键则因缺少一个电子，形成空穴。这样，掺入硼杂质的硅半导体中就具有数量相当的空穴，空穴浓度远大于电子浓度，这种半导体主要靠空穴导电，称为 P 型半导体。掺入的三价杂质原子，因在硅晶体中接收电子，故称受主杂质。在 P 型半导体中，不但有数量很多的空穴，而且还有少量的自由电子存在，空穴是多数载流子，电子是少数载流子。

2）N 型半导体：在本征半导体中掺入五价元素杂质，如磷、锑、砷等。掺入的磷原子取代了某处硅原子的位置，它同相邻的 4 个硅原子组成共价键时，多出了一个电子，这个电子不受共价键的束缚，因此在常温下有足够的能量使它成为自由电子。这样，掺入杂质的硅半导体就具有相当数量的自由电子，且自由电子的浓度远大于空穴的浓度。显然，这种掺杂半导体主要靠电子导电，称为 N 型半导体。由于掺入的五价杂质原子可提供自由电子，故称为施主杂质。在 N 型半导体中，不但有数量很多的自由电子，而且也有少量的空穴存在，自由电子是多数载流子，空穴是少数载流子。

3.1.3 PN 结

P 型或 N 型半导体仅仅是导电能力增强了，但还不具备半导体器件所要求的各种特性。如果通过一定的生产工艺把一块 P 型半导体和一块 N 型半导体结合在一起，则它们的结合处就会形成 PN 结，利用 PN 结的特性就可以制作成各种半导体器件。

1. PN 结的形成

当 P 型半导体和 N 型半导体通过一定的工艺结合在一起时，由于 P 型半导体的空穴浓度高、电子浓度低，而 N 型半导体的自由电子浓度高、空穴浓度低，所以交界面附近两侧的载流子形成了浓度差。浓度差将引起载流子的扩散运动，如图 3-1a 所示。有一些电子要从 N 型区向 P 型区扩散，并与 P 型区的空穴复合；也有一些空穴要从 P 型区向 N 型区扩散，并与 N 型区的电子复合。由于电子和空穴都是带电的，因此扩散的结果就使 P 型半导体和 N 型半导体原来保持的电中性被破坏。P 型区失去空穴，留下了带负电的杂质离子；N 型区失去电子，留下了带正电的杂质离子。半导体中的离子虽然也带电，但由于物质结构的关系，它们不能任意移动，因此并不参与导电。这些不能移动的带电粒子集中在 P 型区和 N 型区交界面附近，形成了一个很薄的空间电荷区，这就是 PN 结。PN 结具有阻碍载流子扩散的特性，因此又称为阻挡层，PN 结的空间电荷区内的载流子浓度已减小到耗尽程度，因此又称为耗尽层。

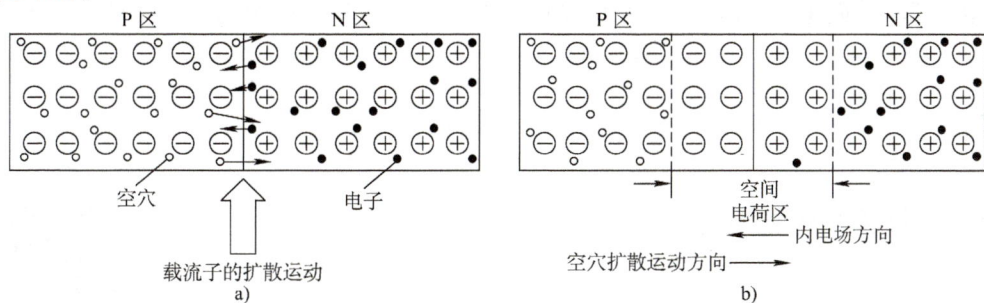

图 3-1　PN 结的形成

空间电荷形成了一个由右侧指向左侧的内电场，如图 3-1b 所示。内电场的这种方向将对载流子的运动带来两种影响：一是内电场阻碍两个区域多子（多数载流子）的扩散运动；

二是在内电场力的作用下，使 P 区和 N 区的少子（少数载流子）产生与扩散方向相反的漂移运动。PN 结形成的最初阶段，载流子的扩散运动占优势；随着空间电荷区的建立，内电场逐渐增强，载流子的漂移运动也在加强，最终漂移运动将与扩散运动达到动态平衡。

2. PN 结的特性

如果 P 型区接电源正极，N 型区接电源负极，则称 PN 结上加正向电压（或正向偏置），如图 3-2a 所示。这时电源产生的外电场与 PN 结的内电场方向相反，内电场被削弱，使阻挡层变薄，多子的扩散运动大于漂移运动，形成较大的扩散电流，即正向电流。这时 PN 结的正向电阻很低，处于正向导通状态。正向导通时，外部电源不断向半导体供给电荷，使电流得以维持。

如果在 N 型区接电源正极，而 P 型区接电源负极，则称 PN 结加反向电压（或反向偏置），如图 3-2b 所示。这时外电场与内电场方向一致，增强了内电场，使阻挡层变厚。这就削弱了多子的扩散运动，增强了少子的漂移运动，从而形成微小的漂移电流，即反向电流。这时 PN 结呈现的电阻很高，处于反向截止状态。反向电流由少子漂移运动形成。少子的数量随着温度升高而增多，所以温度对反向电流的影响很大，这正是半导体器件温度特性差的原因。在一定温度下，反向电流不仅很小，而且基本上不随外加反向电压变化。

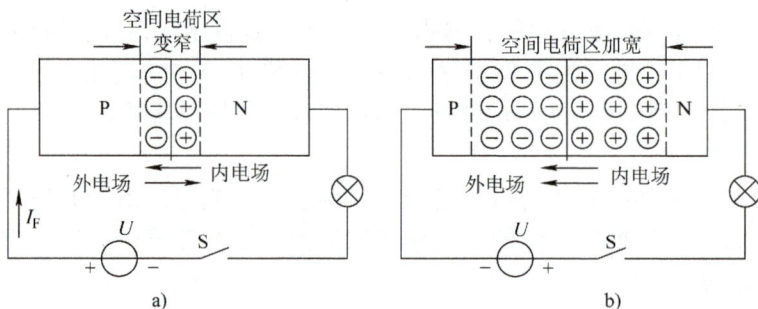

图 3-2　PN 结的单向导电性

PN 结还有一个十分重要的特性，即所谓反向击穿特性。当所加反向电压大到一定数值时，PN 结电阻会突然变得很小，反向电流会骤然增大，这种现象称为 PN 结的反向击穿。开始击穿时的电压数值称为反向击穿电压。它直接限制了 PN 结用作整流和检波时的工作电压。

由上述介绍可知，给 PN 结加正向电压时，阻挡层变薄，电阻很小，能形成较大的电流，PN 结导通；而给 PN 结在一定范围内加反向电压时，阻挡层变厚，电阻很大，形成微小的电流，PN 结截止，这就是 PN 结的单向导电性。二极管就是根据这一原理制成的。

3.2　二极管

3.2.1　二极管的结构及分类

1. 二极管的结构

二极管是由一个 PN 结加上引出线和管壳构成的。P 型半导体一侧的引出线称为阳极或正极，N 型半导体一侧的引出线称为阴极或负极。

二极管

2. 二极管的分类

按照所用的半导体材料，二极管可分为锗二极管（Ge管）和硅二极管（Si管）。

根据其不同用途，二极管可分为检波二极管、整流二极管、稳压二极管及开关二极管等。

按照管芯结构，二极管又可分为点接触型二极管、面接触型二极管及平面型二极管。点接触型二极管的构成如图 3-3a 所示，是用一根很细的铝金属丝压在光洁的半导体晶片表面，通以脉冲电流，使触丝一端与晶片牢固地烧结在一起，形成一个"PN 结"。由于是点接触，只允许通过较小的电流（不超过几十毫安），适用于高频小电流电路，如收音机的检波等。面接触型二极管的"PN 结"面积较大，结构如图 3-3b 所示，允许通过较大的电流（几安到几十安），主要用于把交流电变换成直流电的"整流"电路中。平面型二极管是一种特制的硅二极管，它不仅能通过较大的电流，而且性能稳定可靠，多用于开关、脉冲及高频电路中。

二极管的符号如图 3-3c 所示。

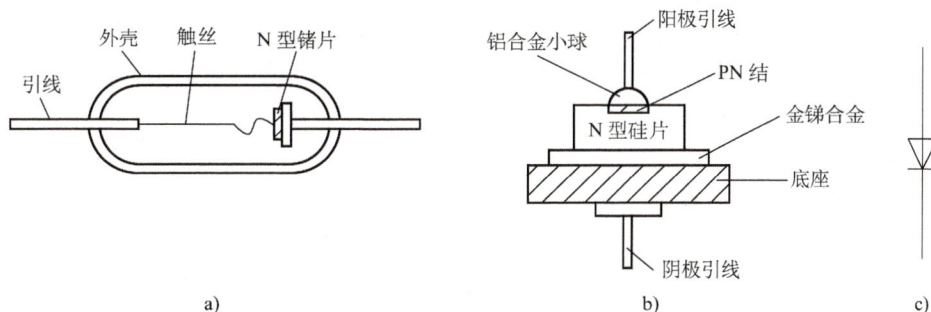

图 3-3　二极管的结构和符号

a）点接触型　b）面接触型　c）符号

3.2.2　二极管的外特性

二极管的外特性是指二极管的两端电压和电流关系的曲线，也称为二极管的伏安特性。二极管最重要的特性就是单向导电性。在电路中，电流只能从二极管的正极流入，负极流出。下面通过简单的实验说明二极管的正向特性和反向特性。测量二极管伏安特性测试电路图如图 3-4所示。改变 RP 的大小，可以测出不同电压值时所对应的二极管中的电流。把所得的数据画在直角坐标系中，就得到二极管的伏安特性曲线，如图 3-5 所示。

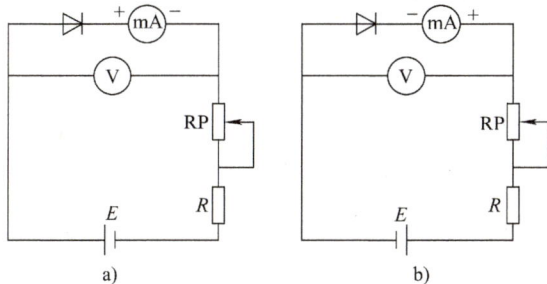

图 3-4　二极管伏安特性测试电路图

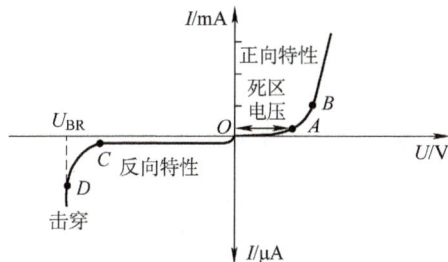

图 3-5　二极管的伏安特性曲线

1. 正向特性

二极管的正极接在高电位端，负极接在低电位端，这种连接方式下二极管的特性称为正向特性。

1）起始段（OA）。当二极管为正向接法时，正向电压由 0 开始增大，由于外加电压较小，外电场还不足以克服 PN 结的内电场对载流子扩散运动的阻力，所以二极管呈现很大的正向电阻，正向电流很小，几乎等于 0。当正向电压超过一定数值后，内电场大为削弱，电流迅速增大。这个一定数值的正向电压称为死区电压，其大小与二极管的材料及环境温度有关。一般硅管的死区电压为 0.5V，锗管约为 0.2V。

2）导通段（AB）。如图 3-5 所示，在特性曲线 B 点以后，二极管在电路中相当于一个开关的导通状态。在正常使用条件下，二极管的正向电流在相当大的范围内变化，而二极管两端电压的变化却不大。小功率硅管的导通压降为 0.6 ~ 0.7V，锗管为 0.2 ~ 0.3V。

2. 反向特性

二极管的正极接在低电位端，负极接在高电位端，这种连接方式下二极管的特性称为反向特性。当二极管两端加反向电压时，反向电流很小，近乎截止状态，且基本上不随外加电压而变化，如图 3-5 的 OC 段所示。对二极管来说，反向电流越小，表明反向特性越好；反向电流越大，表明反向特性越差。一般硅管的反向电流要比锗管小得多。

3. 反向击穿特性

当反向电压增大到一定数值时（见图 3-5），反向电压由 C 点继续增大到 D 点时，电流突然剧增，这种现象称为反向击穿。发生击穿所需的反向电压称为反向击穿电压。之所以产生击穿，是因为加在 PN 结上很强的外电场可以把价电子直接从共价键中拉出来成为载流子，这叫作齐纳击穿。此外，强电场使 PN 结中的少数载流子获得足够的动能，去撞击其他原子，把更多的价电子从共价键中撞击出来，这些撞击出来的载流子，又去撞击更多的原子，如同雪崩一样，这叫作雪崩击穿。上述两种击穿效应能产生大量的电子—空穴对，从而使反向电流剧增。

无论是齐纳击穿还是雪崩击穿，如果去掉反向电压，二极管仍能恢复工作，这属于电击穿。如果去掉反向电压，二极管不能恢复工作，说明发生了热击穿，二极管已损坏。热击穿是应该避免的。

一般二极管正常工作时，是不允许反向击穿的。而有一些特殊的二极管，如后面要学到的稳压管，却常常工作在反向击穿状态。

温度对二极管的特性影响较大。当温度升高时，正反向电流都随着增大，特别是反向电流急剧增大；而反向击穿电压则要下降，二极管的导通压降则要降低。

4. 二极管的理想模型

理想二极管的电压电流特性是在正向偏置时，其管压降为 0V，而当二极管处于反向偏置时，认为它的电阻为无穷大，电流为零。在实际电路中，当电源电压远比二极管的管压降大时，通常将二极管视为理想模型，利用此法来近似分析是非常方便的。

3.2.3　二极管的主要参数

用来表示二极管的性能好坏和适用范围的技术指标，称为二极管的参数，它是合理选用二极管的依据。不同类型的二极管有不同的特性参数。

1. 最大整流电流 I_{FM}

I_{FM} 是指长期工作时，二极管能允许通过的最大正向平均电流值。在选用二极管时，工作电流不能超过它的最大整流电流。因为电流通过二极管时会使管芯发热，温度上升，温度超过容许限度（硅管为 140℃ 左右，锗管为 90℃ 左右）时，就会使管芯过热而损坏。所以，二极管使用中不要超过二极管额定正向工作电流值。例如，常用的 1N4001～1N4007 型锗二极管的额定正向工作电流为 1A。

2. 最高反向工作电压 U_{RM}

U_{RM} 是指二极管工作时所能承受的反向电压峰值，也就是通常所说的耐压值。为了防止二极管因反向击穿而损坏，通常标定的最高反向工作电压要比反向击穿电压低一些。在选用二极管时，加在二极管两端的反向电压峰值不允许超过这一数值，以保证二极管能正常工作，不至于反向击穿而损坏。例如，1N4001 二极管反向耐压为 50V，1N4007 反向耐压为 1000V。

3. 反向电流 I_R

I_R 是指二极管未击穿时的反向电流值。此值越小，二极管的单向导电性能越好。由于温度升高，反向电流会急剧增大，所以在使用二极管时要注意温度的影响。例如 2AP1 型锗二极管，在 25℃ 时反向电流若为 250μA，温度升高到 35℃，反向电流将上升到 500μA，不仅失去了单向导电特性，还会使二极管过热而损坏。又如 2CP10 型硅二极管，25℃ 时反向电流仅为 5μA，温度升高到 75℃ 时，反向电流也不过 160μA。故硅二极管比锗二极管在高温下具有较好的稳定性。

4. 最高工作频率 f_M

f_M 主要由 PN 结的结电容大小决定，超过此值，二极管的单向导电性将不能很好地体现。

3.2.4 特殊二极管及其应用

二极管的类型较多，一般用作整流使用。另外还有很多特殊的二极管，如光电二极管、发光二极管、激光二极管、变容二极管等，这里简单介绍。

1. 光电二极管

光电二极管的结构与普通二极管类似，但在它的 PN 结处，能通过管壳上的一个玻璃窗口接收外部的光照。它的 PN 结工作在反向偏置状态，其反向电流随光照强度增加而上升。通过回路电阻 R_L 可获得电信号，从而

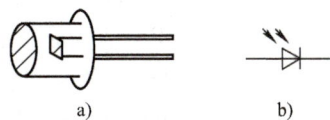

图 3-6 光电二极管的外形及符号

实现光电转换或光电控制。光电二极管的应用很广泛，主要用于需要光电转换的自动探测、控制装置，在光导纤维通信与系统中还可以作为接收器件等。其外形及符号如图 3-6 所示。

2. 发光二极管

发光二极管简称为 LED，是一种固态发光器件，常用砷化镓、磷化镓等制成，其外形和符号如图 3-7 所示。

发光二极管是用特殊的半导体材料（如砷化镓等）制成的，当载流子复合时，释放出的能量是一种光谱辐

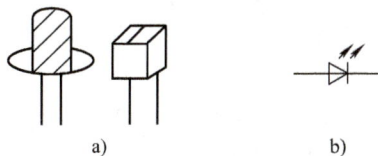

图 3-7 发光二极管的外形与符号

射能。砷化镓半导体辐射红光；磷化镓半导体辐射绿光或黄光等。

现在有越来越多的发光二极管用作照明。它还常用作显示器件，除单个使用外，也常做成七段数码显示或点阵式显示器件，工作电流一般在几毫安至几十毫安之间。发光二极管的另一种重要用途是通信，它将电信号变为光信号，通过光缆传输，然后再用光电二极管接收，再现电信号。这种通信方式具有成本低、容量大等优点，成为通信方式的主要途径。

3. 激光二极管

激光二极管的物理结构是在发光二极管的结间安置一层具有光活性的半导体，其端面经过抛光后具有部分反射功能，因而形成光谐振腔。在正向偏置的情况下，LED 结发射出光来，并与光谐振腔相互作用，从而进一步激励从结上发射出单波长的光，这种光的物理性质与材料有关。

激光二极管在计算机的光盘驱动器、激光打印机中的打印头等小功率光电设备中得到了广泛的应用。

4. 变容二极管

变容二极管两端的电容特性随着电压的改变而变化，可以用于电视机、收音机的高频接收部分，也可用于调台使用。

3.3　晶体管

二极管内部只有一个 PN 结，若在二极管 P 或 N 型半导体的旁边，再加上一块 N 或 P 型半导体，这种结构的器件内部有两个 PN 结，且 N 型半导体和 P 型半导体交错排列形成 3 个区，具有这种结构特性的器件称为双极型晶体管（BJT），通常简称为晶体管。晶体管在电路中常用字母 VT 表示。因晶体管内部的两个 PN 结相互影响，使晶体管呈现出单个 PN 结所没有的电流放大的功能，开拓了 PN 结应用的新领域，促进了电子技术的发展。它是放大电路最基本的元件之一。本节主要介绍它的基本结构、工作原理和特性参数。

3.3.1　晶体管的结构及特性

（1）晶体管的内部结构

晶体管由两个 PN 结构成，这两个 PN 结是由三层半导体形成的，根据三层半导体区排列的不同方式，可分为 NPN 型和 PNP 型两种类型，如图 3-8 和图 3-9 所示。

NPN 型晶体管的结构及符号如图 3-8 所示。在三层半导体区中，位于中间的一层称为基区；其中一侧的半导体区专门用来发射载流子，称为发射区；另一侧专门用来收集载流子，称为集电区，如图 3-8a 所示。发射区和基区之间的 PN 结称为发射结，集电区和基区之间的 PN 结称为集电结。图 3-8b 是 NPN 型晶体管的符号，符号中箭头的指向表示发射结处在正向偏置时电流的流向。

根据同样的原理，也可以组成 PNP 型晶体管，图 3-9a、b 分别为 PNP 型晶体管的结构及符号。

由图 3-8 和图 3-9 可知，两种类型晶体管符号的差别仅在发射结箭头的方向上，箭头的指向是代表发射结处在正向偏置时电流的流向，这样有利于记忆 NPN 和 PNP 型晶体管的符号，同时还可根据箭头的方向来判别晶体管的类型。

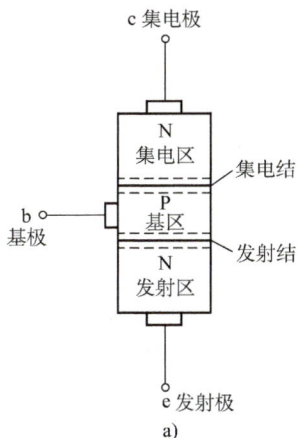

图 3-8　NPN 型晶体管的结构及符号

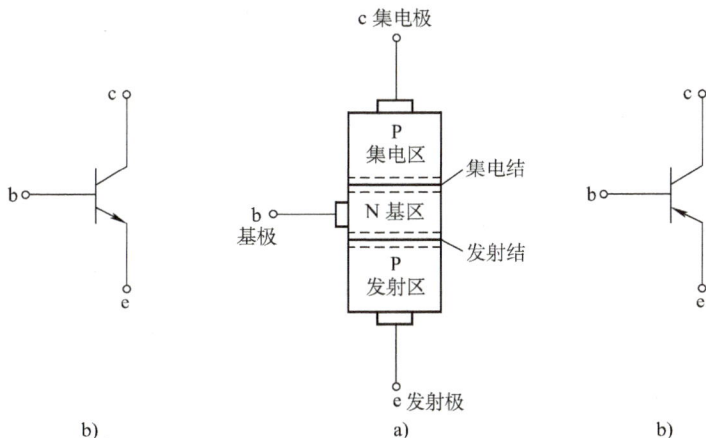

图 3-9　PNP 型晶体管的结构及符号

从三层半导体区分别引出 3 个电极，相应称为基极、发射极和集电极，分别用字母 b、e、c 来表示。

（2）晶体管的内部结构特点

为了保证晶体管有电流放大作用，晶体管在制造时必须具备以下特点：

- 基区很薄，一般只有几微米到几十微米厚，且掺杂浓度低。
- 发射区掺杂浓度比基区和集电区高得多。
- 集电区低掺杂，且集电结面积比发射结大。

这也是晶体管具有电流放大作用的内部条件。

PNP 和 NPN 两种类型的晶体管，按选用半导体材料的不同，又有硅管和锗管之分。

3.3.2　晶体管的电流分配关系及放大作用

对模拟信号进行处理的最基本的形式是放大。在生产实践和科学实验中，从传感器获得的模拟信号通常都很微弱，只有经过放大后才能进一步处理，或者使之具有足够的能量来驱动执行机构，完成特定的工作。放大电路的核心器件是晶体管。要使晶体管具有电流的放大作用，除了晶体管的内因外，还要有外部条件。晶体管的发射结为正向偏置、集电结为反向偏置是晶体管具有电流放大作用的外部条件。

放大器是一个有输入和输出端口的四端网络，要将晶体管的 3 个引脚接成四端网络的电路，必须将晶体管的一个极（引线）当公共极。取发射极当公共极的放大器称为共发射极放大器，基本共发射极放大电路如图 3-10 所示。

图 3-10 中的基极和发射极为输入回路，集电极和发射极为输出回路，发射极是输入回路和输出回路的公共端，所以该电路称为共发射极电路。图 3-10 中的 u_i 是待放大的输入信号，u_o 是放大以后的输出信号，U_{BB} 是基极电源，该电源的作用是使晶体管的发射结处在正向偏置的状态，U_{CC} 是集电极电源，该电源的作用是使晶体管的集电结处在反向偏置的状态，R_C 是集电极电阻。图中，若把晶体管看作一个节点，则根据 KCL 可得 $i_B + i_C = i_E$。

可以采用图 3-11 所示的电路对晶体管各极电流进行测试。当改变电位器 R_b 的阻值时，就可以改变基极电流 I_B，集电极电流 I_C 和发射极电流 I_E 也将随着改变。其实验结果如

表 3-1 所示。

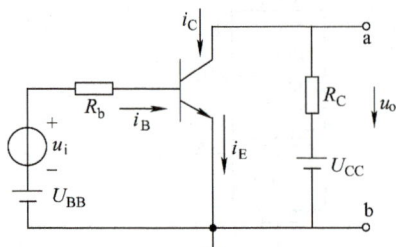

图 3-10　基本共发射极放大电路

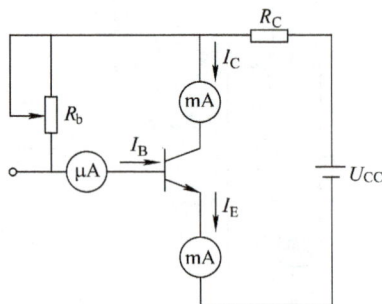

图 3-11　对晶体管各极电流进行测试

表 3-1　晶体管电流测量数据　　　　　　　（单位：mA）

I_{B}	0	0.01	0.02	0.03	0.04	0.05
I_{C}	0.01	1.04	2.06	3.04	4.10	5.18
I_{E}	0.01	1.05	2.08	3.07	4.14	5.23

分析表 3-1 中的测量数据，可以得出以下结论：

1）晶体管各极之间的电流分配关系为

$$I_{\mathrm{E}} = I_{\mathrm{C}} + I_{\mathrm{B}} \tag{3-1}$$

且 $I_{\mathrm{C}} \gg I_{\mathrm{B}}$。

2）基极电流 I_{B} 增大时，集电极电流 I_{C} 也随之增大。把 I_{C} 与 I_{B} 的比值叫作晶体管的直流电流放大系数，用 $\bar{\beta}$ 表示，则有

$$I_{\mathrm{C}} = \bar{\beta} I_{\mathrm{B}} \tag{3-2}$$

即 $\bar{\beta} = \dfrac{I_{\mathrm{C}}}{I_{\mathrm{B}}}$，$\bar{\beta}$ 称为晶体管的直流电流放大倍数。它是描述晶体管基极电流对集电极电流控制能力大小的物理量，体现了晶体管的电流放大能力。晶体管的 $\bar{\beta}$ 大，基极电流对集电极电流控制的能力就大。$\bar{\beta}$ 是由晶体管的结构来决定的，一个晶体管做成以后，其 $\bar{\beta}$ 就确定了。

3）当 I_{B} 有微小变化时，I_{C} 即有较大的变化。例如，当 I_{B} 由 $10\mu\mathrm{A}$ 变到 $20\mu\mathrm{A}$ 时，集电极电流 I_{C} 则由 1.04mA 变为 2.06mA。这时基极电流 I_{B} 的变化量为 $\Delta I_{\mathrm{B}} = 0.02\mathrm{mA} - 0.01\mathrm{mA} = 0.01\mathrm{mA}$，而集电极电流的变化量为 $\Delta I_{\mathrm{C}} = 2.06\mathrm{mA} - 1.04\mathrm{mA} = 1.02\mathrm{mA}$，这种用基极电流的微小变化来使集电极电流做较大变化的控制作用，就叫作晶体管的电流放大作用。

我们把集电极电流变化量 ΔI_{C} 和基极电流变化量 ΔI_{B} 的比值叫作晶体管交流电流放大系数，用 β 表示，即 $\beta = \Delta I_{\mathrm{C}} / \Delta I_{\mathrm{B}}$。对于图 3-11 所示电路，则 $\beta = 1.02\mathrm{mA} / 0.01\mathrm{mA} = 102$。

在工程计算时，可认为 $\bar{\beta} = \beta$。

3.3.3　晶体管的特性曲线

晶体管的特性曲线是描述晶体管各个电极之间电压与电流关系的曲线，是晶体管内部载流子运动规律在晶体管外部的表现。晶体管的特性曲线反映了晶体管的技术性能，是分析放大电路技术指标的重要依据。晶体管特性曲线可在晶体管图示仪上直观地显示出来，也可从手册上查到某一型号晶体管的典型曲线，还可以用实验电路测得数据，然后逐点描出。晶体

管的特性曲线分为输入特性曲线和输出特性曲线。

共发射极晶体管放大电路的特性曲线可用图 3-12a 所示电路测试得出。下面以 NPN 型晶体管为例，来讨论晶体管共射电路的特性曲线。

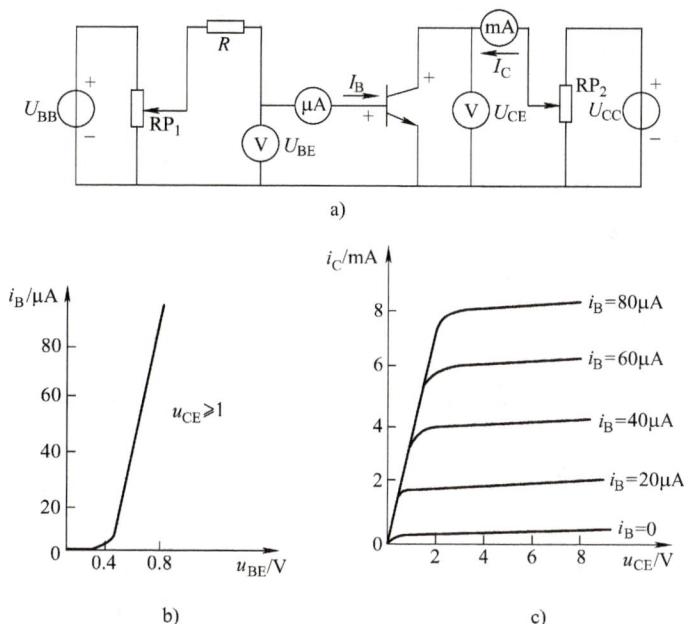

a)

b)

c)

图 3-12　晶体管特性的测试

a）测试电路　b）输入特性曲线　c）输出特性曲线

1. 输入特性曲线

当晶体管集电极与发射极之间的电压 u_{CE} 为某定值时，基极电流 i_B 与发射结电压 u_{BE} 的关系称为晶体管的输入特性。这一关系可表示为

$$i_B = f(u_{BE})\big|_{u_{CE}=常数}$$

图 3-12b 为实测的输入特性曲线。显然，这一曲线与二极管正向特性曲线相似。在输入特性曲线上也有一个开启电压，在开启电压内，u_{BE} 虽已大于零，但 i_B 几乎仍为零，只有当 u_{BE} 的值大于开启电压后，i_B 的值与二极管一样随 u_{BE} 的增加按指数规律增大。硅晶体管的开启电压约为 0.5V，发射结导通电压 U_{on} 为 0.6 ~ 0.7V；锗晶体管的开启电压约为 0.2V，发射结导通电压为 0.2 ~ 0.3V。

因晶体管工作在放大状态时，集电结要反偏，u_{CE} 必须大于1V，所以只要给出 $u_{CE} = 1V$ 时的输入特性就可以了。

2. 输出特性曲线

输出特性曲线是晶体管在输入电流 i_B 保持不变的前提下，集电极电流 i_C 和管压降 u_{CE} 之间的函数关系，即

$$i_C = f(u_{CE})\big|_{i_B=常数}$$

图 3-12c 为实测的输出特性曲线。该曲线的测试过程如下：调节 R_P 使 $i_B = 40\mu A$，维持这一值不变，逐渐调大 U_{CC}，可测得图 3-12c 中 $i_B = 40\mu A$ 所示的曲线。当取不同的 I_B 值时，可得到图 3-12c 中所示的曲线族。从输出特性曲线可看出：

1）曲线起始部分较陡。$u_{CE} = 0$，$i_C = 0$，$u_{CE} \uparrow \rightarrow i_C \uparrow$，说明 i_C 与 u_{CE} 成正比。

2）当 u_{CE} 增加到大于 1V 时，曲线变化逐渐趋于平稳。u_{CE} 进一步增大，曲线也不再产生显著变化，而呈现一条基本与横轴平行的直线。

3. 晶体管的工作状态

在晶体管的输出特性曲线上，可以把晶体管的工作状态分为 3 个区域，即放大区、截止区和饱和区，如图 3-13 所示。

（1）放大状态

晶体管处于放大状态的条件是发射结正偏和集电结反偏。这就是输出特性曲线上 $i_B > 0$ 和 $u_{CE} > 1V$ 的区域，把这个区域叫放大区。

晶体管在放大区的特征是：i_C 由 i_B 决定，而与 u_{CE} 关系不大。即 i_B 固定时，i_C 基本不变，具有恒流的特性。改变 i_B，则可以改变 i_C，而且 i_B 远小于 i_C，表明 i_C 是受控制的受控电流源，有电流放大作用。

（2）截止状态

当晶体管的基极开路或发射结处于反向偏置时，晶体管处于截止状态。

从特性曲线上来看，$i_B = 0$ 的那条曲线以下的区域即为截止区，如图 3-13 所示。在此区域内，晶体管没有放大作用。

当晶体管截止时，c、e 之间的电压基本上等于 U_{CC}，而 $i_C \approx 0$，故晶体管呈现出高电阻，c、e 之间相当于断路，截止状态的晶体管相当于一个断开的开关。

（3）饱和状态

当发射结、集电结都处于正向偏置时，晶体管处于饱和状态。当集电极外接电阻 R_C 阻值很大，或者基极电流 i_B 较大时，就会出现这种情况。

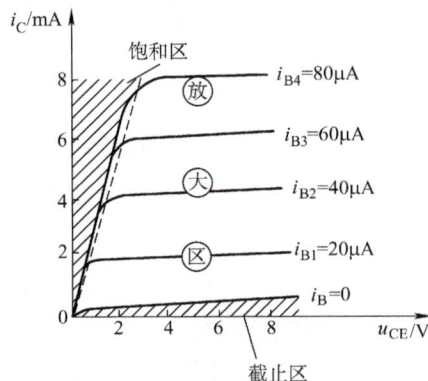

图 3-13　晶体管的 3 个工作区

在输出特性曲线上，饱和区确切范围不易明显地画出，它大致在曲线族的左侧，u_{CE} 较小的区域（$u_{CE} < u_{BE}$），如图 3-13 所示。

当晶体管处于饱和状态时，尽管增大基极电流 i_B 的值，集电极电流 i_C 却基本保持不变，此时晶体管失去了放大作用。饱和时，晶体管 c 与 e 间的电压记作 U_{CES}，称为饱和压降。一般规定小功率硅管的 $U_{CES} \approx 0.3V$，锗管 $U_{CES} \approx 0.1V$。

当给定一个晶体管的各极电压时，可以计算出 i_C 的最大饱和电流 I_{CS}，由 I_{CS} 可以计算出产生此电流所需的 I_{BS}，再由 I_{BS} 判断出晶体管是饱和状态还是放大状态。

在图 3-11 中，$I_{CS} = U_{CC}/R_C$，$I_{BS} = I_{CS}/\beta$

若基极实际电流 $i_B > I_{BS}$，晶体管饱和；$0 < i_B < I_{BS}$，晶体管工作在放大状态。

3.3.4　晶体管的主要参数

晶体管的参数用来表示管的性能，是选用晶体管的依据。其主要参数如下。

1. 共射电流放大系数 $\bar{\beta}$ 和 β

在共射极放大电路中，若交流输入信号为零，则晶体管各极间的电压和电流都是直流量，此时的集电极电流 I_C 和基极电流 I_B 的比就是 $\bar{\beta}$，$\bar{\beta}$ 称为共射直流电流放大系数。

当共射极放大电路有交流信号输入时，因交流信号的作用，必然会引起 I_B 的变化，相应的也会引起 I_C 的变化，两电流变化量的比称为共射交流电流放大系数 β，即

$$\beta = \frac{\Delta I_\mathrm{C}}{\Delta I_\mathrm{B}} \tag{3-3}$$

上述两个电流放大系数 $\bar\beta$ 和 β 的含义虽然不同，但工作在输出特性曲线放大区平坦部分的晶体管，两者的差异极小，可做近似相等处理，故在今后应用时，通常不加区分，直接互相替代使用。

由于制造工艺的分散性，同一型号晶体管的 β 值差异较大。常用的小功率晶体管，β 值一般为 $20 \sim 100$。β 过小，晶体管的电流放大作用小；β 过大，晶体管工作的稳定性差。一般选用 β 在 $40 \sim 80$ 之间的晶体管较为合适。

2. 极间反向饱和电流 I_CBO 和 I_CEO

1）集电结反向饱和电流 I_CBO 是指发射极开路，集电结加反向电压时测得的集电极电流。常温下，硅管的 I_CBO 在 nA 数量级，通常可忽略。

2）集电极 – 发射极反向电流 I_CEO 是指基极开路时，集电极与发射极之间的反向电流，即穿透电流。穿透电流的大小受温度的影响较大，穿透电流小的晶体管热稳定性好。

3. 极限参数

（1）集电极最大允许电流 I_CM

晶体管的集电极电流在相当大的范围内变化时，其 β 值基本保持不变，但当集电极电流的数值大到一定程度时，电流放大系数 β 值将下降。使 β 明显减少的集电极电流即为 I_CM。为了使晶体管在放大电路中能正常工作，集电极电流不应超过 I_CM。

（2）反向击穿电压 $U_\mathrm{(BR)CEO}$

反向击穿电压 $U_\mathrm{(BR)CEO}$ 是指基极开路时，加在集电极与发射极之间的最大允许电压。使用中如果晶体管两端的电压 $U_\mathrm{CE} > U_\mathrm{(BR)CEO}$，集电极电流将急剧增大，这种现象称为击穿。晶体管击穿将造成永久性的损坏。晶体管电路在电源 U_CC 选得过大，当晶体管截止时，有可能会使 $U_\mathrm{CE} > U_\mathrm{(BR)CEO}$，导致晶体管击穿而损坏。一般情况下，晶体管电路的电源电压 U_CC 应小于 $1/2 U_\mathrm{(BR)CEO}$。

（3）集电极最大允许耗散功率 P_CM

晶体管工作时，集电极电流在集电结上将产生热量，产生热量所消耗的功率就是集电极的功耗，此功耗将使结温升高，引起晶体管参数变化。当晶体管因受热引起的参数变化不超过允许值时，集电极所消耗的最大功率称为集电极最大允许耗散功率，用 P_CM 表示，即

$$P_\mathrm{CM} = I_\mathrm{C} U_\mathrm{CE}$$

集电极最大允许耗散功率与晶体管的结温有关，结温又与环境温度、晶体管是否有散热器等条件相关。

手册上给出的 P_CM 值是在常温下 25℃ 时测得的。硅管集电结的上限温度为 150℃ 左右，锗管为 70℃ 左右，使用时应注意不要超过此值，否则晶体管将损坏。

4. 温度对晶体管参数的影响

几乎所有的晶体管参数都与温度有关，因此不容忽视。温度对下列 3 个参数影响最大。

（1）对 β 的影响

晶体管的 β 随温度的升高将增大，温度每上升 1℃，β 值增大 $0.5\% \sim 1\%$，其结果是在相同的 I_B 情况下，集电极电流 I_C 随温度上升而增大。

（2）对穿透电流 I_{CEO} 的影响

I_{CEO} 是由少数载流子漂移运动形成的，与环境温度关系很大。I_{CEO} 随温度上升会急剧增大。温度上升 $10℃$，I_{CEO} 将增加 1 倍。由于硅管的 I_{CEO} 很小，所以温度对硅管 I_{CEO} 的影响不大。

（3）对发射结电压 U_{BE} 的影响

与二极管的正向特性一样，温度上升 $1℃$，U_{BE} 将下降 $2\sim2.5mV$。

综上所述，随着温度的上升，β 值将增大，I_C 也将增大，U_{CE} 将下降，这对晶体管放大作用不利，使用中应采取相应的措施克服温度的影响。

3.3.5　晶体管的命名方法

国家标准对晶体管的命名方法如下：

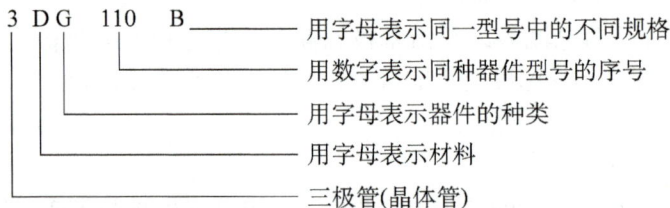

```
3  D  G  110  B ———— 用字母表示同一型号中的不同规格
                     用数字表示同种器件型号的序号
                     用字母表示器件的种类
                     用字母表示材料
                     三极管(晶体管)
```

第一位用阿拉伯数字表示电极的个数。

第二位用汉语拼音字母表示晶体管的管型及材料：A 表示锗 PNP 晶体管、B 表示锗 NPN 晶体管、C 表示硅 PNP 晶体管、D 表示硅 NPN 晶体管。

第三位用汉语拼音字母表示器件的种类：X 表示低频小功率管、D 表示低频大功率晶体管、G 表示高频小功率晶体管、A 表示高频大功率晶体管、K 表示开关管。

晶体管的各种参数已编成手册，可以根据不同的型号进行查找。

习 题 3

3.1　说明下列名词的意义，并指出它们的特点与区别。

1）自由电子、空穴、载流子。

2）导体导电、半导体导电、本征半导体导电、N 型半导体导电、P 半导体导电。

3.2　温度升高时，本征半导体导电能力为什么会增强？

3.3　什么是 PN 结的偏置？它的正向与反向偏置各有什么特点？

3.4　选择题

1）下列哪种半导体的导电性受温度影响最大？（　　）

A. 本征半导体　　　　　B. N 型半导体　　　　　C. P 型半导体

2）杂质半导体中多数载流子的浓度取决于（　　）。

A. 温度　　　　　B. 杂质浓度　　　　　C. 电子空穴对数目

3）在电场作用下，自由电子与空穴形成的电流方向（　　）。

A. 相同　　　　　B. 相反

4）P 型半导体中空穴为多数载流子，它呈现的电性为（　　）。

A. 正电　　　　　　　　B. 负电　　　　　　　　C. 电中性

5）在硅二极管上分别加上正向的 0.5V 与 0.7V 的电压时，二极管呈现的电阻（　　）。

A. 0.5V 时大　　　　　B. 0.7V 时大　　　　　C. 一样大

6）若用万用表欧姆档测量二极管的正向电阻时，测得的电阻最小时使用的是（　　）档。

A. ×10　　　　　　　　B. ×100　　　　　　　　C. ×1000

7）晶体管工作在放大区时，b–e 结为（　　），b–c 结为（　　）；工作在饱和区时 b–e 结为（　　），b–c 结为（　　）。

A. 正向偏置　　　　　　B. 反向偏置

8）NPN 型与 PNP 型晶体管的主要区别是（　　）。

A. 由两种材料硅和锗组成　　B. 掺入的杂质不同　　C. N 区与 P 区的位置不同

9）晶体管工作在放大区时，当基极电流由 $20\mu A$ 增加到 $40\mu A$ 时，集电极从 1mA 增加到 2mA，它的放大倍数 β 为（　　）。

A. 10　　　　　　　　B. 50　　　　　　　　C. 100

3.5　如何用较简单的办法测试稳压管的极性和好坏？

3.6　两个硅稳压管，VZ_1 稳定电压为 6V，VZ_2 稳定电压为 9V。把两者串联时可得到几种稳压值？把两者并联时又如何？

3.7　双极型晶体管有两个 PN 结。如果仿照这种结构，用两个二极管反向串联，并提供必要的外部偏置条件，能获得与晶体管相似的电流控制和放大作用吗？为什么？

3.8　对晶体管，$I_C \gg I_B$，是否在这个意义上说它有电流放大作用？反之，$I_C < I_E$，是否就没有放大作用？

3.9　怎样利用万用表判断出晶体管的 3 个极和类型（NPN 或 PNP 型）？

第4章　基本放大电路

放大电路的功能是利用晶体管的电流控制作用，把微弱的电信号（简称信号，指变化的电压、电流、功率）不失真地放大到所需要的数值，实现将直流电源的能量转化为按输入信号规律变化的且具有较大能量的输出信号。所以放大电路的实质，是一种用较小的能量去控制较大能量的能量控制装置。

从本节开始，将讨论几种基本放大电路的结构、工作原理、性能指标、基本分析方法等。

学习目标：
1. 掌握晶体管放大电路的基本组成。
2. 掌握晶体管放大电路的分析方法。
3. 掌握多级放大电路的组成。

素养目标：
1. 训练学生思考问题、解决问题的能力。
2. 培养良好的职业素养和创新意识。

4.1　放大的基础知识

4.1.1　放大的概念

党的二十大报告指出，"必须坚持科技是第一生产力、人才是第一资源、创新是第一动力，深入实施科教兴国战略、人才强国战略、创新驱动发展战略，开辟发展新领域新赛道，不断塑造发展新动能新优势。"

电子设备常常需要把一些微弱信号放大到便于测量和利用的程度。如收音机天线接收到的无线电信号、传感器得到的信号，有时只有微伏或毫伏的数量级，必须经过放大才能驱动扬声器或者进行观察、记录和控制。

所谓放大，其本质是能量的控制和转换，是在输入信号作用下，通过放大电路将直流电源的能量转换成负载所获得的能量，使负载从电源获得的能量大于信号源所提供的能量。因此，电子电路放大的基本特征是功率放大，即负载上总是获得比输入信号大得多的电压或电流，有时兼而有之。

放大的前提是不失真，即只有在不失真的情况下放大才有意义，晶体管是放大电路的核心元件，只有它工作在合适的区域（晶体管工作在放大区），才能使输出量与输入量始终保持线性关系，即电路才不会产生失真。

共（发）射极连接的单管交流放大电路是晶体管放大电路的基本形式。下面以简单的共射电路为例，介绍放大电路的组成。

4.1.2 放大电路的基本组成及各元件的作用

图 4-1a 所示电路是阻容耦合的单管共发射极（简称共射）放大电路（图 4-1b 为习惯画法），它由信号源、直流电源、晶体管、电阻电容等元器件组成，信号源电压 u_i 从 AB 端输入，放大后的信号电压 u_o 从 CD 端输出。

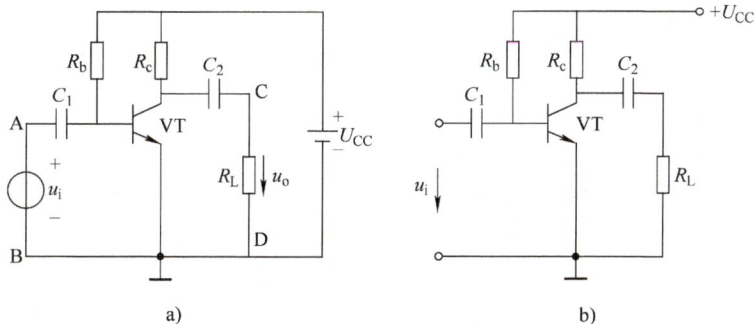

放大电路组成及
各元件的作用

图 4-1 共射基本放大电路
a）共射电路 b）习惯画法

电路中各元件的作用如下。

VT：NPN 型晶体管，起放大作用，是整个放大电路的核心元件。

U_{CC}：直流电源。作用有两方面：一方面为发射结提供正向偏置电压，保证晶体管处于放大状态；另一方面为集电结提供反向偏置电压，为放大电路提供能量。对小功率放大器电路来说，U_{CC} 一般取十几伏。

R_b：基极偏置电阻，它和电源 U_{CC} 一起为基极提供一个合适的基极电流 I_b（常称为偏流），以保证 BT 不失真地放大，其值一般为几十千欧至几百千欧。

另外，当 U_{CC} 一定时，通过改变 R_b 可给基极提供一个合适的基极电流 I_b，这个电流通常称为偏置电流，简称为偏流。只有具备合适的偏流，输出电压才不会失真。

R_c：集电极电阻。它将集电极电流 i_c 的变化转换成集电极 – 发射极之间电压 U_{CE} 的变化，实现电压放大。

C_1、C_2：分别称为输入端和输出端的耦合电容。利用电容对直流阻抗无穷大、对交流阻抗很小的特点，通过 C_1 把交流信号耦合到晶体管，同时隔断电路与信号源之间的直流通路；通过 C_2 从晶体管集电极把交变输出信号送给负载，同时隔离集电极与负载之间的直流通路。所以，C_1、C_2 的作用既隔离了放大器与信号源、负载之间的直流干扰，又保证了交流信号的畅通。耦合电容的容量较大，一般是几微法至几十微法的电解电容，连接时应注意极性。

4.2 放大电路的分析方法

对于一个放大电路的分析，一般包括两方面的内容：静态工作情况和动态工作情况。前者主要确定静态工作点，后者主要研究放大电路的性能指标。

当输入信号为零（$u_i = 0$）时，放大电路只有直流电源作用，各处的电压和电流都是直流量，称为直流工作状态或静止状态，简称静态。这时晶体管各极电流和各极之间的电压分别用 I_B、I_C 和 U_{BE}、U_{CE} 表示，它们代表着输入、输出特性曲线上的一个点，所以习惯上称它们为静态工作点，简称 Q 点。

分析放大电路就是在理解放大电路工作原理的基础上求解静态工作点和各项动态参数。本节以 NPN 型晶体管组成的基本共射放大电路为例，针对电子电路中存在晶体管等非线性器件，且直流量与交流量共存的特点，提出分析方法。

4.2.1 直流通路和交流通路

通常，在放大电路中，直流电源的作用和交流信号的作用总是共存的，即静态电流、电压和动态电流、电压总是共存的。但是由于电容、电感等电抗元件的存在，直流量所流经的通路与交流信号所流经的通路不完全相同。因此为了研究问题方便起见，常把直流电源对电路的作用和输入信号对电路的作用分开来，分成直流通路和交流通路。

直流通路是在直流电源作用下，直流电流流经的通路，也就是静态电流流经的通路，用于研究静态工作点。对于直流通路：①电容视为开路；②电感线圈视为短路；③信号源视为短路，但应保留其内阻。

交流通路是输入信号作用下交流信号流经的通路，用于研究动态参数。对于交流通路：①容量大的电容（如耦合电容）视为短路；②无内阻的直流电源（如 $+U_{CC}$）视为短路。

根据上述原则，图 4-1 所示基本共射放大电路的直流通路与交流通路如图 4-2 所示。

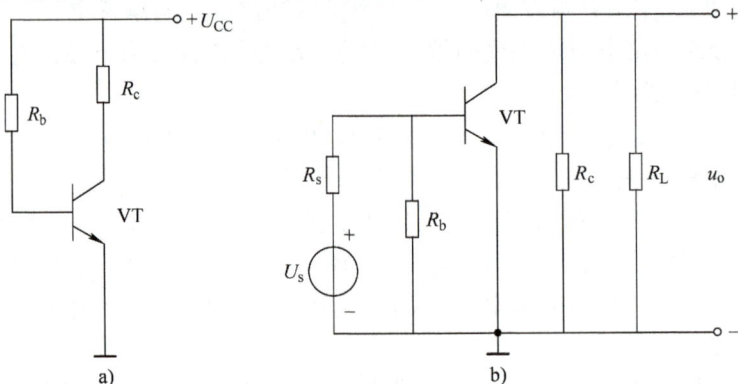

图 4-2 基本共射放大电路的直流通路与交流通路

4.2.2 放大电路的静态分析

静态工作点可以由放大电路的直流通路估算法求得，也可以由图解法确定。

1. 用估算法确定静态工作点

由于晶体管导通时，U_{BE} 变化很小，可视为常数。一般情况下硅管的 U_{BE} 为 0.6 ~ 0.8V，取 0.7V；锗管的 U_{BE} 为 0.1 ~ 0.3V，取 0.2V。这就是工程近似估算法的理论基础。

根据放大电路的直流通路，可以估算出该放大电路的静态工作点。

在图 4-2a 中不难得出：

$$I_{BQ} = \frac{U_{CC} - U_{BE}}{R_b}$$

$$I_{CQ} = \beta I_{BQ}$$

$$U_{CEQ} = U_{CC} - I_{CQ}R_C$$

【例 4-1】 在图 4-1a 电路中，已知 $R_b = 280\text{k}\Omega$，$R_c = 3\text{k}\Omega$，$U_{CC} = 12\text{V}$，$\beta = 50$，求电路的静态工作点。

解：由图 4-2 所示直流通路得：

$$I_{BQ} = \frac{U_{CC} - U_{BE}}{R_b} = \frac{12 - 0.7}{280 \times 10^3}\text{A} = 40\mu\text{A}$$

$$I_{CQ} = \beta I_{BQ} = 50 \times 40\mu\text{A} = 2\text{mA}$$

$$U_{CEQ} = U_{CC} - I_{CQ}R_c = (12 - 2 \times 3)\text{V} = 6\text{V}$$

静态工作点是放大电路正常工作的重要保证，而静态工作点与电路参数有关。R_b、R_c、U_{CC} 大小的变化，会影响交流信号的动态范围，或导致信号的正、负半周动态范围减小，容易引起截止失真或饱和失真。

2. 用图解法确定静态工作点

放大电路的图解法，就是在 BJT 输入、输出特性曲线上，用作图的方法来分析放大电路的静态工作情况或动态波形变化工作情况。

用图解法确定放大电路静态工作点的步骤如下。

在晶体管的输入回路中，静态工作点既应在晶体管的输入特性曲线上，又应满足外电路的回路方程：

$$U_{BE} = U_{BB} - I_B R_b$$

在输入特性坐标系中，画出上式所确定的直线，它与横轴的交点为（U_{BB}，0），与纵轴的交点为（0，U_{BB}/R_b），斜率为 $-1/R_b$。直线与曲线的交点就是静态工作点 Q。其横坐标值为 U_{BEQ}，纵坐标值为 I_{BQ}，如图 4-3 中所示。

与输入回路相似，在晶体管的输出回路中，静态工作点应在 $I_B = I_{BQ}$ 这条输出特性曲线上，又应满足外电路的回路方程：

$$U_{CE} = U_{CC} - I_C R_c$$

在输出特性坐标系中，画出上式所确定的直线，它与横轴的交点为（U_{CC}，0），与纵轴的交点为（0，U_{CC}/R_c），斜率为 $-1/R_c$，并且找到 $I_B = I_{BQ}$ 这条输出特性曲线，该曲线与上述直线的交点就是静态工作点 Q，其纵坐标值为 I_{CQ}，横坐标值为 U_{CEQ}，如图 4-4 所示。

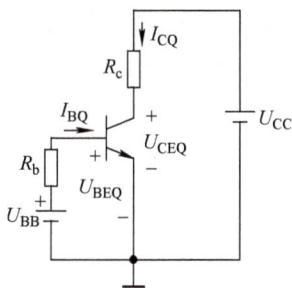

图 4-3 输入回路的图解分析   图 4-4 输出回路的图解分析

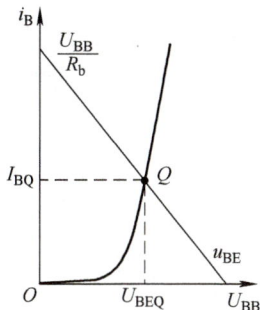

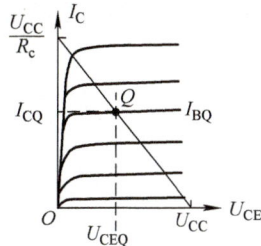

4.3　放大电路的动态分析

　　放大电路输入端接入输入信号 u_i 后的工作状态，称为动态。在动态时，放大电路在输入电压 u_i 和直流电源 U_{CC} 共同作用下工作。这时，电路中既有直流分量又有交流分量，各极的电流和各极间的电压都在静态值的基础上叠加一个随输入信号 u_i 做相应变化的交流分量。一般用放大电路的交流通路来分析放大电路中各个交流量的变化规律及动态性能。

放大电路的动态分析

4.3.1　晶体管的微变等效电路模型

　　当输入信号变化的范围很小时，可以认为晶体管电压、电流变化量之间的关系基本上是线性的，即在一个很小的范围内，在静态工作点附近，输入特性和输出特性均可近似地看作是一段直线。因此，就可以给晶体管建立一个小信号的线性模型，如图 4-5 所示，晶体管的 b、e 之间可以用一个电阻 r_{be} 来表示，c、e 之间可以用一个受控电流源来表示，这就是晶体

图 4-5　晶体管微变等效模型

管的微变等效电路。利用微变等效电路可以将含有非线性元件（晶体管）的放大电路转化为我们熟悉的线性电路，然后，就可利用电路分析的有关方法求解。

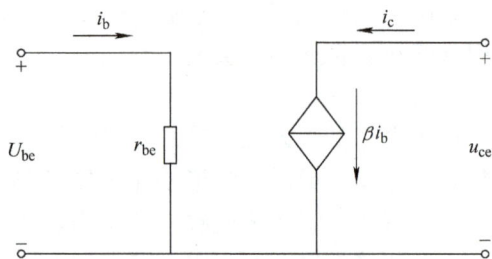

　　电阻 r_{be} 的数值，其估算公式为

$$r_{be} \approx 200\Omega + (1 + \beta)26(mV)/I_{EQ}(mA)$$

　　其中，I_{EQ} 是发射极静态电流，对于小功率晶体管，当 I_{EQ} 为 $1 \sim 2mA$ 时，r_{be} 约为 $1k\Omega$。而电阻 r_{ce} 数值较大，如果把晶体管的输出电路看作电流源，r_{ce} 也就是电流源的内阻。

　　其输入端等效为输入电阻 r_{be}，输出端等效为可控电流源，其内阻为 r_{ce}（与电流源并联），由于 r_{ce} 一般较大，所以可以忽略不计。

4.3.2　放大电路的性能指标

　　放大电路动态分析的目的就是要通过分析计算求出放大电路的性能指标。放大电路的性能指标有许多种，我们只介绍几个反映放大器性能的基本性能指标，在图 4-6 中标出相应的参数。

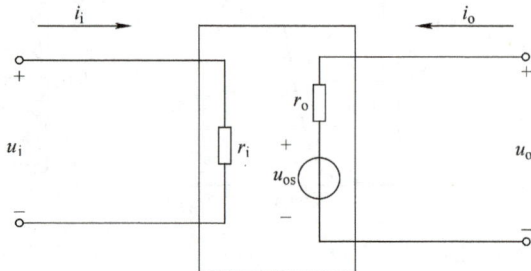

图 4-6　放大电路的参数

1）放大倍数。放大倍数是用于衡量放大电路放大能力的性能指标，常用的有电压放大倍数、电流放大倍数和功率放大倍数。

电压放大倍数 A_u：是衡量放大电路的电压放大能力的指标。它定义为输出电压与输入电压之比，即

$$A_u = \frac{u_o}{u_i}$$

电流放大倍数 A_i：输出电流与输入电流之比，即

$$A_i = \frac{i_o}{i_i}$$

功率放大倍数 A_p：输出功率与输入功率之比，即

$$A_p = \frac{p_o}{p_i}$$

实际工作中，放大倍数常用对数表示。当采用对数表示时，放大倍数叫作增益，单位为分贝（dB），定义如下：

$$电压增益 \ G_u = 20\lg|A_u|$$
$$电流增益 \ G_i = 20\lg|A_i|$$
$$功率增益 \ G_p = 10\lg|A_p|$$

2）输入电阻 r_i。输入电阻是从输入端看进去的放大电路的等效电阻，可以衡量放大电路对信号源的影响。当信号频率不高时，电抗效应不考虑。则有

$$r_i = \frac{u_i}{i_i}$$

对多级放大电路，本级的输入电阻又构成前级的负载，表明了本级对前级的影响。对输入电阻的要求视具体情况而不同。进行电压放大时，希望输入电阻要高，进行电流放大时，又希望输入电阻要低；有时候又要求阻抗匹配，希望输入电阻为某一特殊的数值。

3）输出电阻 r_o。输出电阻是从输出端看进去的放大电路的等效电阻，用 r_o 表示。

由微变等效电路求输出电阻的方法，一般是将输入信号源 u_s 短路（电流源开路），注意应保留信号源内阻。然后在输出端外接电源 u_2，并计算出该电压源供给的电流 i_2，则输出电阻由下式算出：

$$r_o = \frac{u_2}{i_2}$$

输出电阻高低表明了放大器所能带动负载的能力。r_o 越小，表明带负载能力越强。

4.3.3 放大电路的性能分析

由晶体管的微变等效模型和图 4-2 放大电路的交流通路，可得出图 4-7 所示的放大电路的微变等效电路。

1）电压放大倍数的计算：

$$u_i = u_{be} = i_b r_{be}$$
$$u_o = -i_o(R_L//R_c)$$
$$i_o = -i_c = -\beta i_b$$

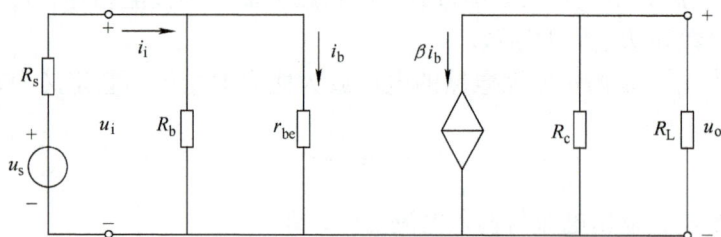

图 4-7　放大电路的微变等效电路

$$A_u = \frac{u_o}{u_i} = -\beta(R_L /\!/ R_c)/r_{be}$$

若令 $R'_L = R_L /\!/ R_c$，则 $A_u = -\beta R'_L/r_{be}$。

上式中的负号表示输出电压 u_o 与输入电压 u_i 的相位相反。当放大电路的输出端开路（未接 R_L）时，

$$A_u = -\beta R_c/r_{be}$$

2）放大电路输入电阻的计算：

$$r_i = u_i/i_i = R_B /\!/ r_{be}$$

当 R_B 比 r_{be} 大很多时，$r_i \approx r_{be}$。它是对交流信号而言的一个动态电阻。

3）放大电路输出电阻的计算：

放大电路对负载（或后级放大电路）来说是一个信号源，其内阻即为放大电路的输出电阻。它是一个动态电阻。如果放大电路的输出电阻较大，当负载变化时，输出电压的变化较大，也就是放大电路带负载的能力较差。因此，通常希望放大电路输出级的输出电阻低一些。

放大电路的输出电阻可在信号源短路和输出端开路的条件下求得。以放大电路为例，从它的微变等效电路看出，当 $U_i = 0$，$i_b = 0$ 时，i_c 也为零。共射极放大电路的输出电阻是从放大电路的输出端看进去的一个电阻。因为晶体管的输出电阻 r_{ce}（也和恒流源 βi_b 并联）很高，故

$$r_o \approx R_c$$

R_c 一般为几千欧，因此共射极放大电路的输出电阻较高。

通常计算 r_o 时可将信号源短路，在输出端加一交流电压 u_o，以产生一个电流 i_o，则放大电路的输出电阻为 $r_o \approx \dfrac{u_o}{i_o}$。

4.4　三种基本组态放大电路的分析

晶体管组成的基本放大电路有共射、共集、共基 3 种接法，即除了前面所述的共射放大电路外，还有以集电极为公共端的共集放大电路和以基极为公共端的共基放大电路。它们的组成原则和分析方法完全相同，但动态参数具有不同的特点，使用时要根据需求合理选用。

4.4.1 共集电极放大电路

电路如图 4-8 所示,信号从基极输入,射极输出,故又称为射极输出器,等效电路如图 4-8b所示。

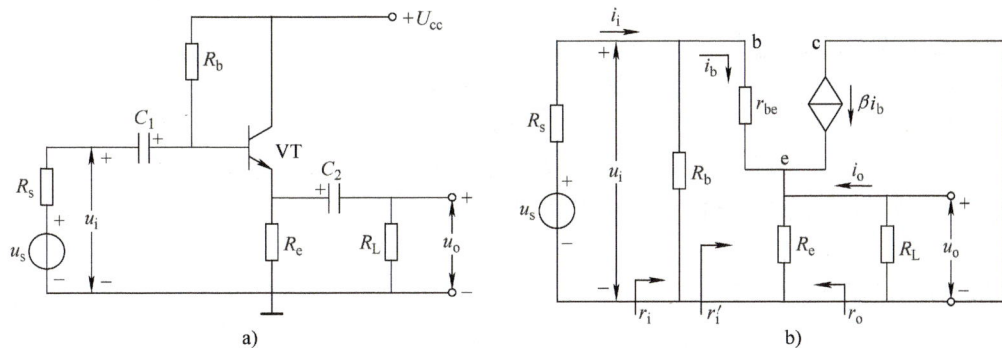

图 4-8 共集电极放大电路及等效电路

a)共集电极放大电路 b)共集电极放大电路的等效电路

(1)电压放大倍数 A_u 为

$$A_u = u_o / u_i$$

$$u_o = (1+\beta) i_b R'_L, \qquad R'_L = R_e // R_L$$

$$u_i = I_b r_{be} + (1+\beta) R'_L i_b$$

$$A_u = \frac{u_o}{u_i} = \frac{(1+\beta) R'_L}{r_{be} + (1+\beta) R'_L}$$

通常 $(1+\beta) R'_L \gg r_{be}$,所以 A_u 略小于 1(接近于 1),即共集电极放大电路的电压放大倍数小于 1 而接近于 1,且输出电压与输入电压同相位,故又称为射极跟随器。

(2)电流放大倍数 A_i 为

$$A_i = i_o / i_i = - i_e / i_b = - (1+\beta) i_b / i_b = - (1+\beta)$$

由此可见,共集电极放大电路具有对电流的放大作用。

(3)输入电阻 r_i 为

$$r_i = R_b // r'_i$$

$$r'_i = u_i / i_b = r_{be} + (1+\beta) R'_L$$

$$r_i = R_b // [r_{be} + (1+\beta) R'_L]$$

共集电极放大电路输入电阻高,这是共集电极电路的特点之一。

(4)输出电阻 r_o

按输出电阻的计算方法,信号源 u_s 短路,在输出端加入 u_2,求出电流 i_2,则有:

$$r_o = u_2 / i_2$$

其等效电路如图 4-9 所示。经计算可得

$$r_o = \frac{u_2}{i_2} = R_e // \frac{R'_s + r_{be}}{1+\beta}$$

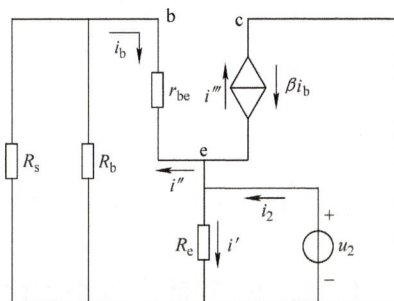

图 4-9 求 r_o 等效电路

式中，$R'_s = R_s // R_b$。r_o 是一个很小的值。输出电阻小，这是共集电极电路的又一特点。

4.4.2 共基极放大电路

共基极放大电路是从发射极输入信号，从集电极输出信号。电路和等效电路如图4-10所示。

（1）电压放大倍数 A_u 为

$$u_o = -\beta i_b R'_L, \qquad R'_L = R_c // R_L$$

$$u_i = -i_b r_{be}$$

$$A_u = u_o / u_i = (-\beta i_b R'_L) / (-i_b r_{be}) = \beta R'_L / r_{be}$$

式子与共发射极相同，但输出与输入同相。

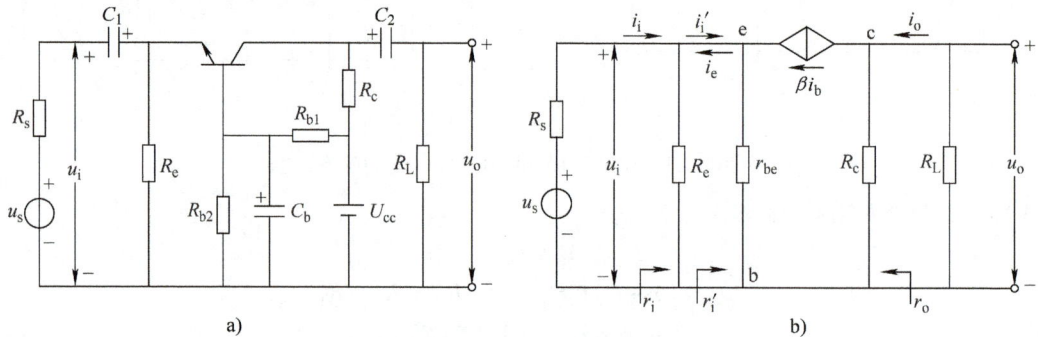

图 4-10 共基极放大电路和等效电路

a）共基极放大电路 b）共基极放大电路的等效电路

（2）输入电阻 r_i 为

$$r_i = R_e // r'_i$$

$$r'_i = u_i / i'_i$$

$$u_i = -i_b r_{be}$$

$$i'_i = -i_e = -(1 + \beta) i_b$$

$$r_i = R_e // r'_i = R_e // [r_{be} / (1 + \beta)] \approx r_{be} / (1 + \beta)$$

与共发射极放大电路相比，其输入电阻减小。

（3）输出电阻 r_o

当 $u_s = 0$ 时，$i_b = 0$，$\beta i_b = 0$，故

$$r_o = R_c$$

（4）电流放大倍数 A_i 为

$$i_o = i_c \qquad i_i = -i_e$$

$$A_i = i_o / i_i = i_c / (-i_e) \approx -1$$

由此可见，共基极放大电路对电流不具有放大作用。

4.4.3 三种基本放大电路的比较

三种基本放大电路的主要特点：

1）共射极放大电路的电压、电流和功率放大倍数都较大（但反向），输入、输出电阻适中，多用于多级放大电路中的中间级。

2）共集电极放大电路的电压放大倍数约为1，电流放大倍数大，输入电阻大，输出电阻小，多用于多级放大电路中的输出级。

3）共基极放大电路的电压放大倍数大，电流放大倍数约为1，输入电阻小，输出电阻大。

4.5 多级放大电路

在实际应用中，常对放大电路的性能提出多方面的要求。例如，要求一个放大电路输入电阻大于2MΩ，电压放大倍数大于2000，输出电阻小于100Ω等。仅前文所述的任何一种放大电路都不可能同时满足上述要求，这时就可选择多个基本放大电路，将它们合理连接构成多级放大电路。

4.5.1 多级放大电路的组成

多级放大电路的组成框图如图4-11所示。

对输入级的要求，与信号源的性质有关。当输入信号源为低阻电压源时，则要求输入级必须有高的输入电阻（例如用共集电极放大电路），以减少信号

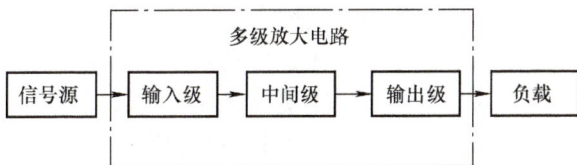

图4-11 多级放大电路的组成框图

在内阻上的损失。如果输入信号为电流源，为了充分利用信号电流，则要求输入级有较低的输入电阻（如用共基极放大电路）。

中间级的主要任务是电压放大，多级放大电路的放大倍数，主要取决于中间级，它本身就可能由几级放大电路组成。

输出级主要是推动负载。当负载仅需较大的电压时，则要求输出具有大的电压动态范围。更多场合下，输出级推动扬声器、电机等执行部件，需要输出足够大的功率，常称为功率放大电路。

4.5.2 多级放大电路的耦合方式

放大电路各级之间信号的传递方式称为耦合。常见的耦合方式有阻容耦合、直接耦合及变压器耦合，下面分别简单介绍。

1. 阻容耦合

通过电阻、电容将前级输出接至下级输入，阻容耦合放大电路如图4-12所示。从图上看实际上只需接入一个电容，但考虑到输入电阻，则每个电容都与电阻相连，故称这种连接为阻容耦合。

阻容耦合的优点：由于前后级是通过电容相连的，所以各级的静态工作点是相互独立的，不互相影响，这给放大电路的分析、设计和调试带来了很大方便。而且只要电容选得足

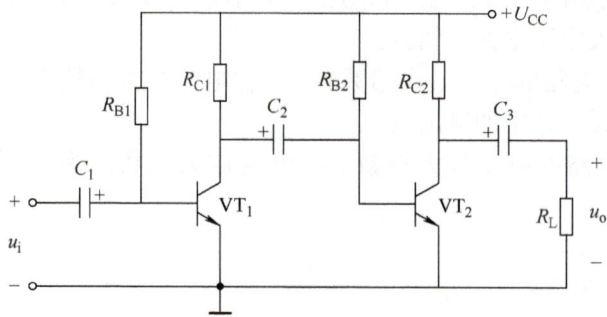

图 4-12　阻容耦合放大电路

够大，就可以使得前级输出的信号在一定的频率范围内，几乎不衰减地传到下一级。所以阻容耦合方式在分立元件组成的放大电路中得到广泛应用。

阻容耦合的缺点：不适用传送缓慢变化的信号，更不能传送直流信号；另外，大容量的电容在集成电路中难以制造，所以，阻容耦合在线性集成电路中无法采用。

2. 直接耦合

为了避免电容对低频信号带来的不良影响，去掉图 4-12 中的耦合电容，将前级输出直接连到下一级，称为直接耦合。

与阻容耦合方式相比，直接耦合电路可以放大缓慢变化的信号甚至是直流信号，同时，由于不再有电容器，所以便于集成，在集成电路中一般采用直接耦合方式。但由于不再有电容的隔直流作用，所以各级电路的静态工作点不独立，存在相互影响，同时存在明显的零点漂移现象。

3. 变压器耦合

图 4-13 所示电路是变压器耦合的多级放大电路，通过变压器把前级的交流信号传送到后级。而直流电压和电流通不过变压器。变压器耦合主要用于功率放大电路。它的优点是不仅实现交流的传送而直流不能通过，而且可变换电压和实现阻抗匹配。但缺点是体积大、重量重、频率特性差。

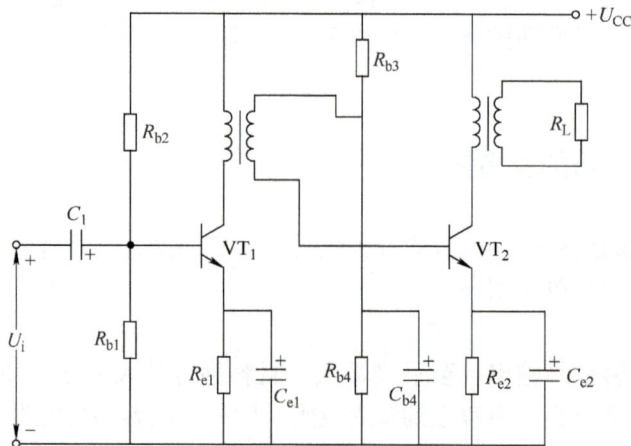

图 4-13　变压器耦合的多级放大电路

4.5.3　多级放大电路的性能指标

1. 电压放大倍数

多级放大电路如图 4-14 所示，其电压放大倍数为

$$A_u = u_o/u_i = (u_{o1}/u_{i1})(u_{o2}/u_{i2})(u_{o3}/u_{i3}) = A_{u1} \times A_{u2} \times A_{u3}$$

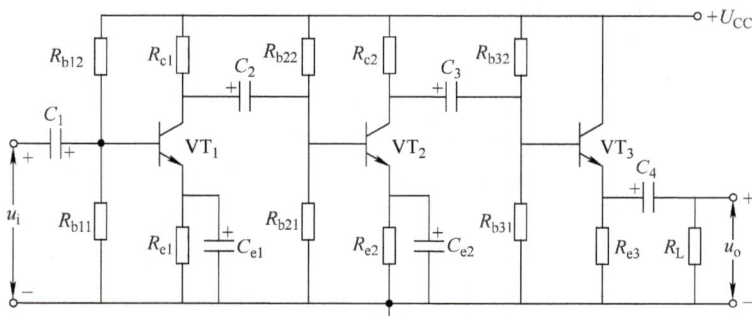

图 4-14　多级放大电路

上式说明多级放大电路的电压放大倍数等于各级电压放大倍数的乘积。但要注意计算每级电路的放大倍数时要考虑下级电路输入电阻的影响，因为下级电路的输入电阻相当于本级电路的负载。

2. 输入输出电阻

一般来说，多级放大电路的输入电阻就是考虑后级影响后的输入级的输入电阻，而输出电阻就是考虑前级对后级的影响后输出级的电阻。由于多级放大电路的放大倍数为各级放大倍数的乘积，所以，在设计多级放大电路的输入和输出级时，主要考虑输入电阻和输出电阻的要求，而放大倍数的要求由中间级完成。

具体计算输入电阻和输出电阻时，可直接利用已有的公式。但要注意，有的电路形式要考虑后级对输入电阻的影响和前一级对输出电阻的影响。

拓展阅读　我国第一只晶体管的诞生

1956 年 11 月，在北京中国科学院应用物理研究所小楼第二层的半导体器件实验室里，我国的第一只晶体管诞生了，整个实验室充满了喜悦。由此，我国进入了半导体新纪元。

我国第一只晶体管研制成功产生了很大反响，时任中国科学院院长郭沫若视察这一成果时，连连称赞这是了不起的成就。《人民日报》随后在第一版刊登了这则消息，极大地振奋了人心，开创了我国在多领域以半导体器件替代电子管以及以半导体器件开创新的科学领域的事业，吹响了"向科学进军"的号角。

近十几年来，我国的集成电路产业每年以两位数的速度在发展，我国正在努力缩小与世界的差距，这与当年那批有志于献身中国半导体事业的前辈的努力是分不开的。可以说，正是这段不该被遗忘的历史，为中国现在半导体技术跃进到高水平并成为世界力量做好了铺垫。

习　题　4

4.1　在图 4-1 中，C_1 和 C_2 的作用是什么？

4.2　在图 4-1 基本共射放大电路中，已知：$U_{CC} = 12V$，$R_b = 400k\Omega$，$R_c = 3k\Omega$，$R_L = 3k\Omega$，晶体管为硅管，电流放大系数 $\beta = 100$，试求出：1）静态工作点 Q；2）电压放大倍数 A_u；3）输入电阻 r_i 和输出电阻 r_o。

4.3　在图 4-1 所示放大电路中，已知 $U_{CC} = 12V$，$\beta = 50$，如果要求 $U_{CEQ} = 4V$，$I_{CQ} = 4mA$，试算 R_c 和 R_b 应取多大？

4.4　在图 4-15 所示分压偏置放大电路中，已知：$U_{CC} = 16V$，$R_{b1} = 14k\Omega$，$R_{b2} = 2k\Omega$，$R_c = 10k\Omega$，$R_e = 1.3k\Omega$，$R_L = 20k\Omega$，$\beta = 50$，$r_{be} = 1k\Omega$，$U_{BEQ} = 0.7V$。试求静态工作点。

4.5　在图 4-16 所示电路中，已知 $U_{CC} = 12V$，$R_b = 200k\Omega$，$R_c = 2k\Omega$，$R_L = 4k\Omega$，$C_1 = C_2 = 50\mu F$。晶体管为硅管，电流放大系数 $\beta = 50$。1）求放大电路的静态工作点；2）计算输入电阻 r_i 和输出电阻 r_o；3）分别计算 $R_L = \infty$ 和 $R_L = 4k\Omega$ 时的电压放大倍数。

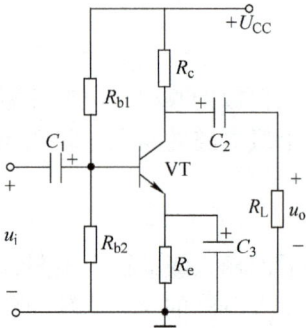

图 4-15　习题 4.4 图　　　　　　　　　图 4-16　习题 4.5 图

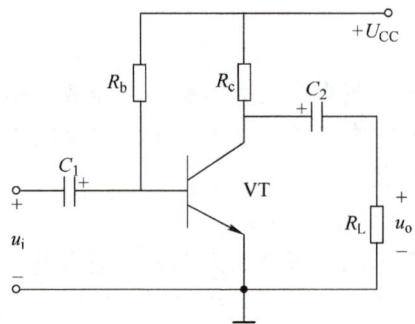

4.6　多级放大电路中常用的级间耦合方式有哪几种？各有什么特点？

第5章　集成运算放大器及其应用

现今随着电子器件制造工艺的不断创新和发展，分立器件构成的放大电路基本上被集成器件取代。在模拟电路中应用最广的为集成运算放大器。

本章将讨论集成运算放大器的组成、主要指标及其运算电路和分析方法。

学习目标：
1. 掌握集成运放的基本特性。
2. 掌握集成运放中反馈的作用。
3. 掌握运放在信号运算方面的应用。

素养目标：
1. 训练学生思考问题、解决问题的能力。
2. 培养学生的科学精神和态度。

5.1　集成运算放大器简介

5.1.1　集成运算放大器的组成和符号

党的二十大报告指出，"以国家战略需求为导向，集聚力量进行原创性引领性科技攻关，坚决打赢关键核心技术攻坚战。"

集成运算放大器是利用半导体制造工艺将二极管、晶体管、电阻、电容等元器件及之间连线集成在一块半导体芯片上，完成一定功能的完整电路。集成运算放大器实际上是一种放大倍数很高的直接耦合放大电路，具有性能完备、元器件密集度高、体积小、重量轻、工作可靠及价格低等特点，在信号处理、波形转换、自动控制等领域有着广泛的应用。集成运算放大器的组成原理框图如图 5-1 所示，它由输入级、中间级、输出级和偏置电路 4 部分组成。

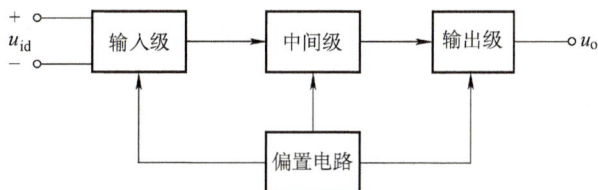

图 5-1　集成运算放大器的组成原理框图

（1）输入级

输入级又称前置级，它往往是一个双端输入的高性能差分放大电路。一般要求其输入电阻高，差模放大倍数大，抑制共模信号的能力强，静态电流小。输入级的好坏直接影响着集成运放的大多数性能参数。

（2）中间级

中间级是整个放大电路的主放大器，其作用是使集成运放具有较强的放大能力，多采用共射（或共源）放大电路。而且为了提高电压放大倍数，经常采用复合管作放大管，以恒流源作集电极负载。其电压放大倍数在千倍以上。

（3）输出级

输出级的主要作用是输出足够的电流以满足负载的需要，同时还需要有较低的输出电阻和较高的输入电阻，从而使放大级和负载隔离。输出级应具有输出电压线性范围宽、输出电阻小（即带负载能力强）、非线性失真小等特点。集成运放的输出级多采用互补输出电路。

（4）偏置电路

偏置电路用于设置集成运放各级放大电路的静态工作点。与分立元件不同，集成运放采用电流源电路为各级提供合适的集电极（或发射极、漏极）静态工作电流，从而确定合适的静态工作点。

集成运放有同相输入端和反相输入端，这里的"同相"和"反相"是指运放的输入电压与输出电压之间的相位关系，其符号如图 5-2 所示。标"－"号的端子称为反相输入端，用 u_- 表示，从该端输入信号时，输出信号的相位与输入信号的相位相反；标"＋"号的端子称为同相输入端，

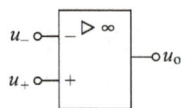

图 5-2　集成运算放大器的符号

用 u_+ 表示，由该端输入信号时，输出信号的相位与输入信号的相位相同；输出端用 u_o 表示。▷表示信号传输方向，∞表示理想运放。

5.1.2　集成运算放大器的主要参数

集成运算放大器的特性参数是评价其运算放大性能优劣的依据。

1. 极限参数

1）供电电压范围（ $+U_{CC}$、$-U_{EE}$，或 $+U_s$，$-U_s$）：加到集成运算放大器上的最小和最大允许的安全工作电源电压，称为运放的供电电压范围。

2）功耗 P_D：集成运算放大器在规定的温度范围工作时，可以安全耗散的功率。

3）工作温度范围：能保证集成运算放大器在额定的参数范围内工作的温度称为它的工作温度范围。

4）最大差模输入电压 U_{idmax}：能安全地加在集成运算放大器的两个输入端之间的最大差模电压称为最大差模输入电压。

5）最大共模输入电压 U_{icmax}：能安全地加在集成运算放大器的两个输入端的短接点与运放地线之间的最大电压称为最大共模输入电压。

2. 电气参数

（1）输入特性

1）差模输入电阻 r_{id}：指集成运算放大器对差模输入信号所呈现的电阻，即集成运算放大器两输入端之间的电阻。r_{id} 一般在 $20k\Omega \sim 2M\Omega$ 之间，理想集成运算放大器可认为 r_{id} 是无穷大。

2）输入偏置电流 I_{IB} 与输入失调电流 I_{IO}：理想集成运算放大器差动输入级的两个输入端电流完全相同，但实际集成运算放大器的输出电压为零时（$u_o = 0$），流入两个输入端的

电流 I_{B1} 和 I_{B2} 不等。I_{B1} 与 I_{B2} 之差称为输入失调电流 $I_{IO} = I_{B1} - I_{B2}$，它反映集成运算放大器输入级电流不对称程度，值越小越好。

3）输入失调电压 U_{IO}：理想的集成运算放大器在输入电压为零时（$u_i = 0$），输出为零（$u_o = 0$）。但实际上集成运算放大器的差动输入级元件参数很难做到完全对称，所以当输入电压为零时，输出电压 $u_o \neq 0$。因此，需要在输入端加一定的补偿电压才能使输出电压为零。这个补偿电压就称为输入失调电压 U_{IO}。U_{IO} 越小，表明电路匹配越好。

（2）输出特性

1）最大输出电压 U_{om}：输出开路时集成运算放大器能输出的最大不失真电压峰值。

2）最大输出电流 I_{om}：集成运算放大器在不失真条件下的最大输出电流。

3）输出电阻 r_{od}：指集成运算放大器本身输出级的开环输出电阻。r_{od} 越小说明带负载能力越强，理想集成运算放大器可视为 0。

（3）增益特性

1）差模电压放大倍数 A_{ud}：集成运算放大器差模输入时的电压放大倍数。

2）共模电压放大倍数 A_{uc}：集成运算放大器共模输入时的电压放大倍数。

3）共模抑制比 K_{CMR}：集成运算放大器差模电压放大倍数与共模电压放大倍数的比值。

$$K_{CMR} = 20\lg\left|\frac{A_{ud}}{A_{uc}}\right| \tag{5-1}$$

K_{CMR} 表示集成运算放大器对共模信号的抑制能力，值越大越好，理想值为无穷大。

4）开环电压放大倍数 A_{od}：指集成运算放大器在没有外接反馈电路时测出的差模电压放大倍数。

$$A_{od} = U_{od}/U_{id} \tag{5-2}$$

A_{od} 越大，运算精度越高，理想值为无穷大。

理想集成运算放大器的性能指标是：开环电压放大倍数 $A_{od} \to \infty$，输入电阻 $r_{id} \to \infty$，输出电阻 $r_{od} \to 0$，$K_{CMR} \to \infty$，此外没有失调、温漂等。理想集成运算放大器并不存在，但实际集成运算放大器各项指标都接近于理想值，因此分析时可视为理想运放。

5.1.3　集成运算放大器的分类

集成运算放大器有 4 种分类方法。

1. 按其用途分类

集成运算放大器按其用途分为两大类：通用型集成运算放大器、专用型集成运算放大器。

2. 按其供电电源分类

集成运算放大器按其供电电源分类，可分为两类：双电源集成运算放大器、单电源集成运算放大器。其中，单电源集成运算放大器采用特殊设计，在单电源下能实现零输入、零输出。交流放大时，失真较小。

3. 按其制作工艺分类

集成运算放大器按其制作工艺分类，可分为三类：双极型集成运算放大器、单极型集成运算放大器、双极 - 单极兼容型集成运算放大器。

4. 按运放级数分类

按单片封装中的运放级数分类，集成运算放大器可分为四类：单运放、双运放、三运放、四运放。

5.2　放大电路中的反馈

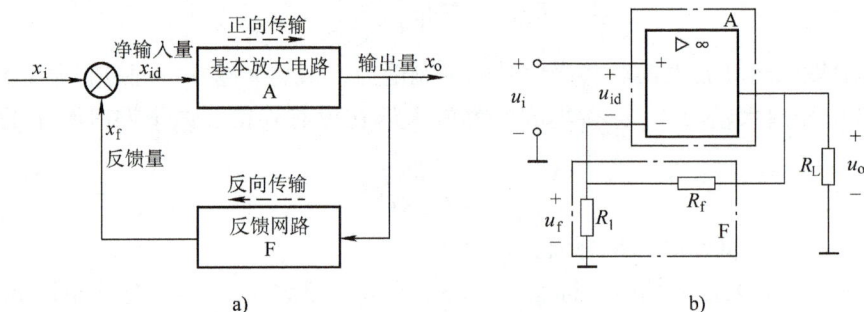

5.2.1　反馈的概念

将放大电路的输出量（电压或电流）的一部分或是全部，通过一定的方式送回输入端，来影响原输入量（电压或电流）的过程称为反馈。带有反馈的放大电路称为闭环放大电路，没有反馈的放大电路称为开环放大电路。

放大电路中的反馈

按照反馈放大电路各部分电路的主要功能可将其分为基本放大电路和反馈网络两部分，如图 5-3 所示。前者主要功能是放大信号，后者主要功能是传输反馈信号。基本放大电路的输入信号称为净输入量，它不但决定于输入信号（输入量），还与反馈信号（反馈量）有关。

图 5-3　反馈放大电路组成
a）反馈放大电路组成框图　b）反馈放大电路

5.2.2　反馈的类型

1. 正反馈和负反馈

反馈使净输入量得到增强的是正反馈；反馈使净输入量减弱的是负反馈。通常采用"瞬时极性法"判定。方法如下：

1）假定输入信号某一瞬时极性。

2）根据输入与输出信号的相位关系，确定输出信号和反馈信号的瞬时极性。

3）根据反馈信号和输入信号的连接情况，分析净输入量的变化，如果反馈信号使净输入量增强，为正反馈，减小则为负反馈。

【例 5-1】　判断如图 5-4 所示电路反馈的极性。

图 5-4a 中设 u_i 瞬时极性为 $\oplus$，信号从同相输入端输入，u_+ 为 $\oplus$，输出端 u_o 也为 $\oplus$，u_o 经 R_3、R_4 分压后得反馈电压 u_f 也为 $\oplus$，将 u_f 引回到输入电路，可看出 u_f 使净输入量增

强，故为正反馈。

在图5-4b所示电路中，设 u_i 瞬时极性为 $\oplus$，从反相输入端输入，因此 u_- 为 $\oplus$，u_o 为 $\ominus$，由于反相输入端的电位高于输出端的电位，所以反馈电流 i_f 的方向如图所示，根据基尔霍夫电流定律，可得净输入信号 $i_d = i_i - i_f$，反馈信号 i_f 增大，使得净输入信号 i_d 减小，故为负反馈。

在图5-4c所示电路中，设输入信号 u_i 瞬时极性为 $\oplus$，即晶体管基极瞬时极性为 $\oplus$，共射极电路输出电压与输入电压相位相反，所以集电极的瞬时极性为 $\ominus$，发射极的瞬时极性为 $\oplus$，因此在 R_f 上产生的电流 i_f 如图所示，净输入信号 $i_d = i_i - i_f$，反馈结果使净输入信号减小，说明电路引入了负反馈。

可见对于单级集成运放，反馈支路接在反相输入端时为负反馈，接在同相输入端时为正反馈。

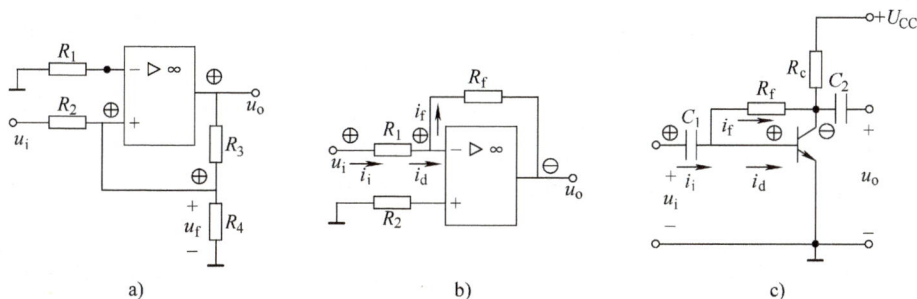

图5-4 反馈极性的判断

2. 直流反馈和交流反馈

放大电路中存在直流分量和交流分量，若反馈回来的信号是直流量为直流反馈，若是交流量则为交流反馈。

如图5-5a所示，反馈支路中 R_e 两端并联了 C_e，而电容对交流信号视为短路，所以在 R_e 上产生的反馈电压只有直流成分，故为直流反馈。如果将旁路电容 C_e 去掉，在 R_e 上产生的电压既有直流成分也有交流成分，此时为交直流反馈。

在图5-5b所示电路中，C_f 将直流量隔离，只能通过交流成分，故电路引入的是交流反馈。

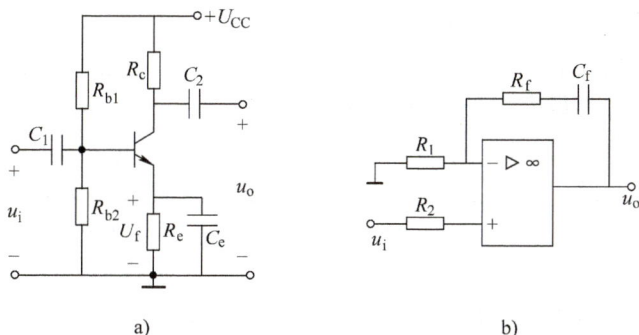

图5-5 直流反馈和交流反馈的判断

直流反馈的作用是稳定放大电路的静态工作点，而交流反馈用以改善放大电路的动态性能。

3. 电压反馈和电流反馈

反馈是将输出量送回放大器输入端，因此反馈是从输出端取样。如果反馈支路的取样对象是输出电压，则为电压反馈；如果反馈支路的取样对象是输出电流，则称为电流反馈。如图 5-5a 电路中，去掉旁路电容 C_e，在 R_e 上反馈电压等于输出回路的电流在 R_e 上产生的电压，即 $U_f = I_e R_e$，反馈电路的取样对象是输出电流，故称为电流反馈。在图 5-5b 所示电路中，其反馈电压等于输出电压 R_f 和 R_1 上的分压，即 $U_f = \dfrac{R_1}{R_1 + R_2} U_0$，可见反馈支路的取样对象是输出电压，故为电压反馈。

判断电压反馈、电流反馈的简便方法是用负载短路法。即假设将负载 R_L 短路，即 $u_o = 0$，此时若反馈量为零，就是电压反馈，否则为电流反馈。

4. 串联反馈和并联反馈

根据反馈在输入端的连接方式不同，把反馈分为串联反馈和并联反馈。反馈信号和输入信号是串联的为串联反馈；反馈信号与输入信号是并联的为并联反馈。

在图 5-5 所示电路中，反馈信号与输入信号之间是串联关系，因此是串联反馈。在图 5-4b、c 电路中，反馈信号与输入信号之间是并联关系，因此是并联反馈。由上述分析可以看出，若反馈信号与信号源接在不同的端子上，即为串联反馈。若接在同一个端子上，则为并联反馈。

综上所述可组合为 4 种反馈类型（组态），即电流串联负反馈、电压串联负反馈、电流并联负反馈和电压并联负反馈。

5.2.3　负反馈对放大电路性能的影响

1. 提高放大倍数的稳定性

负反馈放大器的放大倍数的稳定性的提高，是以减小放大倍数为代价的。在图 5-3 所示的负反馈放大器框图中，在输入量 x_i 一定的情况下，若输出量 x_o 有所增加，反馈量 x_f 也相应增加，削弱了输入量，使放大器净输入量 x_{id} 减小，则输出量 x_o 将有所减小而趋于稳定。反之，若输入量 x_i 有所减小，则反馈量 x_f 也相应减小，使放大器净输入量 x_{id} 增大，输出量 x_o 又将增大而趋于稳定。负反馈越深，放大倍数降低越多，放大器工作越稳定。

2. 减小非线性失真

由于晶体管是非线性器件，输入信号经放大后，常使输出信号波形产生非线性失真。引入负反馈可使非线性失真得到明显改善。如图 5-6a 所示，假设放大电路在无负反馈时输出波形正半周幅度大，负半周幅度小，引入负反馈后，如图 5-6b 所示，输出失真波形经过负反馈网络送回到输入回路，并与原输入信号相减。这样净输入信号 x_{id} 正半周小，负半周大，与无反馈时的输出波形正好相反，从而使输出波形失真得到了补偿。

3. 扩展通频带

放大器要放大的信号往往不是单一频率的信号，而是一定频段的信号。放大器对不同频率信号的放大效果称为放大器的频率响应，其中放大倍数和频率之间的关系称为幅频特性。在图 5-7 所示的上下两条曲线是同一放大电路无负反馈和有负反馈时的幅频特性曲线。我们规定当放大倍数降低到 $0.707A_{um}$ 时所对应的两个频率为下限频率 f_L 和上限频率 f_H，在这两个频率之间的频率范围称为放大器的通频带，用 BW 表示，即

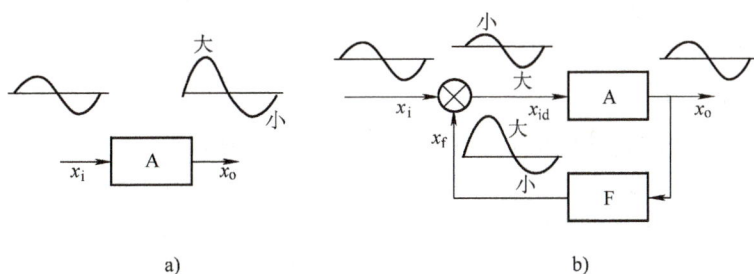

图 5-6　利用负反馈改善非线性失真

$$BW = f_{\text{H}} - f_{\text{L}} \qquad (5\text{-}3)$$

通频带越宽，放大器工作的频率范围越宽。

阻容电路中耦合电容随频率降低而容抗增大，因此使信号在低频段受到衰减，放大倍数减小；高频段由于晶体管结电容和电路分布电容在高频区容抗小，对信号分流作用增大，使放大倍数减小。因此阻容耦合放大电路中信号在低频区和高频区放大倍数均下降，而负反馈具有稳定放

图 5-7　开环与闭环的幅频特性

大倍数的作用，使低频区和高频区放大倍数下降的速度减慢，相当于通频带加宽。

负反馈放大器通频带的展宽，同样是以减小放大倍数为代价的。通常情况下，放大电路的增益带宽积为一常数。

4. 改变输入和输出电阻

（1）对输入电阻的影响

凡是串联负反馈，因反馈信号与输入信号串联，故使输入电阻增大；凡是并联负反馈，因反馈信号与输入信号并联，故使输入电阻减小。

（2）对输出电阻的影响

凡是电压负反馈，因具有稳定输出电压的作用，使其接近恒压源，故使输出电阻减小；凡是电流负反馈，因具有稳定输出电流的作用，使其接近恒流源，故使输出电阻增大。

结论：

- 要稳定动态性能，引入交流负反馈；要稳定静态工作点，引入直流负反馈。
- 要稳定输出电压，引入电压负反馈；要稳定输出电流，引入电流负反馈。
- 要提高输入电阻，引入串联负反馈；要减小输入电阻，引入并联负反馈。
- 要减小输出电阻，引入电压负反馈；要增加输出电阻，引入电流负反馈。

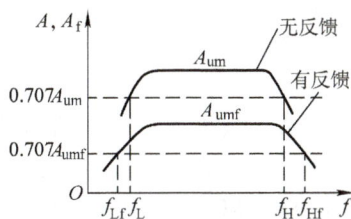

5.3　集成运算放大器的应用

5.3.1　集成运算放大器的特点

1. 理想集成运算放大器的性能指标

理想集成运算放大器的主要性能指标有：

集成运算放大器的特点

1）开环电压放大倍数 $A_{od} \to \infty$。

2）输入电阻 $r_{id} \to \infty$。

3）输出电阻 $r_{od} \to 0$。

此外还有：没有失调、没有温漂、共模抑制比趋于无穷大等。

尽管理想集成运算放大器并不存在，但由于实际集成运算放大器的技术指标都比较接近理想值，在具体分析时将其理想化是允许的，这种分析所带来的误差一般比较小，可以忽略不计。

2. 集成运算放大器的电压传输特性

集成运放的输出电压 u_o 与输入电压（即同相输入端与反相输入端之间的电位差）$(u_P - u_N)$ 之间的关系曲线称为电压传输特性，即

$$u_o = f(u_P - u_N)$$

集成运放电压传输特性如图 5-8 所示。从图中曲线可以看出，集成运放包括线性放大区域（称为线性区）和饱和区域（称为非线性区）两部分。图中曲线上升部分的斜率为开环电压

图 5-8 集成运算放大器的电压传输特性

放大倍数 A_{od}，此时 u_{od} 与 u_{id} 是线性放大关系，即 $A_{od} = u_{od}/u_{id}$，这个区域称线性工作区；当集成运算放大器输出级的晶体管进入饱和区时，输出电压 u_{od} 的值近似等于电源电压，与 u_{id} 不再呈线性关系，称非线性工作区。

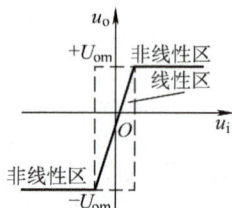

3. 集成运算放大器工作在线性区

集成运算放大器工作在线性区的必要条件是引入深度负反馈。

当集成运算放大器工作在线性区时，$u_{id} = u_{od}/A_{od}$，而 $A_{od} \to \infty$，所以 $u_{id} = u_+ - u_- \approx 0$，得

$$u_+ \approx u_- \qquad\qquad (5\text{-}4)$$

上式说明，同相输入端和反相输入端电压几乎相等，所以称为虚假短路，简称为"虚短"。

集成运算放大器的输入电阻 $r_{id} \to \infty$，得

$$i_+ \approx i_- \approx 0 \qquad\qquad (5\text{-}5)$$

上式说明，流入集成运算放大器同相输入端和反相输入端的电流几乎为零，所以称为虚假断路，简称为"虚断"。

利用集成运放工作在线性区时的这两个特点，分析各种运算与处理电路的线性工作情况将十分简便。另外，由于理想集成运放输出阻抗 $R_o \to 0$，一般可以不考虑负载或级联时后级运放的输入电阻对输出电压 u_o 的影响，但受运放输出电流限制，负载电阻不能太小，更不能短路。

4. 集成运算放大器工作在非线性区

当集成运算放大器工作在开环状态或接正反馈时，由于 A_{od} 很大，只要有微小电压信号输入，集成运算放大器工作在非线性区，其特点是输出电压只有两种状态，不是正的最大输出电压 $+U_{om}$，就是负的最大输出电压 $-U_{om}$。

当同相端电压大于反相端电压，即 $u_+ > u_-$ 时，$u_o = +U_{om}$；

当同相端电压小于反相端电压，即 $u_+ < u_-$ 时，$u_o = -U_{om}$。

5.3.2　集成运算放大器的线性应用

1. 反相比例放大器

图 5-9 所示电路为反相比例放大器，又称为反相比例运算电路，它实际上是一个由集成运算放大器组成的电路。

输入信号 u_i 通过 R_1 接到集成运算放大器的反相输入端，反馈电阻 R_f 接在输出端与反相输入端之间，构成电压并联负反馈，则集成运算放大器工作在线性区；同相端加平衡电阻 R_2，主要是使同相端与反相端外接电阻相等，即 $R_2 = R_1 /\!/ R_f$。

根据"虚短"概念，$u_A = u_- \approx u_+ = 0$，A 点电位接近零，称"虚地"点。根据"虚断"即 $i_+ = i_- \approx 0$ 得

$$i_i = i_f \Rightarrow \frac{u_i - u_-}{R_1} = \frac{u_- - u_o}{R_f}$$

将 $u_- = 0$ 代入上式整理得

$$u_o = -\frac{R_f}{R_1} u_i \qquad (5\text{-}6)$$

图 5-9　反相比例放大器

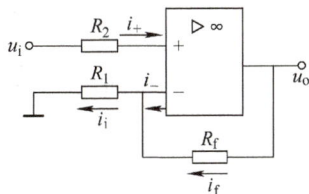

上式表明，输出电压 u_o 与输入电压 u_i 成比例放大关系，且相位相反。此外，由于同相端和反相端对地电压接近零，因此集成运算放大器输入端共模输入电压极小，这是反相输入电路的特点。当 $R_1 = R_f$ 时，u_o 和 u_i 大小相等、相位相反，称为反相器。

【例 5-2】　在图 5-9 所示电路中，已知 $R_f = 150\text{k}\Omega$，$R_1 = 30\text{k}\Omega$，$u_i = 1\text{V}$，求输出电压 u_o 和闭环电压的放大倍数 A_{uf} 及平衡电阻 R_2。

解：

$$u_o = -\frac{R_f}{R_1} u_i = -\frac{150}{30} \times 1\text{V} = -5\text{V}$$

$$A_{uf} = -\frac{u_o}{u_i} = -\frac{R_f}{R_1} = -\frac{150}{30} = -5$$

$$R_2 = R_f /\!/ R_1 = \frac{150 \times 30}{150 + 30}\text{k}\Omega = 25\text{k}\Omega$$

2. 同相比例放大器

图 5-10 中输入信号 u_i 通过 R_2 接到集成运算放大器的同相输入端，反馈电阻接其反相输入端，构成电压串联负反馈。

根据 $u_+ \approx u_-$，再根据 $i_+ = i_- \approx 0$ 得

$$u_+ \approx u_i,\ u_i \approx u_- = u_o \frac{R_1}{R_1 + R_f}$$

图 5-10　同相比例放大器

所以

$$u_o = \left(1 + \frac{R_f}{R_1}\right) u_i \qquad (5\text{-}7)$$

上式说明，u_o 与 u_i 为同相比例关系，其特点是集成运算放大器的两输入端电位等于输入电压，存在较高的共模输入电压。

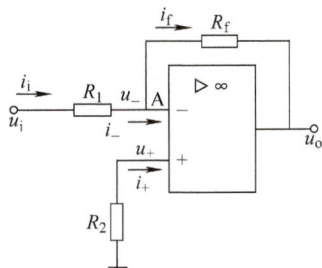

当 $R_f = 0$ 或 $R_1 = \infty$ 时，如图 5-11 所示，$u_o = u_i$，即输出电压与输入电压大小相等、相位相同，故称为电压跟随器。

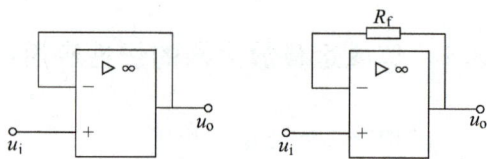

图 5-11　电压跟随器

【例 5-3】　在图 5-10 所示电路中，已知 $R_1 = 10\text{k}\Omega$，$u_o = 10u_i$，试求反馈电阻 R_f 和闭环电压放大倍数 A_{uf}。

解：由 $u_o = \left(1 + \dfrac{R_f}{R_1}\right)u_i$，得

$$1 + \frac{R_f}{10} = 10$$

因此，有

$$R_f = 90\text{k}\Omega, \quad A_{uf} = \frac{u_o}{u_i} = 10$$

3. 加法器

图 5-12 所示电路为反相加法器，又称为反相加法运算电路。根据"虚断"概念可得 $i_f = i_i$，其中 $i_i = i_1 + i_2 + \cdots + i_n$；再根据"虚地"概念得

$$i_1 = \frac{u_{i1}}{R_1}, \quad i_2 = \frac{u_{i2}}{R_2}, \quad \cdots, \quad i_n = \frac{u_{in}}{R_n}, \quad 则$$

$$u_o = -R_f i_f = -R_f\left(\frac{u_{i1}}{R_1} + \frac{u_{i2}}{R_2} + \cdots + \frac{u_{in}}{R_n}\right) \tag{5-8}$$

这样，就实现了各信号按比例进行加法运算。

如取 $R_1 = R_2 = \cdots = R_n = R_f$，则 $u_o = -(u_{i1} + u_{i2} + \cdots + u_{in})$，实现了各输入信号的反相相加。

【例 5-4】　在图 5-12 所示电路中，已知 $u_o = -(6u_{i1} + 4u_{i2} + 2u_{i3})$，反馈电阻 $R_f = 100\text{k}\Omega$，求各输入电阻及平衡电阻 R。

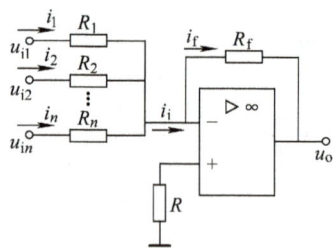

解：

$$R_1 = \frac{R_f}{6} = \frac{100}{6}\text{k}\Omega = 16.7\text{k}\Omega$$

$$R_2 = \frac{R_f}{4} = \frac{100}{4}\text{k}\Omega = 25\text{k}\Omega$$

$$R_3 = \frac{R_f}{2} = \frac{100}{2}\text{k}\Omega = 50\text{k}\Omega$$

图 5-12　反相加法运算电路

平衡电阻 $R = R_1 /\!/ R_2 /\!/ R_3 /\!/ R_f = 16.7\text{k}\Omega /\!/ 25\text{k}\Omega /\!/ 50\text{k}\Omega /\!/ 100\text{k}\Omega \approx 7.7\text{k}\Omega$

4. 减法器

能实现减法运算的电路如图 5-13a 所示。根据叠加定理，首先令 $u_{i2} = 0$，当 u_{i1} 单独作用时，电路成为反相输入比例运算电路，如图 5-13b 所示，其输出电压为

$$u_{o1} = -\frac{R_f}{R_1}u_{i1}$$

再令 $u_{i1} = 0$，当 u_{i2} 单独作用时，电路成为同相输入比例运算电路，如图 5-13c 所示，

同相端电压为 $u_+ = \dfrac{R_3}{R_2 + R_3} u_{i2}$。

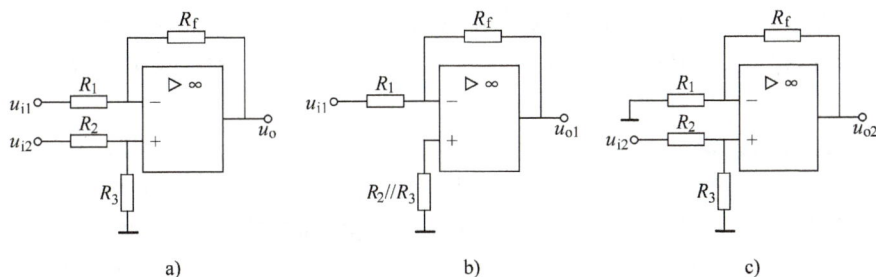

图 5-13 减法运算电路

其输出电压为

$$u_{o2} = \left(1 + \frac{R_f}{R_1}\right)\left(\frac{R_3}{R_2 + R_3}\right)u_{i2}$$

这样

$$u_o = u_{o1} + u_{o2} = -\frac{R_f}{R_1}u_{i1} + \left(1 + \frac{R_f}{R_1}\right)\left(\frac{R_3}{R_2 + R_3}\right)u_{i2} = \left(1 + \frac{R_f}{R_1}\right)\left(\frac{R_3}{R_2 + R_3}\right)u_{i2} - \frac{R_f}{R_1}u_{i1}$$

当 $R_1 = R_2$，$R_3 = R_f$ 时，上式则为

$$u_o = \frac{R_f}{R_1}(u_{i2} - u_{i1}) \tag{5-9}$$

当 $R_1 = R_2 = R_3 = R_f = R$ 时，有

$$u_o = u_{i2} - u_{i1} \tag{5-10}$$

因此理想情况下，它的输出电压等于两个输入电压之差，具有很好的抑制共模信号的能力。

【例 5-5】 在图 5-14 所示电路中，已知 $R_1 = 100\text{k}\Omega$，$R_2 = 10\text{k}\Omega$，$R_3 = 9.1\text{k}\Omega$，$R_4 = R_6 = 25\text{k}\Omega$，$R_5 = R_7 = 200\text{k}\Omega$。1）试分析 A_1、A_2、A_3 是何种运算电路；2）写出 u_{o1}、u_{o2} 和 u_o 的运算表达式；3）当 $u_{i1} = 0.5\text{V}$，$u_{i2} = 0.1\text{V}$ 时，求输出电压 u_o。

解：1）A_1 是电压跟随器；A_2 是同相比例放大器；A_3 是减法器。

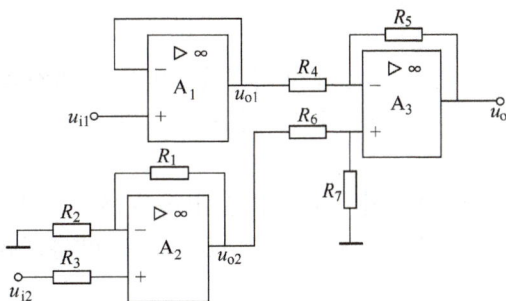

图 5-14 例 5-5 图

2）
$$u_{o1} = u_{i1}$$

$$u_{o2} = \left(1 + \frac{R_1}{R_2}\right)u_{i2} = \left(1 + \frac{100}{10}\right)u_{i2} = 11u_{i2}$$

$$u_o = \frac{R_5}{R_4}(u_{o2} - u_{o1}) = \frac{200}{25}(11u_{i2} - u_{i1})$$

$$= 88u_{i2} - 8u_{i1}$$

3）
$$u_o = 88 \times 0.1\text{V} - 8 \times 0.5\text{V} = 4.8\text{V}$$

5.3.3 集成运算放大器的非线性应用

电压比较器是集成运算放大器非线性应用的典型电路，其功能是比较两个模拟量的大小，并由输出端的高、低电平来表示比较结果，可分为单门限电压比较器和滞回电压比较器。

1. 单门限电压比较器

单门限电压比较器的基本电路如图 5-15a 所示，集成运算放大器处于开环状态，工作在非线性区，输入信号 u_i 加在反相输入端，参考电压 U_{REF} 接在同相输入端。当 $u_i > U_{REF}$，即 $u_- > u_+$ 时，$u_o = -U_{om}$；当 $u_i < U_{REF}$，即 $u_- < u_+$ 时，$u_o = +U_{om}$。电压传输特性如图 5-15b 所示。

若希望当 $u_i > U_{REF}$ 时，$u_o = +U_{om}$，只需将 u_i 与 U_{REF} 调换即可，如图 5-15c 所示，其电压传输特性如图 5-15d 所示。

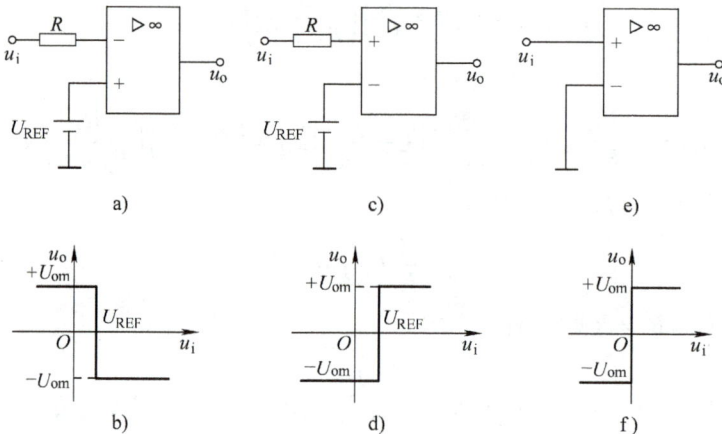

图 5-15 单门限电压比较器

由图 5-15b、d 可知，输入电压 u_i 变化经过 U_{REF} 时，输出电压发生翻转，这种输出电压从一个电平翻转到另一个电平时所对应的输入电压值称为阈值电压或门限电压，用 U_{TH} 表示。

如果输入电压过零时输出电压跳变，就称为过零电压比较器，如图 5-15e 所示，特性曲线如图 5-15f 所示，过零电压比较器可将正弦波转化为方波，如图 5-16 所示。

2. 滞回电压比较器

单门限比较器的翻转门限电平为固定值，实际应用中如果测得的信号存在外界干扰，即在正弦波上叠加了高频干扰，这种电压比较器容易出现多次误翻转，如图 5-17 所示。解决办法是采用滞回电压比较器。

（1）电路特点

滞回电压比较器电路是在单门限电压比较器的基础上增加了正反馈元件 R_f 和 R_2。由于集成运算放大器工作在非线性区，输出电压只有两种状态：$+U_{om}$ 和 $-U_{om}$。由图 5-18a 可知，集成运算放大器的同相端电压是由输出电压和参考电压共同作用产生的，因此 u_+ 有两个。

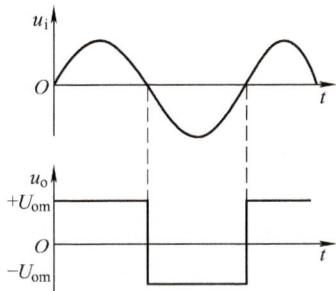

图 5-16　过零电压比较器的波形转化作用

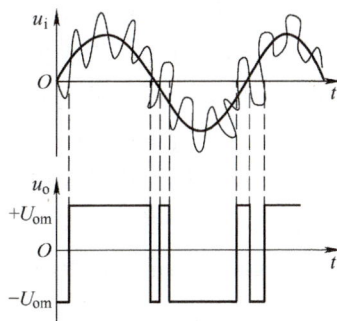

图 5-17　外界干扰的影响

当输出为 $+U_{om}$ 时，将集成运算放大器的同相输入端电压称为上限门限电平，用 U_{TH1} 表示，有

$$U_{TH1} = u_+ = U_{REF}\frac{R_f}{R_f + R_2} + U_{om}\frac{R_2}{R_2 + R_f} \qquad (5-11)$$

当输出为 $-U_{om}$ 时，将集成运算放大器的同相输入端电压称为下限门限电平，用 U_{TH2} 表示，有

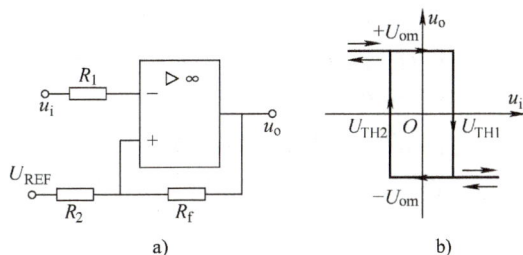

图 5-18　滞回电压比较器

$$U_{TH2} = u_+ = U_{REF}\frac{R_f}{R_f + R_2} - U_{om}\frac{R_2}{R_2 + R_f} \qquad (5-12)$$

从上面可以看出 $U_{TH1} > U_{TH2}$。

（2）电压传输特性和回差电压

滞回电压比较器的电压传输特性如图 5-18b 所示，当输入信号 u_i 从零开始增大时，电路输出电压为 $+U_{om}$，此时集成运算放大器同相端对地电压为 U_{TH1}。当 u_i 逐渐增大到刚超过 U_{TH1} 时，电路翻转，输出电压变为 $-U_{om}$，这时同相端对地电压变为 U_{TH2}，u_i 继续增大时，输出保持 $-U_{om}$ 不变。

若 u_i 从最大值开始下降，当下降到上限门限电平 U_{TH1} 时，输出并不翻转，只有下降到略小于下限门限电平 U_{TH2} 时，电路才发生翻转，输出电压变为 $+U_{om}$。

由以上分析可以看出，该比较器具有滞回特性，我们把上限门限电平 U_{TH1} 与下限门限电平 U_{TH2} 之差称为回差电压，用 ΔU_{TH} 表示，即

$$\Delta U_{TH} = U_{TH1} - U_{TH2} \qquad (5-13)$$

回差电压的存在，大大提高了电路的抗干扰能力。

拓展阅读　半导体技术的发展

20 世纪 50 年代中期，正值我国开始实施第一个五年计划。半导体这门新兴科学技术受到了党和政府的高度重视。1956 年，在没有技术资料和完整设备的条件下，我国成功研制出了首批半导体器件——锗合金晶体管。1965 年，我国又拥有了集成电路。第一个 20 年，

我国集成电路和国际上的差距并不大；但在第二个 20 年，道路开始曲折。差的不在于技术，而是产业。一个还没有完成工业化的国家，刚刚从计划经济时代走出，还不知道如何组织大规模商品生产。此时，还想更进一步，发展高新技术产业，更是难上加难。

真正的转折点，发生在 2008 年，国家科技重大专项启动。核心电子器件、高端通用芯片及基础软件产品、极大规模集成电路制造装备及成套工艺等专项都指向了集成电路。5 年后，技术储备到了一定程度，加大产业投入也就被提上议事日程。

近年来，随着我国半导体硅片行业迅速发展，我国的半导体市场规模在 2019～2021 年分别达到 10.71 亿美元，13.35 亿美元和 16.56 亿美元。同时，中国半导体市场规模占全球半导体市场规模的比例也在逐年上涨，2021 年中国半导体市场规模占全球比重达到 13.2%，比 2011 年提升了 8%。

从技术上来看，虽然我国最新的集成电路技术，跟国际上最新技术还差了一代到两代。不过，纠结于这个最新技术的代际差异，是一种误区，并没有太大意义。

集成电路尺寸缩小速度确实很快，但并不是下一代对上一代的完全替代。每一代技术都有大约 10 年的生命周期。我国 55nm、40nm、28nm 三代成套工艺已研发成功并实现量产，而更先进的 22nm、14nm 先导技术在研发上也取得突破，形成了自主知识产权。

可以肯定的是，这场晶体管开启的信息革命，将更深、更广地重塑人类社会。未来，芯片的重要性只增不减。

习　题　5

5.1　集成运算放大器由哪几部分组成？各部分的主要作用是什么？

5.2　理想集成运算放大器有哪些特点？

5.3　理想集成运算放大器工作在线性区和非线性区时的条件是什么？各有什么特点？什么是"虚短""虚断""虚地"？

5.4　为什么集成运算放大器在线性区应用时必须引入负反馈？

5.5　什么是反馈？什么是直流反馈和交流反馈？直流负反馈和交流负反馈各自的作用是什么？

5.6　在放大电路中，引入交流负反馈后对其性能有哪些改善？

5.7　试判别图 5-19 所示电路反馈类型。

5.8　试设计一个加法器电路，其运算关系为 $u_o = 2u_{i1} + 4u_{i2} + 6u_{i3}$。

5.9　如图 5-20 所示电路，已知 $R_1 = R_2 = 10\text{k}\Omega$，$R_3 = R_f = 51\text{k}\Omega$。试求电路的运算关系。

5.10　如图 5-21 所示电路是一测量电

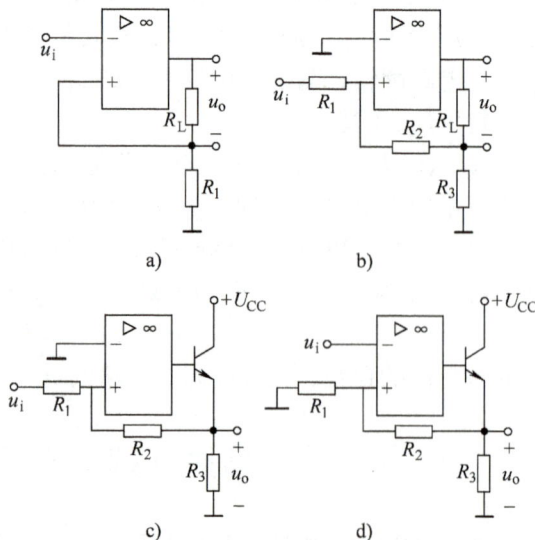

图 5-19　习题 5.7 图

阻的原理电路，试写出被测电阻 R_x 的阻值与输出电压的关系式。

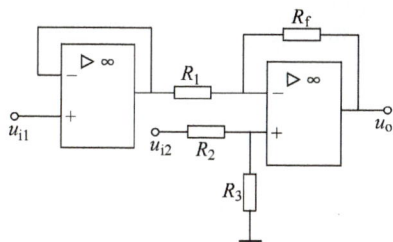

图 5-20 习题 5.9 图

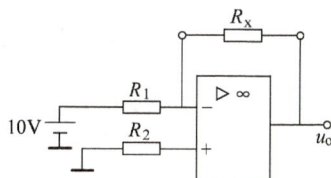

图 5-21 习题 5.10 图

5.11 如图 5-22 所示，电路及其参数如图中标注，试求解输出与输入的运算关系。

5.12 根据以下要求，分别选择合适的运算电路，并计算反馈电阻 R_f 和平衡电阻 R。

1）要求实现的运算关系为 $u_o = -5u_i$，其输入电阻 20kΩ。

2）要求实现的运算关系为 $u_o = -5u_i$，且电路尽量少从信号源索取电流。

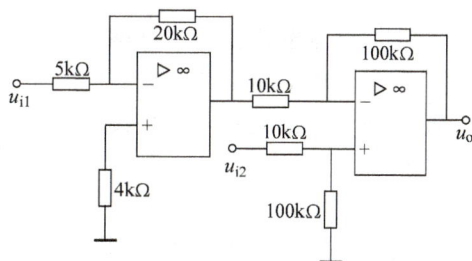

图 5-22 习题 5.11 图

5.13 在图 5-23 所示电路中，已知 $R_1 = R_2 = 20kΩ$，$R_3 = R_f = 100kΩ$。试求输出的运算关系，并说明是何种运算电路。

5.14 如图 5-24 所示滞回比较器电路，已知 $R_1 = 20kΩ$，$R_2 = 100kΩ$，$U_R = 6V$，$U_Z = 6V$。试求输出电压 u_o，门限电平 U_{TH1}、U_{TH2} 并画出电压传输特性曲线。

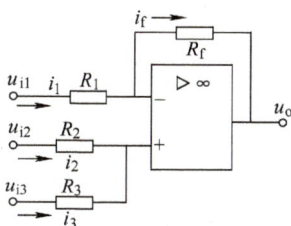

图 5-23 习题 5.13 图

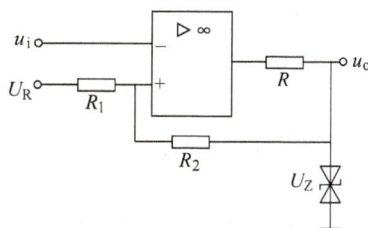

图 5-24 习题 5.14 图

第6章　直流稳压电源

电子设备中一般都要由稳定的直流电源（通常称为直流稳压电源）给负载供电，比如日常生活中常用的收音机、MP3 等采用干电池、蓄电池供电，但干电池容量小、不经济，因此在有交流电网的情况下，一般利用交流电网将交流电变换成直流电。从本节开始，将讨论直流稳压电源工作原理及应用。

学习目标：

1. 掌握整流电路和滤波电路。
2. 掌握稳压电路工作原理。
3. 掌握三端集成稳压器及其应用。

素养目标：

1. 训练学生思考问题、解决问题的能力。
2. 培养良好的职业素养和创新意识。

实际生活中，许多家用电器和精密仪器都需要有稳定的直流电压。将交流电变换成所需的稳定的直流电流或电压的电源统称为直流稳压电源。图 6-1 为直流稳压电源的组成框图。变压器的作用是为用电设备提供所需的交流电压。整流器和滤波器的作用是将交流电变成平滑的直流电。稳压器的作用是克服电网电压、负载及温度变化引起的输出电压的波动，提高输出电压的稳定性。

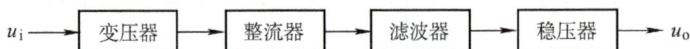

$$u_i \rightarrow \boxed{变压器} \rightarrow \boxed{整流器} \rightarrow \boxed{滤波器} \rightarrow \boxed{稳压器} \rightarrow u_o$$

图 6-1　直流稳压电源的组成框图

6.1　整流电路

整流是利用二极管的单向导电性将交流电压变换为直流脉动电压的过程。常用的整流电路有单相半波整流电路、全波整流电路、桥式整流电路和倍压整流电路等。在此仅介绍常用的单相半波整流电路和单相桥式整流电路。

整流电路

6.1.1　单相半波整流电路

单相半波整流电路如图 6-2a 所示，由变压器 T 和整流二极管 VD 组成。如果变压器的一次侧输入正弦电压 u_1，则在二次侧可得到同频率的交流电压 u_2，设 $u_2 = \sqrt{2}U_2\sin\omega t$。将交流电加在二极管上，利用二极管的单向导电性，只允许某个半周的交流电通过二极管，这样负载上的电流只有一个方向，从而实现了整流。

当 u_2 为正半周时，A 点电位高于 B 点电位，二极管 VD 正向偏置而导通，电流由 A 端→

VD→R_L→B 端，在 R_L 上得到上正下负的电压 u_o。忽略二极管压降时，则 $u_o = u_2$；当 u_2 为负半周时，A 点电位低于 B 点电位，二极管 VD 因反向偏置而截止，电路中没有电流，R_L 上电压 u_o 为零。负载上的电压 u_o 在交流电压整个周期的波形如图 6-2b 所示。

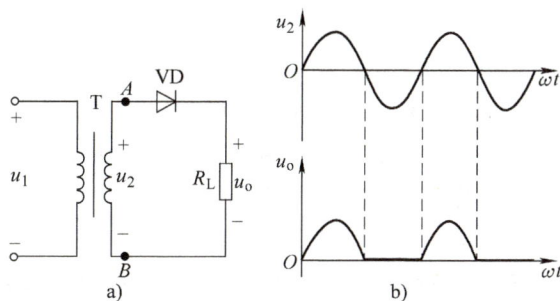

图6-2　单相半波整流电路及波形
a）电路　b）波形

可见在交流电压 u_2 的整个周期内，负载 R_L 上将得到一个单方向的脉动直流电压（大小变化、方向不变）。由于流过负载的电流和加在负载两端的电压只有半个周期的正弦波，故称半波整流。

半波整流电路输出电压的平均值为

$$u_o = \frac{1}{2\pi}\int_0^{2\pi} u_o \mathrm{d}(\omega t) = \frac{1}{2\pi}\int_0^{\pi} \sqrt{2}U_2 \sin\omega t \mathrm{d}(\omega t) = \frac{\sqrt{2}}{\pi}U_2 \approx 0.45U_2 \tag{6-1}$$

流过二极管的平均电流为

$$I_D = I_o = \frac{U_o}{R_L} = 0.45\frac{U_2}{R_L} \tag{6-2}$$

二极管承受的反向电压为

$$U_{RM} = \sqrt{2}U_2 \tag{6-3}$$

半波整流电路的优点是电路简单，元件少（只需一只二极管），二极管承受的反向电压低；缺点是交流电压中只有半个周期得到利用，电源利用率低，输出直流电压低，脉动大。欲提高交流电源的利用率，可采用单相桥式整流电路。

6.1.2　单相桥式整流电路

单相桥式整流电路如图 6-3a 中的上图所示，该电路由变压器 T 和 4 个二极管组成，4 个二极管接成桥式的简化符号如图 6-3a 中的下图所示。

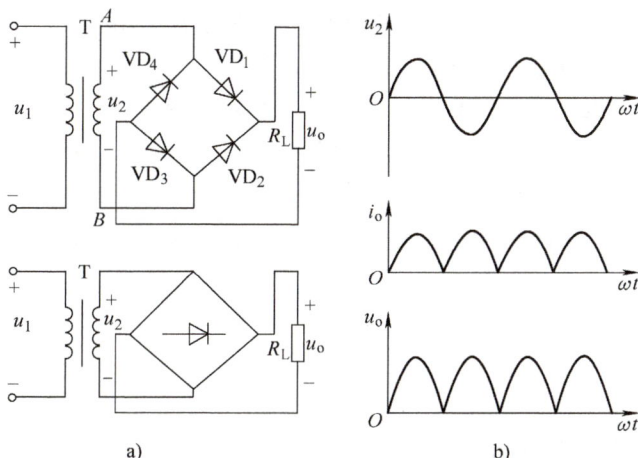

图6-3　单相桥式整流电路及波形
a）单相桥式整流电路及简化符号　b）波形

当 u_2 为正半周时，A 端电位高于 B 端电位，整流二极管 VD_1 和 VD_3 导通，VD_2、VD_4 截止，电流由 A 端→VD_1→R_L→VD_3→B 端，在 R_L 上得到上正下负的电压；当 u_2 为负半周时，A 端电位低于 B 端电位，VD_2、VD_4 导通，VD_1、VD_3 截止，电流由 B 端→VD_2→R_L→VD_4→A 端，在 R_L 上同样得到上正下负的电压。这样在 u_2 的整个周期内都有单向脉动电压输出。输出波形如图6-3b所示。

（1）R_L 上的直流电压和电流

桥式整流电路输出的直流电压是半波整流的 2 倍，即

$$U_o \approx 0.9 U_2 \tag{6-4}$$

根据欧姆定律可得

$$I_o \approx \frac{0.9 U_2}{R_L} \tag{6-5}$$

变压器二次电压 U_2 与 U_o 的关系为

$$U_2 = 1.11 U_o \tag{6-6}$$

（2）整流元件的选择

在桥式整流电路中，因为二极管 VD_1、VD_3 和 VD_2、VD_4 在电源变化的一个周期内轮流导通，所以流过每个二极管的电流都等于负载电流的一半，即

$$I_D = \frac{1}{2} I_o = \frac{0.45 U_2}{R_L} \tag{6-7}$$

每个二极管在截止时承受的最大反向电压是 U_2 的峰值，即

$$U_{RM} = \sqrt{2} U_2 \tag{6-8}$$

选择二极管时，应选极限参数为

$$I_{FM} > I_D$$
$$U_{RM} > \sqrt{2} U_2 \tag{6-9}$$

I_{FM} 为二极管的最大整流电流；U_{RM} 为最高反向工作电压。

桥式整流电路具有变压器利用率高、平均直流电压高、整流元件承受的反向电压较低等优点，应用十分广泛。

【例6-1】 一桥式整流电路，要求输出直流电压为 12V，输出直流电流为 100mA，如何选择整流元件？现有整流二极管 VD 是 2CP10，其参数 $I_F = 100mA$，$U_{RM} = 25V$；另一个是 2CP11，参数 $I_F = 100mA$，$U_{RM} = 50V$。

解：变压器二次电压：$U_2 = 1.11 U_o = 1.11 \times 12V = 13.32V$

流过二极管的电流为：$I_D = I_o/2 = 100mA/2 = 50mA$

二极管承受的最大反向电压为：$U_{RM} = \sqrt{2} U_2 = 18.8V$

可见，选用 2CP10、2CP11 两者都可以，为了降低成本，应选用 2CP10。

6.2 滤波电路

6.2.1 滤波电路的功能及分类

交流电经过整流后可得到的单向脉动直流电压，仅适合对直流电压要求不高的场合使

用，如电镀、电解等设备。而有些设备，如电子仪表、自动控制装置等，要求直流电压非常稳定。为获得平滑的直流电压，可采用滤波电路，滤除脉动直流电压中的交流成分。滤波电路一般由 L、C 等储能元件组成，常用的滤波电路有电容滤波电路、电感滤波电路和复合滤波电路等。此处只介绍电容滤波电路。

6.2.2 电容滤波电路的工作原理及特点

电容滤波电路是最常见也是最简单的滤波电路，在整流电路的输出端（即负载电阻两端）并联一个电容即构成电容滤波电路，如图 6-4a 所示。滤波电容容量较大，因而一般均采用电解电容，在接线时要注意电解电容的正负极。电容滤波电路利用电容的充放电作用，使输出的电压趋于平滑。

1. 滤波电路组成及工作原理

图 6-4 为桥式整流电容滤波电路及波形，它由电容 C 和负载 R_L 并联组成。在不加滤波电容的情况下，R_L 两端的电压波形为单向脉动直流电（如虚线所示）。接入滤波电容 C 后，当 u_2 的正半周开始时，若 $u_2 > u_C$，整流二极管 VD_1 和 VD_3 导通，电容 C 被充电，由于充电回路电阻很小，因而充电很快，u_C 和 u_2 变化同步，当 $\omega t = \pi/2$ 时，u_2 达到峰值，C 两端电压 u_C 也就是 u_o 也达到峰值。

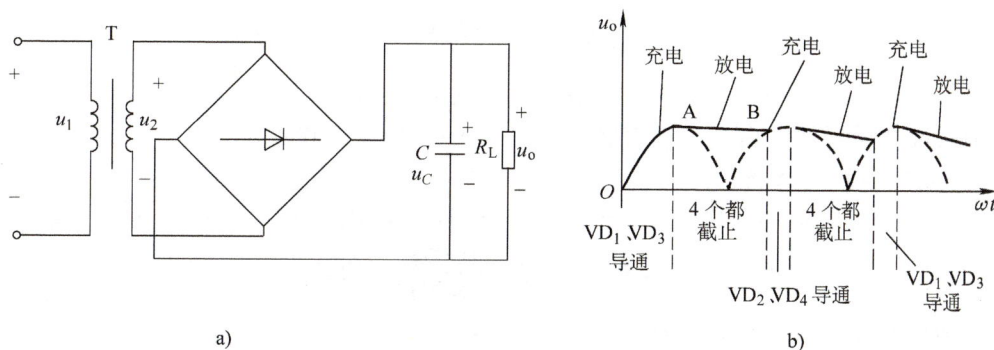

图 6-4 桥式整流电容滤波电路及波形
a）电路 b）波形

当 u_2 由峰值开始下降，使得 $u_2 < u_C$ 时，4 个整流二极管全都截止，电容 C 向 R_L 放电，由于 R_L 一般较大，放电时间常数通常很大，所以放电速度很慢。

当 u_2 进入负半周后，$|u_2|$ 开始逐渐增大，当 $|u_2|$ 增大还没有超过 u_C 时，电容仍然放电，直到 $|u_2|$ 增大到略大于 u_C 时，整流二极管 VD_2 和 VD_4 导通，电容 C 又被充电，C 两端电压 u_C 也就是 u_o 将逐渐增大到峰值。如此继续下去电容不断被充电、放电，得到负载上的电压 u_o 的波形如图 6-4b 所示，可以看出输出波形变得平滑，平均电压值也随之升高。

2. 电容滤波电路的特点

1）电路结构简单，当 R_L 较大时，滤波效果好。但因二次绕组和二极管正向电阻很小，在接通电源使二极管 VD 导通的瞬间，充电电流很大，对整流二极管的冲击很大。实际应用中一般要在每个整流二极管的支路中，串入一个 $(0.05 \sim 0.1)R_L$ 作限流电阻，并在整流管两端并接一个小容量的电容器，以此来保护二极管，但这将增大损耗和电源内阻。

2）决定放电快慢的是时间常数 $R_L C$，其值越大，放电速度越慢，输出波形越平滑，当 $R_L = \infty$ 时，电容 C 上电压最高，可达 $\sqrt{2} U_2$ 值。相反，$R_L C$ 越小，则放电速度越快，输出电压脉动幅度越大。因此，为了输出平滑的直流电压，一般要求 $R_L C$ 的取值满足

$$R_L C \geqslant (3 \sim 5) \frac{T}{2} \tag{6-10}$$

由此可确定电容 C 的值为

$$C \geqslant (3 \sim 5) \frac{T}{2R_L} \tag{6-11}$$

3）输出直流电压一般为

$$U_o = (1 \sim 1.2) U_2 \tag{6-12}$$

整流管承受的最高反向工作电压为 $\sqrt{2} U_2$。

【例 6-2】 桥式整流电容滤波电路如图 6-4a 所示，由变压器输入 50Hz 的交流电，要求输出直流电压 24V，$I_o = 1A$，试选择整流二极管 VD 和滤波电容 C。

解： 1）整流二极管 VD 的选择。

通过每个整流二极管的平均电流为

$$I_D = \frac{1}{2} I_o = \frac{1}{2} \times 1A = 0.5A$$

取 $U_o = 1.2 U_2$，则 U_2 为

$$U_2 = \frac{U_o}{1.2} = 20V$$

$$U_{RM} = \sqrt{2} U_2 = \sqrt{2} \times 20V \approx 28V$$

查有关晶体管手册，由此可选 2CZ11C（$I_F = 1A$，$U_{RM} = 100V$）。

2）滤波电容 C 的选择。

因为 $T = 1/f = 1/50s = 0.02s$，$R_L = 24V/1A = 24\Omega$，所以

$$C \geqslant (3 \sim 5) \frac{T}{2R_L} = 5 \times \frac{0.02s}{2 \times 24\Omega} = 2000\mu F$$

而电容的耐压值取 $(1.5 \sim 2) U_2 = 2 \times 20V = 40V$。

故可选择耐压为 40V、容量为 $2000\mu F$ 的电解电容器。

6.3 并联型稳压电路

经过整流滤波后所得到的直流电压虽然已经比较平滑，但由这种电路提供的直流电压，因电网电压的波动、负载的变化等原因，往往会使电路输出的直流电压不稳定。一般不能满足各种电子设备的要求。因此，为了获得稳定的直流输出电压，需要在滤波电路之后再加上稳压电路。常用的稳压电路有并联型稳压电路、串联型稳压电路和集成稳压电路，并联型稳压电路是最简单的一种稳压电路。

并联型稳压电路

6.3.1 稳压二极管

稳压二极管是一种用特殊工艺制造的面接触型半导体二极管，其符号如图 6-5a 所示。

这种稳压二极管反向击穿电压低，正向特性和普通二极管一样。当反向电压增加到某一定值时，反向电流剧增，稳压二极管反向击穿，其反向击穿特性曲线很陡峭。击穿时通过稳压二极管的电流在很大范围内变化，而管两端的电压却几乎不变，如图 6-5b 所示。稳压二极管就是利用这一特性来实现稳压的。因此，在使用时稳压二极管必须反向偏置（利用正向稳压的除外）。另外，稳压二极管可以串联使用，一般不能并联使用，因为并联有时会因电流分配不均而引起稳压二极管过载损坏。

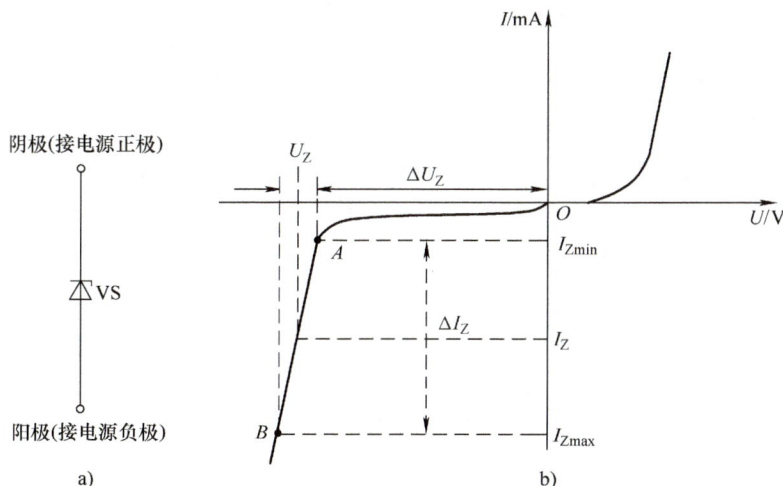

图 6-5　稳压二极管符号及伏安特性曲线
a）符号　b）伏安特性曲线

6.3.2　电路组成

图 6-6 所示为硅稳压管稳压电路。R 是限流电阻，R_L 是负载电阻，VS 是稳压二极管，工作在反向击穿区。图中稳压管与负载并联，故称并联型稳压电路。

由图可知 $U_o = U_i - I_R R = U_Z$，输出电压 U_o 就是稳压管两端的电压，即稳压值 U_Z。

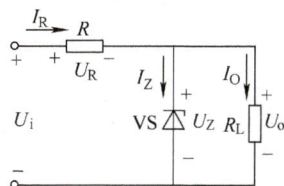

图 6-6　硅稳压管稳压电路

6.3.3　限流电阻 R 的选择

R 的选择必须满足两个条件：一是稳压管流过的最小电流应大于稳压管的最小稳定电流 I_{Zmin}；二是稳压管流过的最大电流应小于稳压管的最大稳定电流 I_{Zmax}，即

$$I_{Zmin} \leqslant I_Z \leqslant I_{Zmax} \tag{6-13}$$

从图 6-6 所示电路可以看出

$$I_R = \frac{U_i - U_Z}{R} \tag{6-14}$$

$$I_Z = I_R - I_0 \tag{6-15}$$

当电网电压最低（即 U_i 最低）且负载电流最大时，流过稳压管的电流最小，根据式（6-13）~式(6-15) 可写成表达式

$$I_{Zmin} = I_{Rmin} - I_{Omax} = \frac{U_{imin} - U_Z}{R} - I_{Omax} \geqslant I_Z \tag{6-16}$$

由此得出限流电阻的上限值为

$$R_{max} = \frac{U_{imin} - U_Z}{I_Z + I_{Omax}} \tag{6-17}$$

式中，$I_{Omax} = U_Z/R_{Lmin}$。

当电网电压最高（即 U_i 最高）且负载电流最小时，流过稳压管的电流最大，根据式（6-13）~式(6-15) 可写成表达式

$$I_{Zmax} = I_{Rmax} - I_{Omin} = \frac{U_{imax} - U_Z}{R} - I_{Omin} \leqslant I_{ZM} \tag{6-18}$$

由此得出限流电阻的下限值为

$$R_{min} = \frac{U_{imax} - U_Z}{I_{ZM} + I_{Omin}} \tag{6-19}$$

式中，$I_{Omin} = U_Z/R_{Lmax}$。
R 的阻值一旦确定，根据它的电流即可算出其功率。

6.3.4　并联型稳压电路的特点

优点：电路简单，工作可靠，稳压效果较好。

缺点：输出电压的大小要由稳压管的稳压值来决定，不能根据需要加以调节；负载电流 I_O 变化时，要靠 I_Z 的变化来补偿，而 I_Z 的变化范围仅在 I_{Zmin} 和 I_{Zmax} 之间，负载变化小；电压稳定度不够高，动态内阻还比较大（约几欧到几十欧）。

所以并联型稳压电路一般用于要求不太高、功率比较小、负载电流比较小且负载变化不大的场合，如作晶体管稳压电源中的"基准电压"或"辅助电源"之用等。

6.4　串联型稳压电路

6.4.1　电路组成

图 6-7a 所示是串联型稳压电路，各元件作用如下：

R_3、R_4、R_5 构成取样电路。当输出电压变化时，取样电阻将其变化量的一部分送到比较放大器的基极，基极电压能反映输出电压的变化，称为取样电压。取样电阻不宜太大或太小，若太大，控制灵敏度下降；若太小，带负载能力减弱。

VS 与 R_2 构成基准电压电路，给 VT_2 发射极提供一个基准电压，R_2 为限流电阻，保证 VS 有一个合适的工作电流。

VT_2 是比较放大管，R_1 既是 VT_2 的集电极负载电阻，又是 VT_1 的基极偏置电阻，比较放大管的作用是将输出电压的变化量先放大，然后加到调整管的基极，控制调整管工作，提

高了控制的灵敏度和输出电压的稳定性。

VT$_1$ 是调整管，它与负载串联，故称串联型稳压电路，调整管 VT$_1$ 受比较放大管的控制，集射极之间相当于一个可变电阻，用来抵消输出电压的波动。

图 6-7b 是串联型稳压电路及框图。

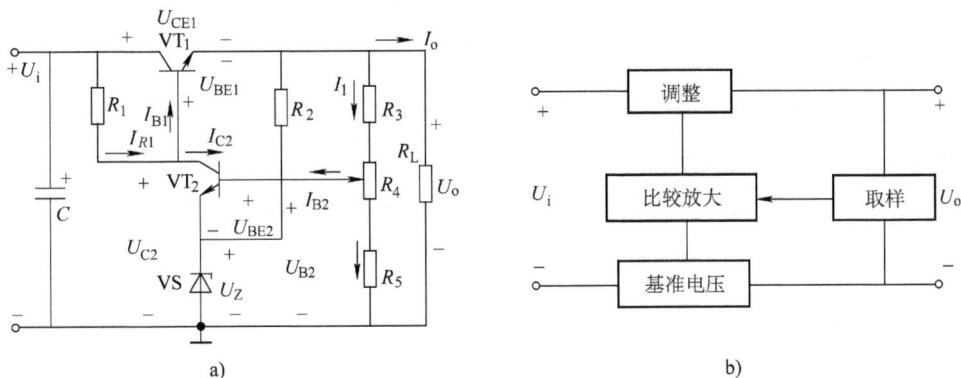

图 6-7　串联型稳压电路及框图
a）电路　b）框图

6.4.2　串联型稳压电路的工作原理

1. 稳压原理

1）当 R_L 不变而 U_i 减小时，输出电压 U_o 有下降的趋势，通过取样电阻的分压使比较放大器的基极电位 U_{B2} 下降，而比较放大管的发射极电压不变（$U_{E2} = U_Z$），因此 U_{BE2} 下降，比较放大管导通能力减弱，U_{CE2} 增大，U_{C2} 升高，调整管导通能力增强，调整管 VT$_1$ 集射极之间的电阻 R_{ce1} 减小，管压降 U_{CE1} 下降，使输出电压 U_o 上升，保证 U_o 基本不变，其稳压过程如下：

$$U_i \downarrow \rightarrow U_o \downarrow \rightarrow U_{B2} \downarrow \xrightarrow[U_{E2}\text{不变}]{} U_{BE2} \downarrow \rightarrow U_{C2} \uparrow \ (U_{B1}\uparrow) \rightarrow R_{ce1} \downarrow \rightarrow U_{CE1} \downarrow$$
$$U_o \uparrow \xleftarrow{\qquad\qquad U_o = U_i - U_{CE1} \qquad\qquad}$$

反之，若 U_i 升高，分析方法类似。

2）当 U_i 不变而 R_L 增大时，引起输出电压有上升的趋势，则电路将产生下列调整过程：

$$R_L \uparrow \rightarrow U_o \uparrow \rightarrow U_{BE2} \uparrow \rightarrow U_{C2} \downarrow \ (U_{B1}\downarrow) \rightarrow R_{ce1} \uparrow \rightarrow U_{CE1} \uparrow$$
$$U_o \downarrow \xleftarrow{\qquad U_o = U_i - U_{CE1} \qquad}$$

反之，若 U_i 不变而 R_L 下降，分析方法类似。

2. 输出电压的计算

串联型稳压电路的输出电压可以通过 R_4 进行调整，其调整原理如下：从电路上看，可将 R_4 分为上下两部分，分别同 R_3、R_5 合二为一成 R_3' 和 R_5'，在忽略 VT$_2$ 基极电流的情况下，流过 R_3' 和 R_5' 中的电流相等，由此有

$$U_Z + U_{BE2} = \frac{R_5'}{R_3' + R_5'} U_o$$

由于 $U_Z \gg U_{BE2}$，$R_3' + R_5' = R_3 + R_4 + R_5$，则有

$$U_o \approx \frac{R_3 + R_4 + R_5}{R_5'} U_Z$$

则最高输出电压 U_{omax} 和最低输出电压 U_{omin} 分别为

$$U_{omax} \approx \frac{R_3 + R_4 + R_5}{R_5} U_Z$$

$$U_{omin} \approx \frac{R_3 + R_4 + R_5}{R_4 + R_5} U_Z$$

由此可见，只要对 R_4 进行调整，则可得到不同的输出电压 U_o。

串联型稳压电路具有稳压性能好、输出电压连续可调、带负载能力较强等优点，故应用较广泛。

6.5 集成稳压器

党的二十大报告指出，"加快实施一批具有战略性全局性前瞻性的国家重大科技项目，增强自主创新能力。"

集成稳压器

6.5.1 集成稳压器的分类

随着电子技术的发展，已实现把调整电路、取样电路、基准电路、比较放大电路、启动和保护电路等集成在一块硅片上构成集成稳压器。它具有性能好、可靠性高、体积小、使用方便和成本低廉等优点，因此在实际中得到了广泛应用。

集成稳压器的种类繁多，按照输出电压是否可调可分为固定式和可调式；按照输出电压的正、负极性可分为正稳压器和负稳压器；按照引出端子可分为三端和多端稳压器。下面主要介绍几种三端稳压器。

6.5.2 三端固定式集成稳压器

1. 三端固定式集成稳压器的外形和引脚排列

三端固定式集成稳压器的外形和引脚排列如图 6-8 所示。由于只有输入（IN）、输出（OUT）和公共地端（GND）3 个端子，故称三端稳压器。

2. 三端固定式集成稳压器的型号组成及其意义

三端固定式集成稳压器的型号组成及其意义如图 6-9 所示。国产三端固定式集成稳压器有 CW78×× 系列（正电压输出）和 CW79×× 系列（负电压输出），其输出电压值有 ±5V、±6V、±8V、±9V、±12V、±15V、±18V、±24V，最大输出电流有 0.1A、0.5A、1A、1.5A、2.0A 等。

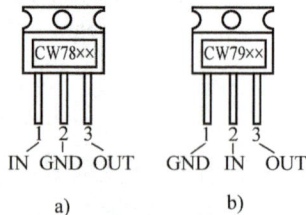

图 6-8　三端固定式集成稳压器的外形和引脚排列
a）CW78×× 系列
b）CW79×× 系列

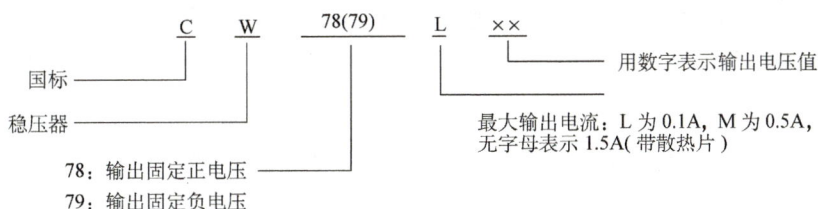

图 6-9　三端固定式集成稳压器的型号组成及其意义

3. 三端固定式集成稳压器的应用

（1）固定输出稳压器

图 6-10 所示为某型号电视机电源电路图，其正常工作电流为 0.8A，工作电压为 12V，根据要求，可选 CW7812。它的输出电流可达 1.5A，输出电压稳定在 12V。最大允许输入电压为 36V，最小允许输入电压为 14V。

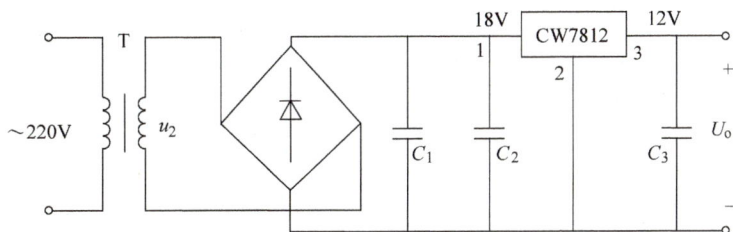

图 6-10　某型号电视机电源电路图

（2）稳压器的应用

1）基本应用电路。基本应用电路如图 6-11 所示，输出电压和最大输出电流决定于所选三端稳压器。图中电容 C_i 用于抵消输入线较长时的电感效应，以防止电路产生自激振荡，其容量较小，一般小于 $1\mu F$。电容 C_o 用于消除输出电压中的高频噪声，可取小于 $1\mu F$ 的电容，也可取几微法甚至几十微法的电容，以便输出较大的脉冲电流。但是若 C_o 容量较大，一旦输入端断开，C_i 将从稳压器输出端向稳压器放电，易使稳压器损坏。因此，可在稳压器的输入端和输出端之间跨接一个二极管，如图中虚线所画，起保护作用。

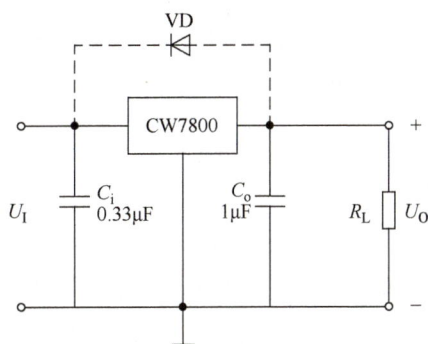

图 6-11　CW7800 基本应用电路

2）扩大输出电流的稳压电路。若所需输出电流大于稳压器标称值时，可采用外接电路来扩大输出电流。图 6-12 所示电路为实现输出电流扩展的一种电路。

设三端稳压器的输出电压为 U_O'，图示电路的输出电压 $U_O = U_O' + U_D - U_{BE}$，在理想情况下，即 $U_D = U_{BE}$ 时，$U_O = U_O'$。可见，二极管用于消除 U_{BE} 对输出电压的影响。设三端稳压器的最大输出电流为 I_{Omax}，则晶体管的最大基极电流 $I_{Bmax} = I_{Omax} - I_R$，因而负载电流的最大值为

$$I_{Lmax} = (1 + \beta)(I_{Omax} - I_R) \tag{6-20}$$

3）输出电压可调的稳压电路。图 6-13 所示电路为利用三端稳压器构成的输出电压可调

的稳压电路。图中电阻 R_2 中流过的电流为 I_{R2}，R_1 中的电流为 I_{R1}，稳压器公共端的电流为 I_W，因而

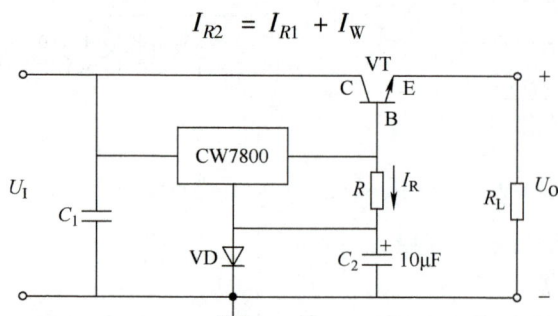

$$I_{R2} = I_{R1} + I_W$$

图 6-12　一种输出电流扩展电路

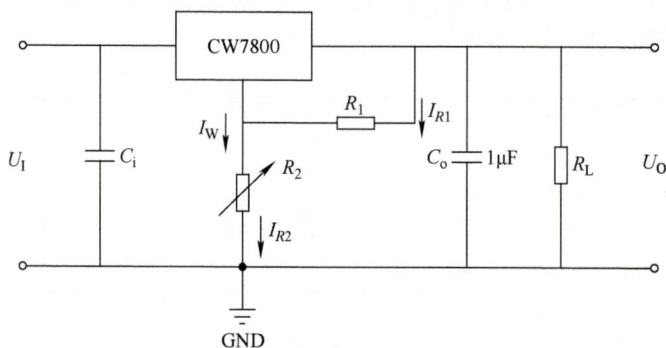

图 6-13　一种输出电压可调的稳压电路

由于电阻 R_1 上的电压为稳压器的输出电压 U'_O，$I_{R1} = U'_O / R_1$，输出电压 U_O 等于 R_1 上电压与 R_2 上电压之和，所以输出电压为

$$U_O = U'_O + \left(\frac{U'_O}{R_1} + I_W \right) R_2$$

$$U_O = \left(1 + \frac{R_2}{R_1} \right) U'_O + I_W R_2 \tag{6-21}$$

改变 R_2 滑动端位置，可以调节 U_O 的大小。三端稳压器既作为稳压器件，又为电路提供基准电压。由于公共端电流 I_W 的变化将影响输出电压，实用电路中常加电压跟随器将稳压器与采样电阻隔离，如图 6-14 所示。

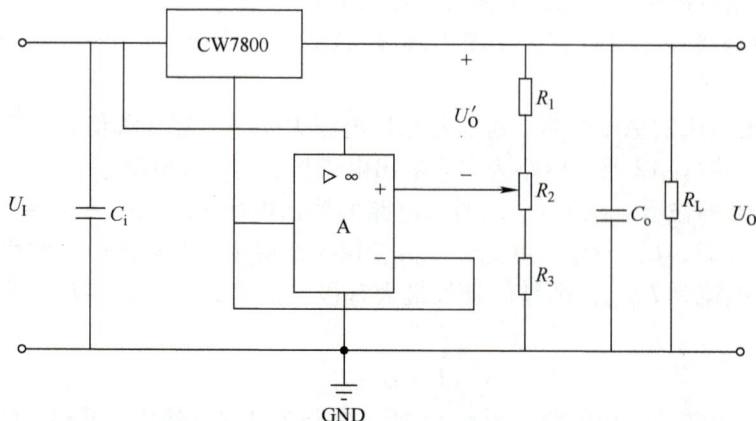

图 6-14　输出电压可调的实用稳压电路

图中电压跟随器的输出电压等于三端稳压器的输出电压 U_O，即电阻 R_1 与 R_2 上部分的电压之和，是一个常量，改变电位器滑动端的位置，即可调节输出电压 U_O 的大小。以输出电压的正端为参考点，不难求出输出电压为

$$\frac{R_1 + R_2 + R_3}{R_1 + R_2}U_O' \le U_O \le \frac{R_1 + R_2 + R_3}{R_1}U_O' \tag{6-22}$$

设 $R_1 = R_2 = R_3 = 300\Omega$，$U_O' = 12V$，则输出电压的调节范围为 18～36V。可以根据输出电压的调节范围及输出电流大小选择三端稳压器及采样电阻。

4）正、负极输出稳压电路。CW7900 系列芯片是一种输出负电压的固定式三端稳压器，输出电压有 -5V、-6V、-9V、-12V、-15V、-18V 和 -24V 7 个档次，并且也有 1.5A、0.5A 和 0.1A 3 个电流档次，使用方法与 CW7800 系列稳压器相同，只是要特别注意输入电压和输出电压的极性。CW7900 与 CW7800 相配合，可以得到正、负输出的稳压电路，如图 6-15 所示。

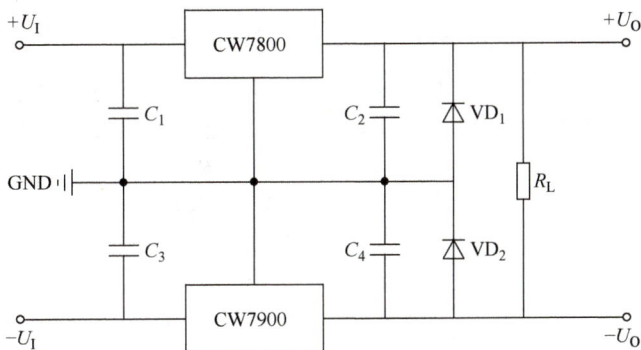

图 6-15　正、负输出稳压电路

图中两只二极管起保护作用，正常工作时均处于截止状态。若 CW7900 的输入端未接入输入电压，CW7800 的输出电压将通过负载电阻接到 CW7900 的输出端，使 VD_2 导通，从而将 CW7900 的输出端钳位在 0.7V 左右，保护其不至于损坏；同理，VD_1 可在 CW7800 的输入端未接入输入电压时保护其不至于损坏。

6.5.3　三端可调式集成稳压器

国产三端可调式集成稳压器有 CW117/217/317 系列（正电压输出）和 CW137/237/337 系列（负电压输出），其外形如图 6-16 所示。按照其输出电流的大小又可分为 L 型和 M 型等，其型号组成和意义如图 6-17 所示。

三端可调电压稳压器克服了输出电压不可调的缺点，同时集成了三端固定式集成稳压器的诸多优点，因此在实际中得到了广泛应用。下面仅以 CW117 系列三端可调电压稳压器为例介绍其应用。

CW117 系列是输出电压为 1.2～37V 的可调式三端线性集成稳压器。使用时，只要稳压器输入与输出的电压差在 3～40V 之间，CW117 系列的稳压器就能正常工作。其典型应用电路如图6-18a所示。工作时，CW117 的输出和调节端之间形成 1.25V 的基准电压 U_{REF}，该基准电压加在设定电阻 R_1 上，产生恒定电流。该电流再流过输出设定电阻 R_2，因而输出电压为

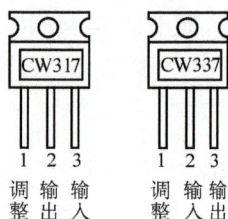

图 6-16 CW317 和 CW337 的外形

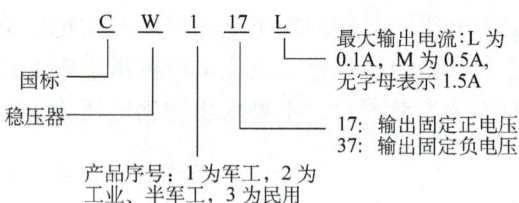

图 6-17 可调集成稳压器的型号组成和意义

$$U_O = U_{REF}\left(1 + \frac{R_2}{R_1}\right) + I_{ADJ}R_2 \tag{6-23}$$

由于调整端输出电流 I_{ADJ} 很小，故上式可写为

$$U_O = U_{REF}\left(1 + \frac{R_2}{R_1}\right) \tag{6-24}$$

CW117 系列稳压器本身具有较高的稳压精度，但调整端通过电阻 R_2 接地，这样输出电压的精度会受到 R_2 和调整端电流变化的影响。为消除 R_2 的影响，可以采用高精度稳压管代替电阻 R_2，其电路如图 6-18b 所示，R_3 用以微调输出电压。输出电压为

$$U_O = (U_{REF} + U_Z)\left(1 + \frac{R_3}{R_2}\right) \tag{6-25}$$

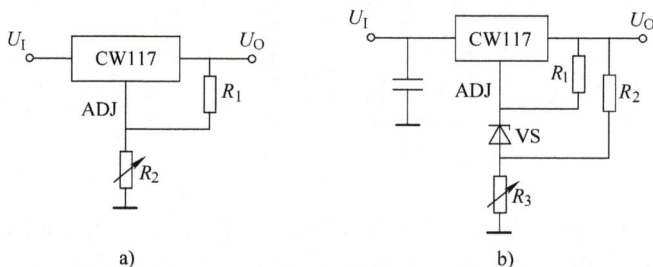

图 6-18 CW117 系列稳压器应用电路

6.5.4 三端集成稳压器的选用与注意事项

1. 品种选择方法

选择三端集成稳压器时，可从以下 3 个方面加以考虑：

① 选择合适的类型，主要考虑输出电压是否可调，输出电流范围有多大。

② 对不同使用场合，选择不同的参数，主要考虑性能指标（如电压调整率、纹波抑制比等）、工作参数（如最大输入电压、功耗等）和环境温度等。

③ 是否需要附加功能，如过电流保护、短路保护、芯片过载热保护等。

2. 使用中的注意事项

三端集成稳压器在使用过程中，必须注意以下几点，以防造成器件损坏：

① 严格区分输入端与输出端，防止引脚中的输入端与输出端弄错，一般当输出电压超过输入电压时，将会击穿集成块内调整管。

② 接地要良好，特别是通过散热器连接时，使用一段时间后，接点因氧化、振动等原

因，有可能导致接触不良。

③ 防止输入端发生短路，特别是稳压器输出端接有大电容时，若因停电、过载保险烧断等，大电容释放电荷时，会使输出端电压高于输入端电压 7V 以上，导致调整管击穿损坏。为避免这种情况的发生，可在稳压器的输入、输出端反向接入保护二极管。

④ 防止瞬态过电压损坏稳压器，可在输入端与公共端之间接入容量在 $0.1 \sim 0.47\mu F$ 的电容加以解决。

拓展阅读　稳压电源的发展

稳压电源的历史可追溯到 19 世纪。20 世纪初，就有了铁磁稳压器以及相应的技术文献。电子管问世不久，电子管直流稳压器也被设计出来。在 20 世纪 40 年代后期，电子器件与磁饱和元件相结合，构成了电子控制的磁饱和交流稳压器。20 世纪 50 年代，晶体管的诞生使晶体管串联调整稳压电源成了直流稳压电源的中心。20 世纪 60 年代后期，开关电源、晶闸管电源得到快速发展，与此同时，集成稳压器也不断发展。直至今日，在直流稳压电源领域，以电子计算机为代表的要求供电电压低、电流大的电源大都由开关电源担任，要求供电电压高、电流大的设备的电源由晶闸管电源担任，小电流、低电压电源都采用集成稳压器。

在交流稳压电源领域，铁磁谐振式和电子反馈调控式这两类技术也在不断发展。

铁磁谐振式稳压电源的发展历程大致如下。

- 20 世纪 50 年代：磁饱和稳压器。
- 20 世纪 60 ~ 70 年代：磁泄放式恒压变压器（CVT）。
- 20 世纪 80 年代中期：运用磁补偿形式的第一代参数稳压器。
- 20 世纪 90 年代中期：第二代参数稳压器。
- 21 世纪初：第三代参数稳压器。

电子反馈调控式稳压电源的发展历程大致如下。

- 20 世纪 50 年代：电子管调控磁放大式（614）交流稳压器。
- 20 世纪 60 ~ 70 年代：电子调控自耦滑动式（SVC）交流稳压器，自动感应式调节稳压器。
- 20 世纪 80 年代中期：电子调控的有触点补偿式交流稳压器，正弦能量分配器式净化电源。
- 20 世纪 90 年代中期：数控有级的无触点补偿式交流稳压器，改进型的第二、三代净化电源。
- 21 世纪初：利用逆变器作补偿的无级、无触点补偿式交流稳压器、新型的净化电源。

习 题 6

6.1　填空题。

1）直流稳压电源一般由_____、_____、_____、_____组成。

2）串联型稳压电源输出调整电压的范围表达式是_____。

3）CW78 系列三端稳压器各引脚功能是：1 脚_____、2 脚_____、3 脚_____。

4）并联型稳压电路指稳压元件与负载相_____。

6.2 直流稳压电源一般由哪几部分组成？各部分的作用是什么？

6.3 试比较单相半波、桥式整流电路的优点、缺点。

6.4 电容和电感为什么能起滤波作用？它们在滤波电路中应如何与负载连接？

6.5 为了使二极管在整流电路中安全可靠地工作，在选用时应注意哪些问题？

6.6 在电容滤波的半波、桥式整流电路中，二极管所承受的最高反向电压各是多少？

6.7 电路如图 6-19 所示，若已知变压器二次电压有效值 $U_2 = 20V$，现测得 U_L 为下述三组数据：1）9V；2）18V；3）24V。问哪一组数据是正常的？对不正常的测量数据，试分析电路可能出现的故障（元器件的开路或短路）。

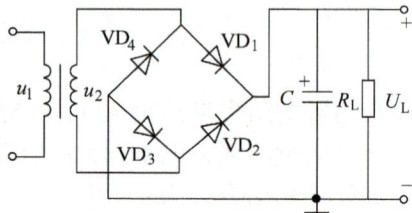

图 6-19 习题 6.7 图

6.8 试叙述并联、串联稳压器的稳压过程。

6.9 图 6-20 所示为串联型直流稳压电源，其中稳压二极管 VS 的稳压值 $U_Z = 6V$，各晶体管的 $U_{BE} = 0.3V$。

1）求输出电压的可调范围。

2）当电位器调到中间位置时，估算 A、B、C、D、E 点电位。

3）当电网电压升高或降低时，试说明上面各点电位变化趋势和稳压原理。

4）VT_1 击穿或开路，输出电压如何变化？

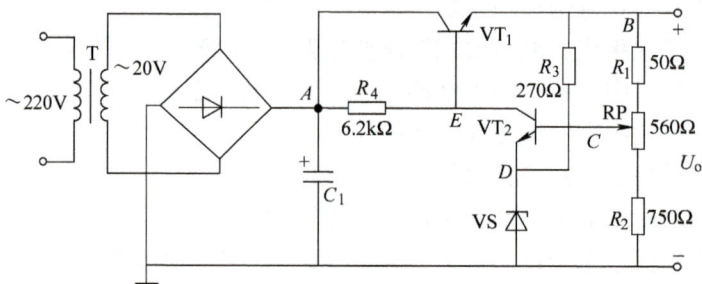

图 6-20 习题 6.9 图

第7章 数字电路基础

在自然界中，存在着许许多多的物理量。例如，时间、温度、压力、速度等，它们在时间和数值上都具有连续变化的特点，这种连续变化的物理量，习惯上称为模拟量。表示模拟量的信号叫作模拟信号。还有一种物理量，在时间上和数量上是不连续的，其变化总是发生在一系列离散的瞬间，这一类物理量叫作数字量，表示数字量的信号叫作数字信号。数字电路是数字电子技术的核心，是计算机和数字通信的硬件基础。

学习目标：
1. 掌握不同数制之间的转换的方法。
2. 掌握逻辑代数基本公式。
3. 理解 4 种逻辑函数的化简方法，会用公式法化简逻辑函数。
4. 会用卡诺图法化简逻辑函数。
5. 了解基本逻辑门电路。

素养目标：
1. 培养发现问题、分析问题、解决问题的能力。
2. 养成良好的工作责任心、坚强的意志力和严谨的工作作风。

7.1 数制与码制

对数字信号进行算术运算和逻辑运算的电路通常称为数字电路。

1. 数字电路的特点

数字电路的基本工作信号是用 1 和 0 表示的数字信号，反映在电路上就是高电平和低电平。因此，用于数字电路中的各种半导体器件均工作在开关状态。与模拟电路相比，数字电路具有以下特点。

1）数字电路中通常采用二进制。因此，凡具有两个稳定状态的元器件，均可用来表示二进制的两个数码。比如晶体管的饱和与截止、开关的闭合与断开、灯泡的亮与灭等。

2）抗干扰能力强、精度高。由于数字电路所传送和处理的是二值信息 0 和 1，只要外界干扰在电路的噪声容限范围内，电路就能正常工作，因而其抗干扰能力强。另外，数字电路对实现数字电路的集成化十分有利。

3）通用性强。可以采用标准的逻辑元件和可编程逻辑器件来获得各种各样的数字电路和系统，使用十分方便灵活。

4）具有"逻辑思维"能力。数字电路不仅具有算术运算能力，而且还具备一定的"逻辑思维"能力，数字电路能够按照人们设计好的规则，进行逻辑推理和逻辑判断。

由于数字电路具有上述特点，因而得到了十分迅速的发展。数字电路在数字电子计算机、自动控制、数字仪表、通信、电视、雷达、数控技术等各领域得到了广泛的应用。因此，数字电子技术几乎成为各类专业技术人员所必备的专业基础知识。

2. 数字电路的分类

因为数字电路具有"逻辑思维"能力，所以数字电路又称为数字逻辑电路。数字电路通常分为两大类，即组合逻辑电路和时序逻辑电路。

如果一个逻辑电路的输出信号只与当时的输入信号有关，而与电路原来的状态无关，则称它为组合逻辑电路。常用的组合逻辑电路有编码器、译码器、数据选择器、数值比较器等。

如果一个逻辑电路的输出信号不仅与当时的输入信号有关，而且还与电路原来的状态有关，则称它为时序逻辑电路。常用的时序逻辑电路有寄存器和计数器等。

7.1.1 数制

1. 十进制

十进制由 0 ~ 9 十个数码组成，在运算中遵循"逢十进一"或"借一当十"的规则。

任意的十进制数 N 都可以表示成如下的多项式形式：

$$(N)_{10} = \sum_{i=n-1}^{-m} K_i 10^i$$

数制

式中，10 称作基数，n 为小数点左边的位数，m 为小数点右边的位数，10^i 称作"权"，K_i 为权 10^i 所对应的系数，它可以是 0 ~ 9 十个数码。

例如，一个十进制数 276.84 用多项式来表示时可写成：

$$(276.84)_{10} = 2 \times 10^2 + 7 \times 10^1 + 6 \times 10^0 + 8 \times 10^{-1} + 4 \times 10^{-2}$$

十进制虽然是人们习惯的计数体制，但很难用电路来实现，因此计数电路一般不直接使用十进制。

2. 二进制

二进制只有两个数码 0 和 1，在运算中遵循"逢二进一"或"借一当二"的规则，因此二进制就是以 2 为基数的计数体制，权为 2^i。同十进制一样，任意的二进制也可表示成如下的形式：

$$(N)_2 = \sum_{i=n-1}^{-m} K_i 2^i$$

例如，二进制数 1011.101 可以表示成如下形式：

$$(1011.101)_2 = 1 \times 2^3 + 0 \times 2^2 + 1 \times 2^1 + 1 \times 2^0 + 1 \times 2^{-1} + 0 \times 2^{-2} + 1 \times 2^{-3}$$

虽然数字系统广泛采用二进制，但当二进制数的位数很多时，书写和阅读很不方便，容易出错。为此，人们通常采用二进制的缩写形式——八进制和十六进制。

3. 八进制

八进制采用 0 ~ 7 八个数码，运算中遵循"逢八进一"或"借一当八"的运算规则，故基数为 8，权为 8^i。

4. 十六进制

十六进制采用 0 ~ 9、A、B、C、D、E、F 十六个数码，运算中遵循"逢十六进一"或"借一当十六"的规则，故基数为 16，权为 16^i。

十进制、二进制、八进制、十六进制对照表见表 7-1。

表7-1　十进制、二进制、八进制、十六进制对照表

十进制	二进制	八进制	十六进制	十进制	二进制	八进制	十六进制
0	0000	0	0	8	1000	10	8
1	0001	1	1	9	1001	11	9
2	0010	2	2	10	1010	12	A
3	0011	3	3	11	1011	13	B
4	0100	4	4	12	1100	14	C
5	0101	5	5	13	1101	15	D
6	0110	6	6	14	1110	16	E
7	0111	7	7	15	1111	17	F

7.1.2　不同数制之间的转换

1. 各种数制转换成十进制

二进制、八进制、十六进制转换成十进制时，只要将它们按权展开，求出各加权系数的和，便得到相应进制数对应的十进制数。例如

$(10110110)_2 = (1 \times 2^7 + 0 \times 2^6 + 1 \times 2^5 + 1 \times 2^4 + 0 \times 2^3 + 1 \times 2^2 + 1 \times 2^1 + 0 \times 2^0)_{10} = (182)_{10}$

$(172.01)_8 = (1 \times 8^2 + 7 \times 8^1 + 2 \times 8^0 + 1 \times 8^{-2})_{10} = (122.015625)_{10}$

$(4C2)_{16} = (4 \times 16^2 + 12 \times 16^1 + 2 \times 16^0)_{10} = (1218)_{10}$

2. 十进制转换为二进制

将十进制数的整数部分转换为二进制数采用"除2取余法"；将十进制小数部分转换为二进制数采用"乘2取整法"。

【例7-1】　将十进制数$(107.625)_{10}$转换成二进制数。

解：（1）整数部分转换

"除2取余法"是将整数部分逐次被2除，依次记下余数，直到商为0。第一个余数为二进制数的最低位，最后一个余数为最高位。

所以，$(107)_{10} = (K_6 K_5 K_4 K_3 K_2 K_1 K_0)_2 = (1101011)_2$

（2）小数部分转换

"乘2取整法"是将小数部分连续乘以2，取乘数的整数部分作为二进制数的小数，由上到下排列即可。

$$0.625 \times 2 = 1.250 \qquad 整数部分 = 1 = K_{-1}$$
$$0.250 \times 2 = 0.500 \qquad 整数部分 = 0 = K_{-2}$$
$$0.500 \times 2 = 1.00 \qquad 整数部分 = 1 = K_{-3}$$

所以，$(0.625)_{10} = (K_{-1}K_{-2}K_{-3})_2 = (101)_2$

由此可得十进制数 $(107.625)_{10}$ 对应的二进制数为 $(107.625)_{10} = (1101011.101)_2$

3. 二进制与八进制、十六进制间相互转换

1）二进制数转换成八进制数。

整数部分从低位开始，每三位二进制数为一组，最后不足三位的，则在高位加 0 补足三位为止；小数点后的二进制数则从高位开始，每三位二进制数为一组，最后不足三位的，则在低位加 0 补足三位，然后用对应的八进制数来代替，再按顺序排列写出对应的八进制数。

【例 7-2】　将二进制数 $(11100101.11101011)_2$ 转换成八进制数。

$$(11100101.11101011)_2 = (345.726)_8$$

2）八进制数转换成二进制数。

将每位八进制数用三位二进制数来代替，再按原来的顺序排列起来，便得到了相应的二进制数。

【例 7-3】　将八进制数 $(745.361)_8$ 转换成二进制数。

$$(745.361)_8 = (111100101.011110001)_2$$

3）二进制数转换成十六进制数。

整数部分从低位开始，每四位二进制数为一组，最后不足四位的，则在高位加 0 补足四位为止；小数部分从高位开始，每四位二进制数为一组，最后不足四位的，在低位加 0 补足四位，然后用对应的十六进制数来代替，再按顺序写出对应的十六进制数。

【例 7-4】　将二进制数 $(10011111011.111011)_2$ 转换成十六进制数。

$$(10011111011.111011)_2 = (4FB.EC)_{16}$$

4）十六进制数转换成二进制数。

将每位十六进制数用四位二进制数来代替，再按原来的顺序排列起来便得到了相应的二进制数。

【例 7-5】　将十六进制数 $(3BE5.97D)_{16}$ 转换成二进制数。

$$(3BE5.97D)_{16} = (11101111100101.100101111101)_2$$

7.1.3　码制

由于数字系统是以二值数字逻辑为基础的，因此数字系统中的信息都是用一定位数的二进制码表示的，这个二进制码称为代码。

用二进制代码表示有关信息的过程称为二进制编码。二进制编码方式很多，二 - 十进制码（又称为 BCD 码）是其中一种常用的码。BCD 码是在人们习惯的十进制数与数字系统使用的二进制数之间建立的一种联系，即用二进制代码表示十进制中 0~9 十个数字。

用二进制代码表示十进制中 0~9 十个数字，至少需要 4 位，而 4 位二进制数共有 16 种组合，可从 16 种组合中选其中 10 种组合来表示 0~9 十个数字，选哪 10 种，有多种方案，这就形成了不同的 BCD 码。常用的几种 BCD 码见表 7-2。

表7-2　常用的几种 BCD 码

十进制数	8421 码	5421 码	2421 码	余 3 码
0	0000	0000	0000	0011
1	0001	0001	0001	0100
2	0010	0010	0010	0101
3	0011	0011	0011	0110
4	0100	0100	0100	0111
5	0101	1000	1011	1000
6	0110	1001	1100	1001
7	0111	1010	1101	1010
8	1000	1011	1110	1011
9	1001	1100	1111	1100

1. 8421 码

将十进制数的 0~9 十个数字用 4 位二进制数表示的代码，称为二－十进制码，由于 4 位二进制数各位的权从左到右分别为 8、4、2、1，故称 8421BCD 码。这种编码属于有权码。它是应用最广泛的一种 BCD 码。

2. 5421 码

类似 8421 码，只是 4 位二进制数各位的权从左到右分别为 5、4、2、1，也是一种有权码。

3. 2421 码

类似 8421 码，只是 4 位二进制数各位的权从左到右分别为 2、4、2、1，也是一种有权码。

4. 余 3 码

余 3 码是由 8421 码加 3 得到的，它是一种无权码，由于代码中各位"1"不表示一个固定的值，因而不直观。

【例 7-6】　将十进制数 83 分别用 8421 码、2421 码、余 3 码表示。

解：由表7-2可得

$$(83)_D = (10000011)_{8421}$$
$$(83)_D = (11100011)_{2421}$$
$$(83)_D = (10110110)_{余3}$$

5. 格雷码

还有一种 4 位无权码称为格雷码（Gray），其编码见表 7-3。它是按照相邻性原则，即相邻两个代码之间只有一位不同，常用于模拟量的转换，当模拟量发生微小变化而可能引起数字量变化时，格雷码只改变一位，这比其他码改变两位或多位更可靠，可减少出错的可能性。

表7-3　格雷码

十进制数	二进制码	格雷码
0	0 0 0 0	0 0 0 0
1	0 0 0 0	0 0 0 1
2	0 0 1 0	0 0 1 1

（续）

十进制数	二进制码	格雷码
3	0 0 1 1	0 0 1 0
4	0 1 0 0	0 1 1 0
5	0 1 0 1	0 1 1 1
6	0 1 1 0	0 1 0 1
7	0 1 1 1	0 1 0 0
8	1 0 0 0	1 1 0 0
9	1 0 0 1	1 1 0 1
10	1 0 1 0	1 1 1 1
11	1 0 1 1	1 1 1 0
12	1 1 0 0	1 0 1 0
13	1 1 0 1	1 0 1 1
14	1 1 1 0	1 0 0 1
15	1 1 1 1	1 0 0 0

7.2 逻辑代数

逻辑代数又称为布尔代数，是分析和设计逻辑电路的数学工具，为分析和设计逻辑电路提供了理论基础。逻辑代数所研究的内容，是逻辑函数与逻辑变量之间的关系。

7.2.1 逻辑代数的基本概念

逻辑代数

在逻辑代数中，逻辑变量的取值不是 0 就是 1，是一种二值量。它对应于数字电路中电子器件开关（即电子开关的断开、闭合）的两种状态。能实现开、关状态的电子器件称为电子开关。二极管、晶体管和场效应晶体管在数字电路中就是构成这种电子开关的基本开关器件。

逻辑运算可以用语句描述，也可用逻辑表达式描述，还可用表格或图形来描述。描述逻辑关系的表格称为真值表，用规定的图形符号来表示逻辑运算称为逻辑符号。下面讨论 3 种常用的逻辑运算。

1. 基本的逻辑运算

在逻辑代数中，基本的逻辑运算有"与"（逻辑乘）、"或"（逻辑加）、"非"（求反运算）。

（1）与运算——所有条件都具备事件才发生

图 7-1a 是一个简单的"与"逻辑电路，即只有开关 S_1、S_2 同时接通时，灯才亮。

若开关用"1"表示闭合，用"0"表示断开，灯用"1"表示亮，用"0"表示灭，则可以用列表的方式表示这种逻辑关系，称为逻辑真值表，如图 7-1b 所示。

若用逻辑表达式描述，则可写为

$$Y = A \cdot B$$

式中小圆点"·"表示 A、B 的与运算，也表示逻辑乘。在不致引起混淆的情况下，乘号常省略掉。

与运算的规则为

$$0 \cdot 0 = 0 \qquad 0 \cdot 1 = 0 \qquad 1 \cdot 0 = 0 \qquad 1 \cdot 1 = 1$$

可概括为一句话：有"0"出"0"，全"1"出"1"。

在数字电路中能实现与运算的电路称为与门电路，其逻辑符号如图 7-1c 所示。与运算可以推广到多变量。

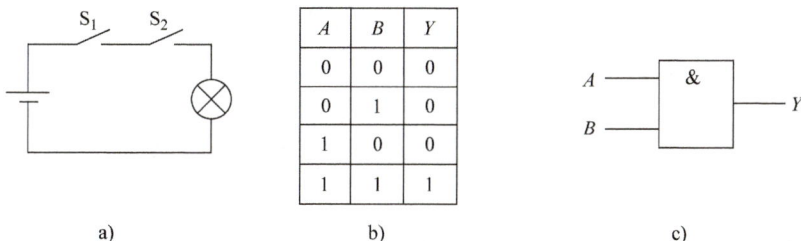

图 7-1　与逻辑运算

a）电路图　b）真值表　c）逻辑符号

（2）或运算——只要有一个条件具备，事件就会发生

在现实生活中，还有这样一种因果关系：当决定一件事情的条件中有一个或一个以上的条件满足时，事件就可以发生，我们把这种逻辑关系称为或逻辑。图 7-2a 为一个简单的"或"逻辑电路，当开关 S_1 或 S_2 接通或 S_1、S_2 都接通时，灯都会亮，只有当 S_1、S_2 都不接通时，灯才不亮。逻辑真值表如图 7-2b 所示。若用逻辑表达式描述，则可写为

$$Y = A + B$$

式中，"+"表示 A、B 的或运算，也表示逻辑加。或运算的规则为

$$0 + 0 = 0 \qquad 0 + 1 = 1 \qquad 1 + 0 = 1 \qquad 1 + 1 = 1$$

可概括为一句话：有"1"出"1"，全"0"出"0"。

在数字电路中能实现或运算的电路称或门电路，其逻辑符号如图 7-2c 所示。或运算可以推广到多变量。

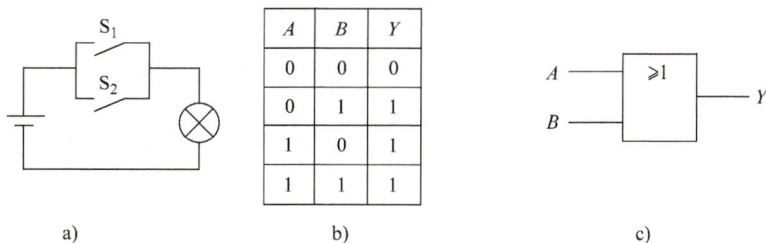

图 7-2　或逻辑运算

a）电路图　b）真值表　c）逻辑符号

（3）非运算——结果与条件相反

非是指这样一种因果关系：某事情发生与否取决于一个条件，而且是对该条件的否定，即条件具备时事情不发生，条件不具备时事情发生。

图 7-3a 所示电路，当 S 断开时灯亮，当 S 闭合时灯不亮，其逻辑真值表如图 7-3b 所

示，若用逻辑表达式表示则为

$$Y = \overline{A}$$

式中，A 上面的横 "–" 表示非运算，读作非（或反），非运算规则为

$$\overline{0} = 1 \qquad \overline{1} = 0$$

在数字电路中能实现非运算的电路称非门电路，其逻辑符号如图 7-3c 所示。

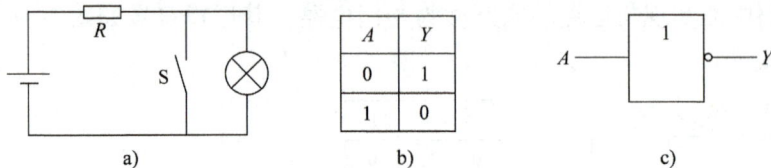

图 7-3　非逻辑运算

a）电路图　b）真值表　c）逻辑符号

2. 几种符合逻辑运算

在数字系统中，除应用与、或、非 3 种基本逻辑运算之外，还广泛应用与、或、非的不同组合，最常见的复合逻辑运算有与非、或非、与或非、异或和同或等。

（1）与非运算

"与"和"非"的复合运算称为与非运算，逻辑表达式为

$$Y = \overline{A \cdot B}$$

其逻辑真值表和逻辑符号如图 7-4 所示。

其逻辑运算规则可以概括为：有 "0" 出 "1"，全 "1" 才 "0"。

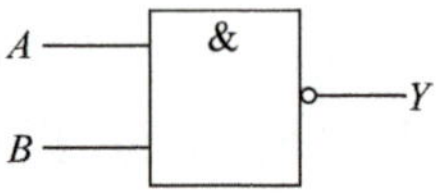

（2）或非运算

"或"和"非"的复合运算称为或非运算，逻辑表达式为

$$Y = \overline{A + B}$$

A	B	Y
0	0	1
0	1	1
1	0	1
1	1	0

图 7-4　与非逻辑运算

a）逻辑符号　b）真值表

其逻辑真值表和逻辑符号如图 7-5 所示。其逻辑运算规则可以概括为：有 "1" 出 "0"，全 "0" 才 "1"。

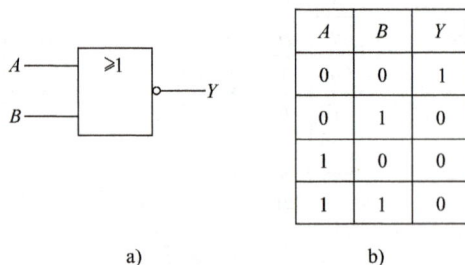

A	B	Y
0	0	1
0	1	0
1	0	0
1	1	0

图 7-5　或非逻辑运算

a）逻辑符号　b）真值表

（3）与或非运算

"与""或"和"非"的复合运算称为与或非运算，逻辑表达式为

$$Y = \overline{AB + CD}$$

其逻辑图和逻辑符号如图 7-6 所示。

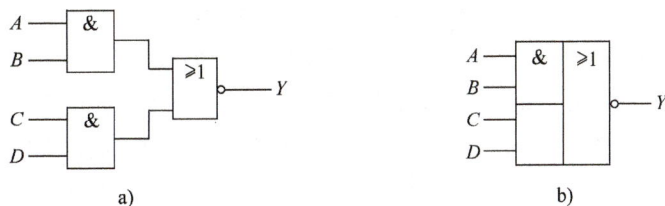

图 7-6　与或非运算
a）逻辑图　b）逻辑符号

（4）异或运算

所谓异或运算，是指两个输入变量取值相同时输出为 0，取值不相同时输出为 1。逻辑表达式为

$$Y = A \oplus B = A \overline{B} + \overline{A} B$$

式中，符号"$\oplus$"表示异或运算。其逻辑运算规则可以概括为："相同为 0，相异为 1"。其逻辑真值表和逻辑符号如图 7-7 所示。

A	B	Y
0	0	0
0	1	1
1	0	1
1	1	0

a）

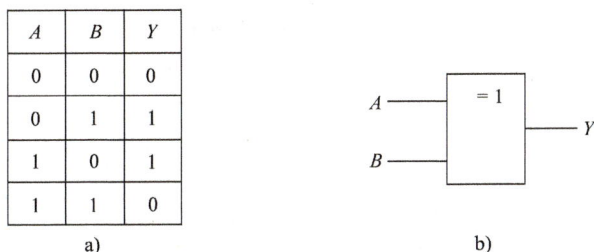

b）

图 7-7　异或运算
a）真值表　b）逻辑符号

（5）同或运算

所谓同或运算，是指两个输入变量取值相同时输出为 1，取值不相同时输出为 0。逻辑表达式为

$$Y = \overline{A \oplus B} = AB + \overline{A} \, \overline{B}$$

其逻辑运算规则可以概括为："相同为 1，相异为 0"。其逻辑符号和逻辑真值表如图 7-8 所示。

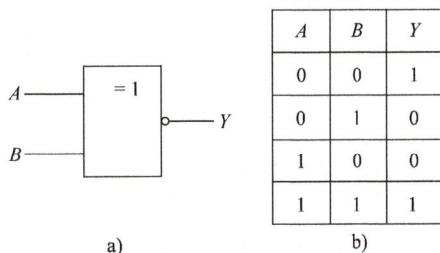

a）

A	B	Y
0	0	1
0	1	0
1	0	0
1	1	1

b）

图 7-8　同或运算
a）逻辑符号　b）真值表

7.2.2　常用公式和规则

1. 逻辑代数的基本公式

（1）常量之间关系

$$\begin{cases} 0 + 0 = 0 \\ 0 \cdot 0 = 0 \end{cases} \quad \begin{cases} 1 \cdot 1 = 1 \\ 1 + 1 = 1 \end{cases} \quad \begin{cases} 0 + 1 = 1 \\ 0 \cdot 1 = 0 \end{cases}$$

（2）0 − 1 律

$$\begin{cases} A+0=A \\ A+1=1 \end{cases} \qquad \begin{cases} A \cdot 1=A \\ A \cdot 0=0 \end{cases}$$

上述公式反映了常量 0、1 和变量 A 运算时所应遵循的规律。每一公式有左右两排两种形式。这两个公式之间存在一定的对偶关系,即将左边公式中的 0 变 1,1 变 0;"与"变"或","或"变"与",便可以得到右边公式。这种关系十分重要,在后面的公式中,经常会遇到这种对偶关系式,只要记住了其中一种关系式,很容易就能得到另一种对偶关系式。

(3)互补律

$$A+\overline{A}=1 \qquad A \cdot \overline{A}=0$$

(4)交换律

$$A+B=B+A$$
$$A \cdot B=B \cdot A$$

(5)结合律

$$(A+B)+C=A+(B+C)$$
$$(A \cdot B) \cdot C=A \cdot (B \cdot C)$$

(6)分配律

$$A \cdot (B+C)=A \cdot B+A \cdot C$$
$$A+B \cdot C=(A+B)(A+C)$$

(7)等幂律

$$A+A=A$$
$$A \cdot A=A$$

(8)吸收律

$$A+AB=A$$
$$A+\overline{A}B=A+B$$

(9)冗余定理

$$AB+\overline{A}C+BC=AB+\overline{A}C$$
$$A(A+B)=A$$
$$A(\overline{A}+B)=AB$$

(10)双重否定律

$$\overline{\overline{A}}=A$$

(11)摩根定律(反演律)

$$\overline{A+B}=\overline{A}\ \overline{B} \qquad \overline{AB}=\overline{A}+\overline{B}$$

在上述公式中,变量 A、B 的取值只能为 0 或为 1,分别代入真值表可以验证。对于复杂的公式也可以用简单的公式来证明。

2. 逻辑代数的基本规则

(1)代入规则

在任何一个逻辑等式中,如果将等式两边的某一变量都用一个函数代替,则等式依然成立。这个规则称为代入规则。

【例 7-7】 已知等式 $\overline{AB}=\overline{A}+\overline{B}$,若用 $Y=BC$ 代替等式中的 B,即: $\overline{A(BC)}=\overline{A}+\overline{B}+\overline{C}$ 成立。

（2）反演规则

求一个逻辑函数 Y 的反函数时，只要将函数中所有"·"换成"+"，"+"换成"·"；"0"换成"1"，"1"换成"0"；原变量换成反变量，反变量换成原变量；则所得到的逻辑函数式就是逻辑函数 Y 的反函数。

运用以上规则时必须注意运算符号的先后顺序，必须按照先括号，然后再与、后或的顺序变换，而且应保持两个及两个以上变量的非号不变。

【例7-8】　求 $Y = \overline{\overline{A+B} \cdot \overline{B+\overline{C}} + \overline{D+E}}$ 的反函数。

解： $\overline{Y} = \overline{\overline{A} \, \overline{B}} + \overline{\overline{B}C} \, \overline{D} \, \overline{E}$

（3）对偶规则

Y 是一个逻辑表达式，如果将 Y 中的"·"换成"+"，"+"换成"·"，"0"换成"1"，"1"换成"0"，则得到新的逻辑函数式 Y'，Y' 称为 Y 的对偶函数。

对于两个函数，如果原函数相等，那么其对偶函数、反函数也相等。

【例7-9】　求 $Y = A + BC$ 的对偶式 Y'。

解： $Y' = A \cdot (B + C)$

7.3　逻辑函数的化简

要实现同一种逻辑功能，可以用几种不同的逻辑电路来实现，因此就会有几种不同的逻辑表达式，这些表达式有简有繁。一般来说，表达式越简单，实现它的逻辑电路就越简单。同样，如果已知一个逻辑电路，按其列出的逻辑表达式越简单，则越有利于对电路的逻辑功能进行分析。所以，在数字电路设计中，逻辑函数的化简是十分重要的环节。

在化简时，我们力图得到最简单的与或表达式（其结果为几个乘积项相加），使得乘积项中的乘积因子最少，以减少与门的输入端及连线数；使乘积项最少，以减少或门的输入端及连线数。

7.3.1　公式法化简

公式法化简就是利用逻辑代数的基本公式和基本规则进行化简，常用的化简方法有以下几种。

1. 并项法

应用 $A + \overline{A} = 1$ 将两项合并为一项，并可消去一个或两个变量。如

$$Y = ABC + A\overline{B}\,\overline{C} + AB\overline{C} + A\overline{B}C$$
$$= AB(C + \overline{C}) + A\overline{B}(C + \overline{C})$$
$$= AB + A\overline{B} = A(B + \overline{B}) = A$$

公式法化简

2. 配项法

应用 $1 = B + \overline{B}$，将 $B + \overline{B}$ 作配项用，与某乘积项相乘，而后展开、合并化简。如

$$Y = AB + \overline{A}\,\overline{C} + B\overline{C}$$
$$= AB + \overline{A}\,\overline{C} + B\overline{C}(A + \overline{A})$$
$$= AB + \overline{A}\,\overline{C} + AB\overline{C} + \overline{A}B\overline{C}$$

$$= (AB + AB\,\overline{C}) + (\overline{A}\,\overline{C} + \overline{A}\,B\,\overline{C})$$
$$= AB + \overline{A}\,\overline{C}$$

3. 加项法

应用 $A + A = A$，在逻辑式中加相同的项，而后化简。如

$$Y = ABC + \overline{A}BC + A\,\overline{B}C$$
$$= ABC + \overline{A}BC + A\,\overline{B}C + ABC$$
$$= BC(A + \overline{A}) + AC(B + \overline{B})$$
$$= BC + AC$$

4. 吸收法

应用 $A + AB = A$，消去多余因子。如

$$\overline{A}B + \overline{A}BCD\,(E + F)\; = \overline{A}B$$
$$\overline{B} + A\,\overline{B}D = \overline{B}$$

【例 7-10】 利用公式法化简函数 $Y = A\,\overline{B} + B\,\overline{C} + \overline{B}C + \overline{A}B$。

解：
$$Y = A\,\overline{B} + B\,\overline{C} + \overline{B}C + \overline{A}B$$
$$= A\,\overline{B}(\overline{C} + C) + (\overline{A} + A)B\,\overline{C} + \overline{B}C + \overline{A}B$$
$$= A\,\overline{B}\,\overline{C} + A\,\overline{B}C + \overline{A}B\,\overline{C} + AB\,\overline{C} + \overline{B}C + \overline{A}B$$
$$= A\,\overline{C}(\overline{B} + B) + \overline{B}C + \overline{A}B$$
$$= A\,\overline{C} + \overline{B}C + \overline{A}B$$

【例 7-11】 利用公式法化简函数。

$$Y = AD + A\,\overline{D} + AB + \overline{A}C + BD + ACEF + \overline{B}EF + DEFG$$

解：
$$Y = AD + A\,\overline{D} + AB + \overline{A}C + BD + ACEF + \overline{B}EF + DEFG$$
$$= A + AB + \overline{A}C + ACEF + (BD + \overline{B}EF + DEFG)$$
$$= A + C + BD + \overline{B}EF$$

【例 7-12】 证明冗余定理 $AB + \overline{A}C + BC = AB + \overline{A}C$

证明：
$$AB + \overline{A}C + BC$$
$$= AB + \overline{A}C + BC\,(A + \overline{A})$$
$$= AB + \overline{A}C$$

【例 7-13】 试证明 $ABC\,\overline{D} + ABD + BC\,\overline{D} + ABC + BD + B\,\overline{C} = B$。

证明：
$$ABC\,\overline{D} + ABD + BC\,\overline{D} + ABC + BD + B\,\overline{C}$$
$$= ABC(1 + \overline{D}) + BD(1 + A) + BC\,\overline{D} + B\,\overline{C}$$
$$= ABC + BD + BC\,\overline{D} + B\,\overline{C}$$
$$= B(AC + D + C\,\overline{D} + \overline{C})$$
$$= B(AC + D + C + \overline{C})$$
$$= B(AC + D + 1)$$
$$= B$$

公式化简法的优点是变量个数不受限制，缺点是目前尚无一套完整的方法，结果是否最简有时不易判断。

7.3.2　图形法化简

1. 卡诺图

卡诺图是按一定规则画出来的方框图，是表示逻辑函数的一种方法，同时它也是逻辑函数化简的基本方法。利用卡诺图可以直观而方便地化简逻辑函数。它克服了公式化简法对最终化简结果难以确定等缺点。

卡诺图的基本组成单元是最小项，所以先讨论一下最小项及最小项表达式。

设 A、B、C 是 3 个逻辑变量，由这 3 个逻辑变量按以下规则构成乘积项。

1）每个乘积项都只含 3 个因子，且每个变量都是它的一个因子。

2）每个变量都以反变量（$\bar{A}$、$\bar{B}$、$\bar{C}$）或原变量（A、B、C）的形式出现一次，且仅出现一次。

具备以上条件的乘积项共 8 个，称这 8 个乘积项为三变量 A、B、C 的最小项。

推广：一个变量仅有原变量和反变量两种形式，因此 n 个变量共有 2^n 个最小项。

最小项的定义：对于 n 个变量，如果 P 是一个含有 n 个因子的乘积项，而且每一个变量都以原变量或者反变量的形式，作为一个因子在 P 中出现且仅出现一次，那么就称 P 是这 n 个变量的一个最小项。

最小项也可用"m_i"表示，下标"i"即最小项的编号。编号方法：把最小项取值为 1 所对应的那一组变量取值组合当成二进制数，与其相应的十进制数，就是该最小项的编号，见表 7-4。

表 7-4　三变量最小项的编号表

A　B　C	对应十进制数	最小项名称	编号
0　0　0	0	$\bar{A}\bar{B}\bar{C}$	m_0
0　0　1	1	$\bar{A}\bar{B}C$	m_1
0　1　0	2	$\bar{A}B\bar{C}$	m_2
0　1　1	3	$\bar{A}BC$	m_3
1　0　0	4	$A\bar{B}\bar{C}$	m_4
1　0　1	5	$A\bar{B}C$	m_5
1　1　0	6	$AB\bar{C}$	m_6
1　1　1	7	ABC	m_7

最小项具有以下性质：

1）对于任意一个最小项，只有一组变量取值使它的值为 1，而变量取其余各组值时，该最小项均为 0。

2）任意两个不同的最小项之积恒为 0。

3）变量全部最小项之和恒为 1。

任何一个逻辑函数都可以表示为最小项之和的形式——标准与或表达式。而且这种形式是唯一的，就是说一个逻辑函数只有一种最小项表达式。

【例 7-14】　将 $Y = AB + BC$ 展开成最小项表达式。

解：
$$Y = AB + BC = AB(\bar{C} + C) + (\bar{A} + A)BC$$
$$= AB\bar{C} + ABC + \bar{A}BC$$

或

$$Y(A,B,C) = m_3 + m_6 + m_7$$
$$= \sum m(3,6,7)$$

2. 卡诺图画法

卡诺图也称为最小项方块图，是把最小项按照一定规则排列而构成的方格阵列，每个方格代表一个最小项。构成卡诺图的原则是：

① n 变量的卡诺图有 2^n 个小方格（最小项）；

② 最小项排列规则：凡几何相邻的必定逻辑相邻。

逻辑相邻的含义：两个最小项，只有一个变量的形式不同，其余的都相同。逻辑相邻的两个最小项可以合并为一项而消去一个变量，2^n 个逻辑相邻的最小项可以合并为一项而消去 n 个变量。

几何相邻的含义：

一是相邻——紧挨的；

二是相对——任一行或一列的两头；

三是相重——对折起来后位置相重。

n 个变量有 2^n 种组合，卡诺图中有 2^n 个小方格，如图 7-9 为三变量、四变量卡诺图。在卡诺图的行和列分别标出变量及状态。变量状态的次序是 00、01、11、10，即按循环码的循序排列，而不是二进制递增的次序 00、01、10、11。这样排列是为了使任意两个相邻最小项之间只有一个变量发生改变，即逻辑上具有相邻性。

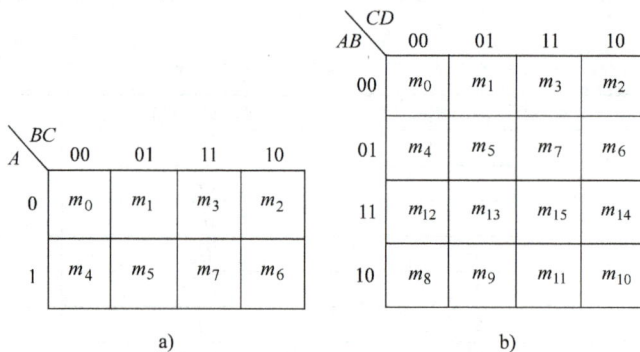

图 7-9　三变量、四变量卡诺图
a）三变量卡诺图　b）四变量卡诺图

3. 用卡诺图表示逻辑函数

（1）从真值表画卡诺图

根据变量个数画出卡诺图，再按真值表填写每一个小方块的值（0 或 1）即可。需注意，二者顺序不同。

【例 7-15】　已知 Y 的真值表见表 7-5，要求画 Y 的卡诺图。

表 7-5　逻辑函数 Y 的真值表

A	B	C	Y
0	0	0	0
0	0	1	1

（续）

A	B	C	Y
0	1	0	1
0	1	1	0
1	0	0	1
1	0	1	0
1	1	0	0
1	1	1	1

解： 卡诺图如图 7-10 所示。

（2）从最小项表达式画卡诺图

把表达式中所有的最小项在对应的小方块中填入 1，其余的小方块中填入 0。

【例 7-16】 画出函数 $Y(A、B、C、D) = \sum m(0,3,5,7,9,12,15)$ 的卡诺图。

$^{BC}_{A}$	00	01	11	10
0	0	1	0	1
1	1	0	1	0

图 7-10 表 7-5 函数 Y 的卡诺图

解： 函数 Y 的卡诺图如图 7-11 所示。

$^{CD}_{AB}$	00	01	11	10
00	m_0		m_3	
01		m_5	m_7	
11	m_{12}		m_{15}	
10		m_9		

$^{CD}_{AB}$	00	01	11	10
00	1	0	1	0
01	0	1	1	0
11	1	0	1	0
10	0	1	0	0

图 7-11 例 7-16 的卡诺图

（3）从"与 - 或"表达式画卡诺图

把每一个乘积项所包含的那些最小项（该乘积项就是这些最小项的公因子）所对应的小方块都填上 1，剩下的填 0，就可以得到逻辑函数的卡诺图。

【例 7-17】 已知 $Y = AB + A\overline{C}D + \overline{A}BCD$，画卡诺图。

解： 因为

$$Y_1 = AB = AB(\overline{C} + C)(\overline{D} + D)$$
$$= AB\,\overline{C}\,\overline{D} + AB\,\overline{C}D + ABC\,\overline{D} + ABCD$$
$$= \sum m(12,13,14,15)$$
$$Y_2 = A\overline{C}D = A(\overline{B} + B)\overline{C}D$$
$$= A\,\overline{B}\,\overline{C}D + AB\,\overline{C}D$$
$$= \sum m(9,13)$$
$$Y_3 = \overline{A}BCD = m_7$$

所以可得卡诺图如图 7-12 所示。

（4）从一般形式表达式画卡诺图

先将表达式变换为与或表达式，则可画出卡诺图。

$^{CD}_{AB}$	00	01	11	10
00	0	0	0	0
01	0	0	1	0
11	1	1	1	1
10	0	1	0	0

图 7-12 例 7-17 卡诺图

4. 卡诺图化简法

由于卡诺图两个相邻最小项中，只有一个变量取值不同，而其余的取值都相同。所以，合并相邻最小项，利用公式 $A + \overline{A} = 1$，$AB + A\overline{B} = A$，可以消去一个或多个变量，从而使逻辑函数得到简化。

（1）卡诺图中最小项合并的规律

合并相邻最小项，可消去变量。

合并 2 个最小项，可消去 1 个变量。

合并 4 个最小项，可消去 2 个变量。

合并 8 个最小项，可消去 3 个变量。

合并 2^n 个最小项，可消去 n 个变量。

图 7-13 是 2 个最小项合并的情况，图 7-14 是 4 个最小项合并的情况，图 7-15 是 8 个最小项合并的情况。

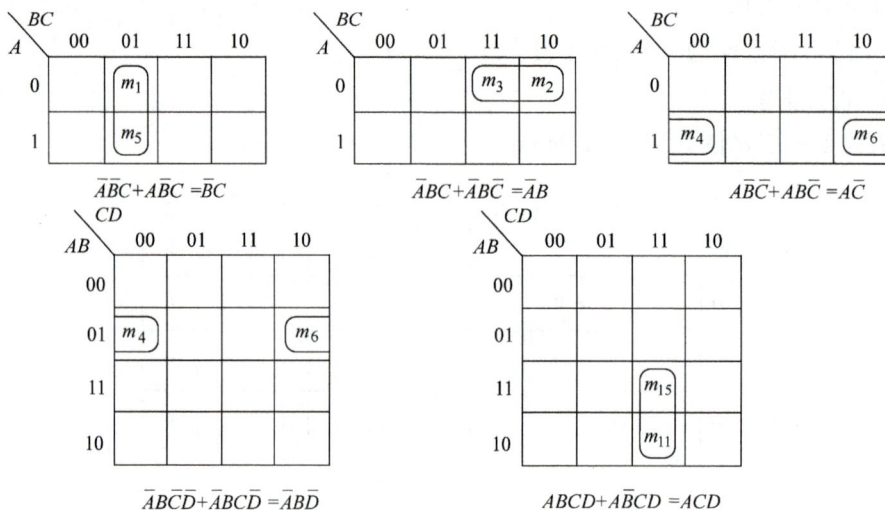

$$\overline{A}\overline{B}C + A\overline{B}C = \overline{B}C$$

$$\overline{A}BC + \overline{A}B\overline{C} = \overline{A}B$$

$$A\overline{B}\overline{C} + AB\overline{C} = A\overline{C}$$

$$\overline{A}B\overline{C}\overline{D} + \overline{A}BC\overline{D} = \overline{A}B\overline{D}$$

$$ABCD + A\overline{B}CD = ACD$$

图 7-13　2 个最小项合并

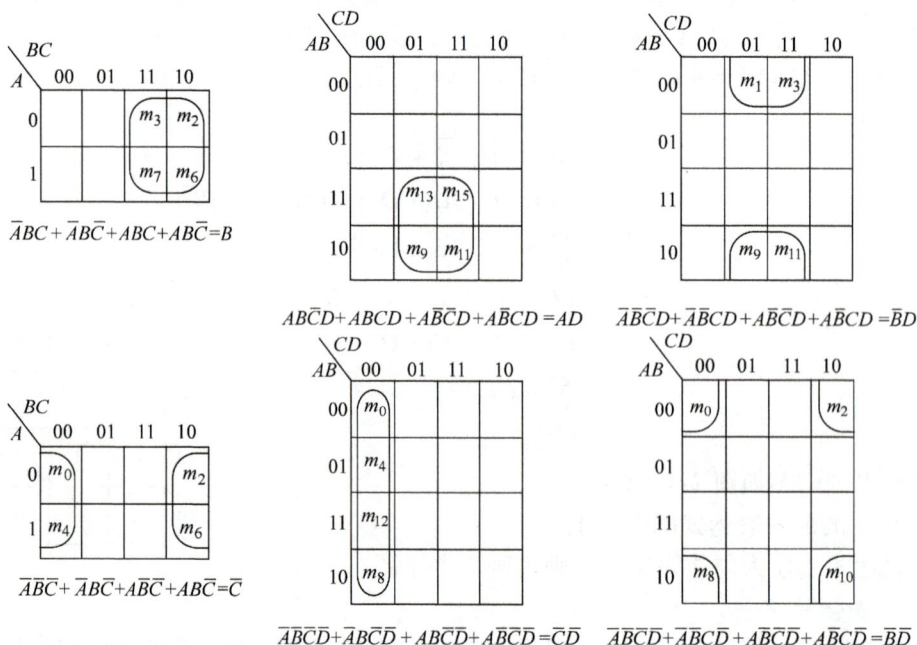

$$\overline{A}BC + \overline{A}B\overline{C} + ABC + AB\overline{C} = B$$

$$AB\overline{C}D + ABCD + A\overline{B}\overline{C}D + A\overline{B}CD = AD$$

$$\overline{A}B\overline{C}D + \overline{A}BCD + A\overline{B}\overline{C}D + A\overline{B}CD = \overline{B}D$$

$$\overline{A}\overline{B}\overline{C} + \overline{A}B\overline{C} + A\overline{B}\overline{C} + AB\overline{C} = \overline{C}$$

$$\overline{A}\overline{B}\overline{C}\overline{D} + \overline{A}BC\overline{D} + AB\overline{C}\overline{D} + ABC\overline{D} = \overline{C}\overline{D}$$

$$\overline{A}\overline{B}\overline{C}\overline{D} + \overline{A}\overline{B}C\overline{D} + A\overline{B}\overline{C}\overline{D} + A\overline{B}C\overline{D} = \overline{B}\overline{D}$$

图 7-14　4 个最小项合并

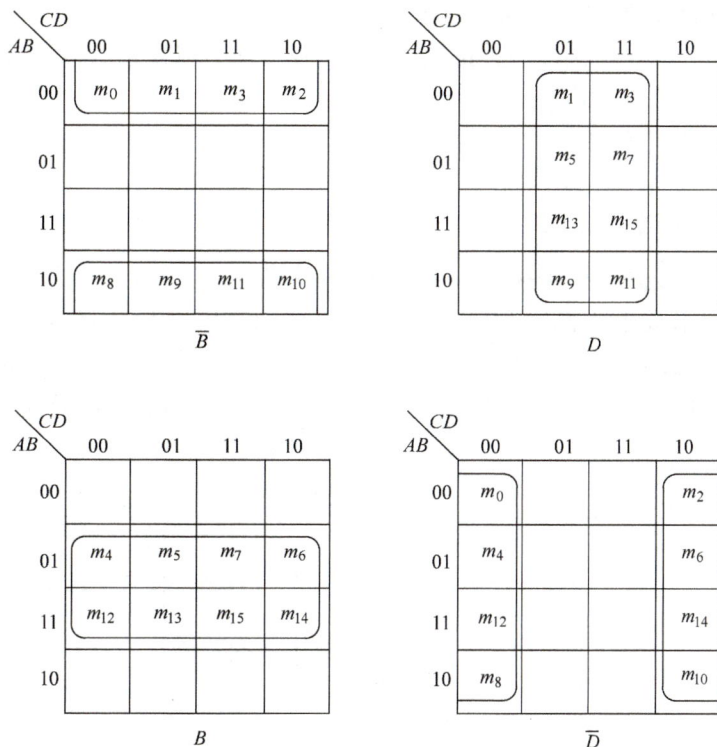

图 7-15　8 个最小项合并

（2）利用卡诺图化简逻辑函数

1）基本步骤。

① 画出逻辑函数的卡诺图。

② 合并相邻最小项（圈组）。

③ 根据圈组写出最简与或表达式。

2）利用卡诺图化简逻辑函数的关键是能否正确圈组。正确圈组的原则如下：

① 必须按 2，4，8，…，2^n 的规律来圈取值为 1 的相邻最小项。

② 每个取值为 1 的相邻最小项至少圈一次，但可以圈多次。

③ 圈的个数要最少，并每个圈要尽可能大。

3）圈组技巧（防止多圈组的方法）。

① 先圈孤立的 1。

② 再圈只有一种圈法的 1。

③ 最后圈大圈。

④ 检查每个圈中是否至少有一个 1 未被其他圈圈过。

4）从圈组写最简与或表达式的方法。

① 将每个圈用一个与项表示。

圈内各最小项中互补的因子消去。

相同的因子保留。

相同取值为 1 用原变量。

相同取值为 0 用反变量。

② 将各与项相或，便得到最简与或表达式。

所以用卡诺图化简逻辑函数的关键是圈组，上述方法可以概括为以下口诀：

圈角观四角，圈边查对边。

2^n 圈尽圈大，圈完需检查。

每圈写共同，最简式表达。

【例 7-18】 用卡诺图化简逻辑函数

$$Y(A,B,C,D) = \sum m(0,1,2,3,4,5,6,7,8,10,11)$$

解：将函数表示成卡诺图的形式如图 7-16a 所示，根据化简的原则，此卡诺图中的 "1" 可以划为 3 包围圈，如图 7-16b 所示，即最上面 2 行 8 个 "1"，4 个角 4 个 "1"，右上角与右下角 4 个 "1"，写出 3 个圈的公共因子，可得此逻辑函数的最简式为

$$Y = \overline{A} + \overline{B}C + \overline{B}\,\overline{D}$$

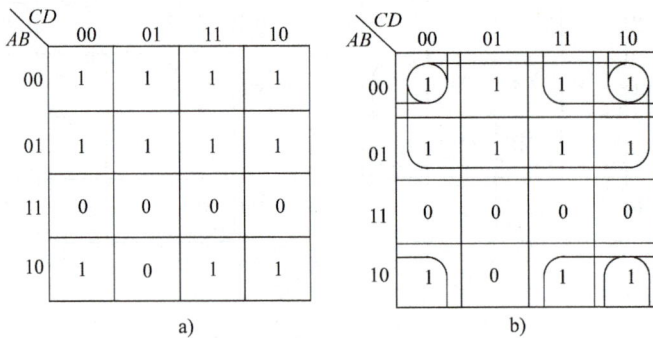

图 7-16 例 7-18 卡诺图

【例 7-19】 化简图 7-17a 所示卡诺图表示的逻辑函数。

解：根据卡诺图的化简原则，找出相邻的 "1"，可得 4 个圈如图 7-17b 所示，故可得化简后的逻辑函数表达式为

$$Y = \overline{A}CD + \overline{A}\overline{B}\,\overline{C} + A\,\overline{C}D + ABC$$

注意：中间 4 个相邻的 "1" 不能圈一个圈，这个圈虽然圈 "1" 的个数最多，但因为这个圈不包含新的 "1"，里面所有的 "1" 都被其他 4 个圈圈过了，而这 4 圈一个都不能少，故中间的圈是多余的圈。

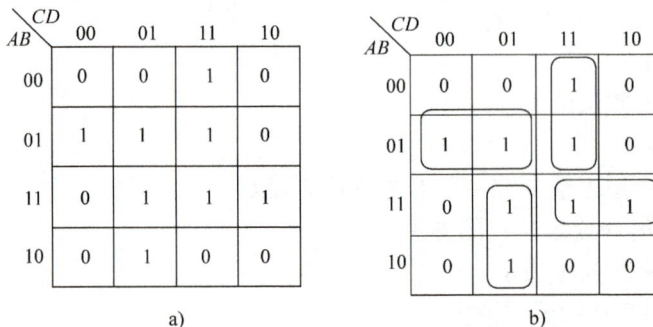

图 7-17 例 7-19 卡诺图

7.4　基本逻辑门电路

在数字电路中，门电路是最基本的逻辑单元，它的应用极为广泛。所谓"门"就是一种开关，在一定条件下它能允许信号通过，条件不满足，信号就通不过。因此，门电路的输入与输出信号之间存在一定的逻辑关系，所以门电路又称为逻辑门电路。基本逻辑门电路有"与"门、"或"门和"非"门。

在数字逻辑系统中，门电路不是由有触点的开关，而是由二极管和晶体管等分立元件组成的，其中二极管和晶体管一般工作在开关状态，但常用的是各种集成门电路。门电路的输入和输出信号都是用电位（或称为电平）的高低来表示的，而电位的高低则用"1"和"0"两种状态来区别。若规定高电位为"1"，低电位为"0"，则称为正逻辑。反之则称为负逻辑。当分析一个逻辑电路之前，首先要明白采用的是正逻辑还是负逻辑，否则将无法分析。

如果没有特殊注明，采用的都是正逻辑。

7.4.1　分立元件门电路

1. 二极管与门电路

图 7-18a 所示的是二极管与门电路，A、B 是它的两个输入端，F 是输出端。在采用正逻辑时，高电位（高电平）为"1"，低电位（低电平）为"0"。多少伏算高电平？多少伏算低电平呢？不同场合，规定也不同。此例为高于或等于 +3V 时表示高电平，用逻辑 1 表示；低于 0.7V 时表示低电平，用逻辑 0 表示。

电路的工作原理如下：

当输入 A 与 B 全为"1"时，设二者电位均为 3V，电源 U 的正端经电阻 R 向这两个输入端流通电流，两管都导通，输出端 F 的电位比 3V 略高，因为二极管的正向压降：硅管约为 0.7V，锗管约为 0.3V，此处一般为锗管。比 3V 略高，仍属于"3V 左右"这一范围，因此输出端 F 为"1"，即其电位被钳制在 3V 左右。

当输入端不全为"1"时，而有一个或两个为"0"时，即电位在 0V 附近，例如 A 端为"0"，因为"0"电位比"1"电位低，电源正端将经电阻 R 向处于"0"态的 A 端流通电流，VD_1 优先导通。这样，二极管 VD_1 导通后，输出端 F 的电位比处于"0"态的 A 端略高，但仍在 0V 附近，因此 Y 端为"0"。二极管 VD_2 因承受反向电压而截止，把 B 端的高电位和输出端 F 隔离开了。

只有当输入端 A 与 B 全为"1"时，输出端 F 才为"1"，这合乎与门的要求。与逻辑关系可表示为

$$F = A \cdot B$$

二极管与门电路的逻辑符号及工作波形如图 7-18b、c 所示，与门的逻辑状态表见表 7-6。

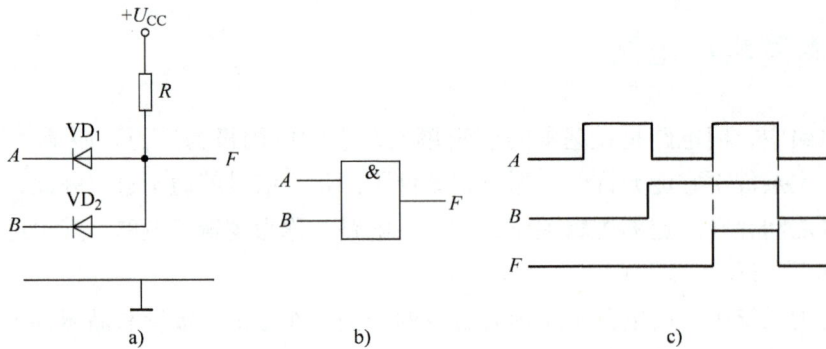

图 7-18　二极管与门

表 7-6　与门逻辑状态表

A	B	F
0	0	0
0	1	0
1	0	0
1	1	1

2. 二极管或门电路

图 7-19a 所示的是二极管或门电路。比较一下图 7-18a 和图 7-19a 就可以看到，后者二极管的极性和前者接得相反，并采用了负电源，即电源的正端接"地"，其负端经电阻 R 接二极管的阴极。

或门的输入端只要有一个为"1"，输出就为"1"。例如只要 A 端为"1"（设其电位为 3V），则 A 端的电位比 B 端高。电流从 A 端经 VD_1 和 R 流向电源负端，VD_1 优先导通，F 端电位比 A 端略低（VD_1 正向压降约为 0.3V）。比 3V 略低，仍属于"3V 左右"这个范围，所以此时输出端 Y 为"1"。F 端的电位比输入端 A、B 高，VD_2 因承受反向压而截止。VD_2 起隔离作用。

如果两个输入端都为"1"，当然，输出端 F 也为"1"。只有当两个输入端全为"0"时，输出端 F 才为"0"，此时两个二极管都导通。

或逻辑关系可表示为

$$F = A + B$$

二极管或门电路的逻辑符号及工作波形如图 7-19b、c 所示，或门逻辑状态表见表 7-7。

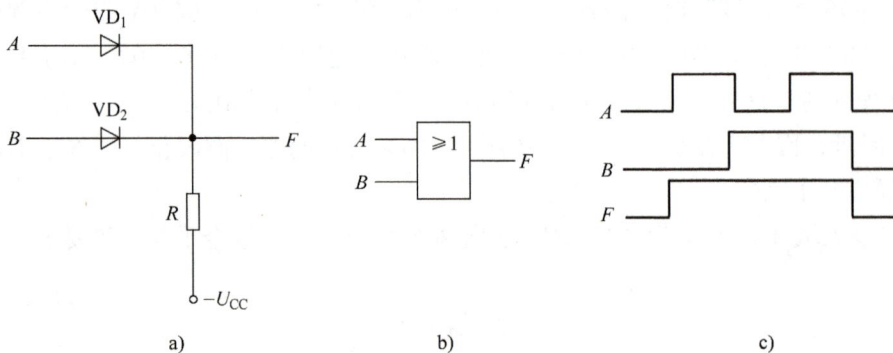

图 7-19　二极管或门

a）电路　b）逻辑符号　c）工作波形

表7-7 或门逻辑状态表

A	B	F
0	0	0
0	1	1
1	0	1
1	1	1

3. 晶体管非门电路

图 7-20a 所示为晶体管非门电路及其逻辑符号。晶体管非门电路不同于放大电路，其工作状态或从截止转为饱和，或从饱和转为截止。非门电路只有一个输入端 A。当 A 为 "1"（设其电位为 3V）时，晶体管饱和，其集电极，即输出端为 "0"（其电位在 0V 附近）；当 A 为 "0" 时，晶体管截止，输出端 Y 为 "1"（其电位近似等于 U_{CC}）。所以非门电路也称为反相器。加负电源 U_{bb} 是为了使晶体管可靠截止。

非门逻辑关系可表示为

$$Y = \overline{A}$$

晶体管非门电路的逻辑符号如图 7-20b 所示，非门逻辑状态表见表 7-8。

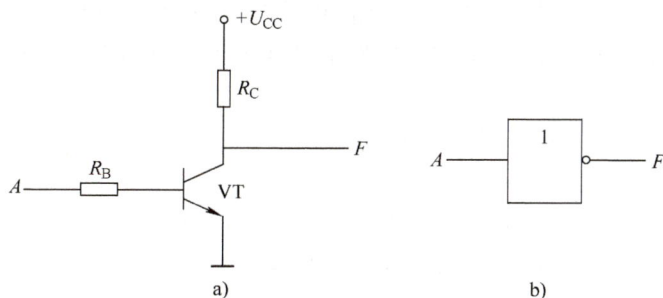

表7-8 非门逻辑状态表

A	F
0	1
1	0

图 7-20 晶体管非门电路及其逻辑符号

a）电路 b）逻辑符号

4. 与非门电路

上述 3 种是基本逻辑门电路，有时还可以把它们组合成其他功能的门电路，以丰富逻辑功能。常用的一种是与非门电路，即将二极管与门和晶体管非门组合而成，如图 7-21a 所示，图 7-21b 所示为其逻辑符号。与非门的逻辑功能是；当输入端全为 "1" 时，输出为

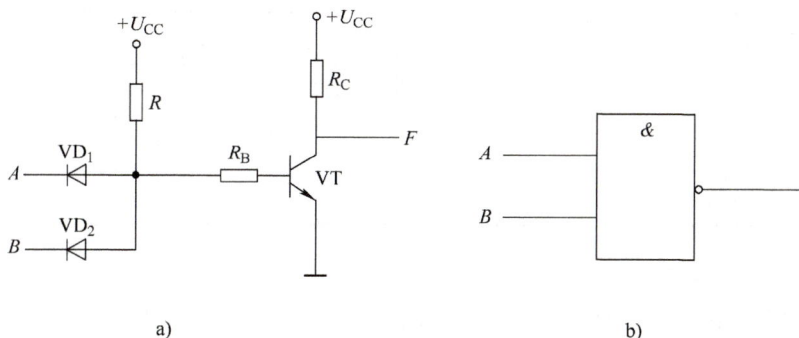

图 7-21 与非门电路和逻辑符号

a）电路 b）逻辑符号

"0"；当输入端有一个或几个为"0"时，输出为"1"。简言之，即全"1"出"0"，有"0"出"1"。与非逻辑关系表示为：$F = \overline{A \cdot B}$，表 7-9 是与非门的逻辑状态表。

表 7-9　与非门逻辑状态表

A	B	F
0	0	1
0	1	1
1	0	1
1	1	0

7.4.2　TTL 门电路

1. TTL 门电路的结构及分类

上面讨论的门电路都是由二极管、晶体管组成的，称为分立元件门电路。分立元件门电路结构烦琐、体积大、使用不便、性价比低、稳定性差，实际应用中很少使用。若将组成门电路的所有器件制作在同一片芯片上，便构成集成门电路。集成门电路与分立元件门电路相比，具有高可靠性和微型化等优点。目前普遍使用的集成门电路有 TTL 门电路和 CMOS 门电路。

TTL 集成逻辑门电路的输入和输出结构均采用半导体晶体管，所以称晶体管 – 晶体管逻辑门电路，简称为 TTL 电路。

常用的 TTL 门电路有与门、或门、非门、与非门、或非门、与或非门和异或门等，分74 系列和 54 系列两个系列，常用 74 系列 TTL 门电路型号与功能表见表 7-10。

表 7-10　常用 74 系列 TTL 门电路型号与功能表

型号	逻辑功能	型号	逻辑功能
00	2 输入 – 4 与非门	12	3 输入 – 3 与非门（OC）
01	2 输入 – 4 与非门（OC）	20	4 输入 – 2 与非门
02	2 输入 – 4 或非门	21	4 输入 – 2 与门
03	2 输入 – 4 或非门（OC）	22	4 输入 – 2 与非门（OC）
04	6 反相器	27	3 输入 – 3 或非门
05	6 反相器（OC）	30	8 输入与非门
08	2 输入 – 4 与门	37	2 输入 – 4 与非缓冲器
10	3 输入 – 3 与非门	86	2 输入 – 4 异或门

2. TTL 门电路的主要参数

TTL 与非门即晶体管 – 晶体管逻辑与非门电路的简称。TTL 与非门电路的结构形式采用了晶体管，其与功能和非功能都是用晶体管实现的。在一块集成电路里，可以封装多个与非门。

1）输出高电平电压 U_{OH} 和输出低电平电压 U_{OL}。

首先分析 TTL 与非门的输出电压 u_O 和输入电压 u_I 之间的关系，与非门的电压传输特性，如图 7-22 所示，它是通过实验得出的，即将某一输入端的电压由零逐渐增大，而将其他输入端接在电源正极保持恒定高电位。当 $u_I < 0.7V$ 时，输出电压 U_O 约为 3.6V，此即图中的 AB 段。当 u_I 在 $0.7 \sim 1.3V$ 之间时，u_O 随 U_I 的增大而线性地减小，即 BC 段。当 u_I 增至 1.4V 左右时，输出迅速转为低电平，u_O 约为 0.3V，即 CD 段。当 $u_I > 1.4V$ 时，输出由高电平转为低电平，此时所对应的输入电压，称为阈值电压或门槛电压，用 U_{TH} 表示，在图 7-22 中，U_{TH} 约为 1.4V。

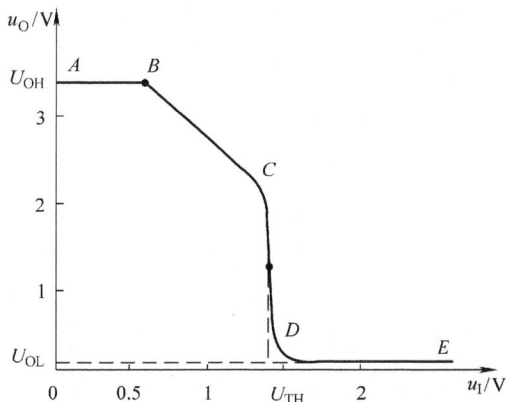

图 7-22　与非门的电压传输特性

输出高电平电压 U_{OH} 是对应于 AB 段的输出电压，输出低电平电压 U_{OL} 是对应于 DE 段的输出电压，它是在额定负载下测出的。对通用的 TTL 与非门，$U_{OH} > 2.7V$，$U_{OL} < 0.3V$。

2）理论上讲，对于 TTL 门电路，若输入端电压大于 2.7V，认为输入高电平，若输入电压低于 0.3V，认为输入低电平。实际上，以与非门为例，由上述分析可知，当输入电压高于 1.4V 时，输出将变为低电平，当输入电压低于 0.6V 时，输出将变为高电平，因此，实测的输入高电平为不小于 1.4V，输入低电平为不高于 0.6V。

3）噪声容限电压 U_{NL} 和 U_{NH}。

在保证输出高电平不低于额定值的 90% 的条件下所容许叠加在输入低电平电压上的最大噪声（或干扰）电压，称为低电平噪声容限电压，用 U_{NL} 表示，由图 7-22 可得

$$U_{NL} = U_{OFF} - U_{IL}$$

式中，U_{OFF} 是在上述保证条件下所容许的最大输入低电平电压，常称为关门电平。

在保证输出低电平电压的条件下所容许叠加在输入高电平电压上（极性和输入信号相反）的最大噪声电压，称为高电平噪声容限电压，用 U_{NH} 表示，由图 7-22 可得

$$U_{NH} = U_{IH} - U_{ON}$$

式中，U_{ON} 是在上述保证条件下所容许的最小输入高电平电压，常称为开门电平。

上两式中的 U_{IL} 和 U_{IH} 是生产厂家对某产品所规定的输入低电平电压和输入高电平电压。

设某 TTL 与非门的数据为 $U_{IH} = 2.7V$，$U_{IL} = 0.4V$，$U_{OFF} = 0.9V$，$U_{ON} = 1.6V$，则

$$U_{NL} = (0.9 - 0.4)V = 0.5V$$

$$U_{NH} = (2.7 - 1.6)V = 1.1V$$

噪声容限电压是用来说明门电路抗干扰能力的参数，其值大，则抗干扰能力强。

4）扇出系数 N_O。

扇出系数是指一个与非门能带同类门的最大数目，表示带负载能力。对 TTL 与非门，$N_O \geq 8$。

今将 CT74LS20 和 CT74LS00 两种 TTL 与非门的主要参数列在表 7-11 中。

表 7-11 TTL 与非门的主要参数

参数名称	符号	单位	规范值	测试条件
输出高电平电压	U_{OH}	V	≥2.4	$U_{CC}=4.5V$, $U_{IL}=0.8V$, $I_{OH}=400\mu A$
输出低电平电压	U_{OL}	V	≤0.4	$U_{CC}=4.5V$, $U_{IH}=2V$, $I_{OL}=12.8mA$
扇出系数	N_O	个	≥8	同 U_{OH} 和 U_{OL}

3. 使用 TTL 电路应注意的问题

1）TTL 电路的电源均采用 5V，因此电源电压不能高于 5.5V，使用时不能将电源与地颠倒错接，否则会因为电流过大而造成器件损坏。

2）电路的各输入端不能直接与高于 5.5V 和低于 -0.5V 的低内阻电源连接，因为低内阻电源能提供较大电流，会由于过热而烧坏器件。

3）输出不允许与电源或地短路，否则可能造成器件损坏，但可以通过电阻与电源相连，提高输出高电平。

4）在电源接通时，不要移动或插入集成电路，因为电源的冲击可能会造成其永久损坏。

5）多余或暂时不用的输入端可按下述方法处理。

① 外界干扰较小时，与门、与非门的闲置输入端可悬空；或门、或非门的闲置输入端可接地。

② 外界干扰较大时，与门、与非门的闲置输入端直接接电源 U_{CC}。

③ 前级的驱动能力较强时，可将闲置输入端与同一门的有用输入并联使用。

④ 输出端不允许直接接电源 U_{CC}，不允许直接接地，不允许并联使用。

6）一般 TTL 门电路的输出端不允许"线与"使用，即不允许将多个门电路的输出端直接并联连接实现与逻辑功能。而三态门和集电极开路门（OC 门）允许线与。

7.4.3 MOS 门电路

1. MOS 门电路的结构及分类

半导体集成门电路按其导电类型来分，可分为双极型和 MOS 型。双极型集成门电路就是由一般的双极型晶体管组成的集成电路，如上述的 TTL 门电路。而 MOS 型集成门电路则由绝缘栅场效应晶体管（是一种单极型晶体管）组成。绝缘栅场效应晶体管也就是金属 - 氧化物 - 半导体（MOS）场效应晶体管。

MOS 场效应晶体管有 N 沟道和 P 沟道两类，每一类又有增强型和耗尽型之分，一般集成门电路中使用的都是增强型场效应晶体管。而由 N 沟道 MOS 场效应晶体管组成的集成电路称为 NMOS 集成电路；由 P 沟道 MOS 场效应晶体管组成的集成电路称为 PMOS 集成电路；当 NMOS 管和 PMOS 管成对出现在电路中，且二者在工作中互补，称为 CMOS，即互补 MOS。目前应用较多的为 HC（高速 CMOS）系列门电路，其型号前缀为 54HC 或 74HC，功能与 54LS 或 74LS 对应，不再赘述。

2. MOS 门电路的特点

MOS 场效应晶体管集成电路虽然出现较晚，但由于具有制造工艺简单、集成度高、功耗低及抗干扰能力强等优点，所以发展很快，更便于向大规模集成电路发展。

1）由于 CMOS 管的导通内阻比晶体管导通内阻大，所以 CMOS 电路的工作速度比 TTL 电路的工作速度低。

2）CMOS 的输入阻抗很高，可达 10MΩ 以上，在频率不高的情况下，电路可驱动的 CMOS 电路多于 TTL 电路，电路的带负载能力更强。

3）CMOS 电路的电源电压范围宽，在 5 ~ 15V 之间，所以 CMOS 电路的抗干扰能力更强。

4）由于 CMOS 电路工作时两管处于互补工作状态，因此功耗更低。

5）因功耗低，因此集成度可做得更高。

3. 使用 CMOS 电路应注意的问题

CMOS 电路由于输入电阻很高，因此极易接受静电电荷。为了防止静电击穿，生产 CMOS 时，在输入端都要加入标准保护电路，但这并不能保证绝对安全，因此使用 CMOS 电路时，必须采取以下预防措施。

1）存放 CMOS 集成电路时要屏蔽，一般放在金属容器中，也可以用金属箔将引脚短路。

2）CMOS 电路可以在很宽的电源电压范围内正常工作，但电源的上限电压（即使是瞬态电压）不得超过电路允许的极限值 U_{max}，电源的下限电压（即使是瞬态电压）不得低于系统所必需的电源电压的最低值 U_{min}，更不得低于 U_{ss}。

3）焊接 CMOS 电路时，一般用 20W 内热式电烙铁，而且电烙铁要有良好的接地线；也可以利用电烙铁断电后的余热快速焊接，禁止在电路通电的情况下焊接。

4）为了防止输入端保护二极管因正向偏置而引起损坏，输入电压必须处在 U_{dd} 和 U_{ss} 之间，即 $U_{ss} \leq U_i \leq U_{dd}$。

5）测试 CMOS 电路时，如果信号电源和电路板用两组电源，则在开机时应先接通电路板电源，后开信号电源。关机时则应先关信号电源，再关电路板电源，即在 CMOS 电路本身没有接通电源的情况下，不允许输入信号输入。

6）多余端绝对不能悬空，否则不但容易接收外界干扰，而且输入电平不稳，破坏了正常的逻辑关系，也消耗了不少的功率。因此根据电路的逻辑功能，需要分别根据情况加以处理。例如，与门、与非门的多余输入端应接到 U_{dd} 或高电平；或门、或非门的多余输入端应接到 U_{ss} 或低电平；如果电路的工作速度不高，不需要特别考虑功耗时，也可以将多余的输入端与使用端并联。

以上所述的多余输入端，包括没有被使用的但已接通的 CMOS 电路的所有输入端。

7）输入端连线较长时，由于分布电容和分布电感的影响，容易构成 LC 振荡，也可能使保护二极管损坏，因此必须在输入端串联 1 个 10 ~ 20kΩ 的电阻 R。

8）CMOS 电路装在印制电路板时，印制电路板上总有输入端，当电路从整机中拔出时，输入端必然出现悬空，所以应在各输入端接入限流保护电阻。如果要在印制电路板上安装 CMOS 集成电路，则必须在与它有关的其他元器件安装之后，再装 CMOS 电路，避免 CMOS 电路输入端悬空。

9）拔插电路板电源插头时，应注意先切断电源，防止在插拔过程中烧坏 CMOS 电路的输入保护二极管。

10）CMOS 电路并联使用。在同一芯片上两个或两个以上同样器件并联使用（与门、或非门、反相器等）时，可增大输出供给电流和输出吸收电流，当负载增加不大时，则既增加了器件的驱动能力，也提高了速度。使用时输出端之间并联，输入端之间也必须并联。

11）防止 CMOS 电路输入端噪声干扰方法。在 CMOS 电路的输入端常接有按键开关、继电器触点等机械接点，或有传感器等元器件。CMOS 电路具有很高的输入阻抗，只要微小的电流就能驱动 CMOS 电路工作。当接入到 CMOS 电路输入端的电路输出阻抗高时，抗干扰能力就极差，尤其是连线较长时就更易受干扰，采取的办法是减小输入电路的输出电阻。其具体办法是：在接入的电路与 CMOS 电路输入端之间接入斯密特触发器整形电路，通过回差改变输出电阻。也可以加入滤波电路滤掉噪声。为了防止按键开关和继电器触点抖动所造成的误动作，可在接点上并联电容，或接 RS 触发器。

习 题 7

7.1 完成下列数制的转换。

1）$(11101)_2 = ($ $)_{10}$

2）$(1101.011)_2 = ($ $)_{10}$

3）$(31)_{10} = ($ $)_2$

4）$(26.375)_{10} = ($ $)_2$

5）$(1100110)_2 = ($ $)_8$

6）$(0.01101)_2 = ($ $)_{16}$

7）$(AF.16C)_{16} = ($ $)_2$

8）$(EC.DF)_{16} = ($ $)_{10}$

7.2 完成下列十进制数至 8421BCD 码的转换。

1）$(586)_{10} = ($ $)_{8421BCD}$

2）$(89.75)_{10} = ($ $)_{8421BCD}$

7.3 完成下列二进制数至 8421BCD 码的转换。

1）$(1100101)_2 = ($ $)_{8421BCD}$

2）$(1101.1)_2 = ($ $)_{8421BCD}$

7.4 完成下列 Gray 与二进制数之间的转换。

1）$(1110)_{Gray} = ($ $)_2$

2）$(110110101)_{Gray} = ($ $)_2$

3）$(10101)_2 = ($ $)_{Gray}$

4）$(1101011)_2 = ($ $)_{Gray}$

7.5 用与或门实现以下逻辑关系，画出逻辑简图。

1）$Y = AB + \overline{A}C$

2）$Y = A + B + \overline{C}$

3）$Y = ABC$

4）$Y = A + B + C$

5）$Y = \overline{A}\,\overline{B} + (\overline{A} + B)\overline{C}$

6）$Y = \overline{A + B + C}$

7.6 试将下列逻辑函数展开成最小项表达式。

1）$Y(A, B, C) = AB + BC + AC$

2）$Y(A, B, C) = (A + \overline{B})(A + C)$

7.7 用代数法化简下列逻辑函数。

1）$Y = ABC + \overline{A}B + AB\overline{C}$

2）$Y = \overline{\overline{(\overline{A + B})} + AB}$

3）$Y = (AB + A\overline{B} + \overline{A}B)(A + B + D + \overline{A}\overline{B}\overline{D})$

4）$Y = ABC + \overline{A} + \overline{B} + \overline{C} + D$

5）$Y = A(\overline{A}C + BD) + B(C + DE) + B\overline{C}$

6）$Y = AC + \overline{A}\overline{B}C + \overline{B}\overline{C} + AB\overline{C}$

7）$Y = (A \oplus B)C + ABC + \overline{A}\overline{B}C$

8）$Y = (A + B + \overline{C})(A + B + C)$

7.8 用卡诺图化简下列逻辑函数。

1）$Y = AB + \overline{A}BC + AB\overline{C}$

2）$Y = A + \overline{A}B + \overline{A}\overline{B}C + \overline{A}\overline{B}\overline{C}D$

3）$Y = B(A\overline{D} + \overline{A}D) + \overline{C}(\overline{A}\overline{D} + AD) + B\overline{C}$

4）$Y(A, B, C, D) = \sum m(1,3,6,7,10,11,13,15)$

5）$Y(A, B, C, D) = \sum m(3,4,5,7,8,9,13,14,15)$

第8章　组合逻辑电路

前一章学习了门电路，对于一个数字系统或数字电路来讲，有了这些门电路就相当于一个建筑工程有了所需的砖瓦和预制件。从现在起，就可以用门电路来搭接一个具有某一功能的数字电路了。正像建一座高楼，不仅需要砖瓦和预制件等建筑材料，还需要有效的工具和合理的工艺一样，数字电路的分析与设计也需要一定的数学工具和一套有效的方法。本章介绍组合逻辑电路的分析方法与设计方法。

学习目标：
1. 掌握组合逻辑电路的分析方法，能够分析简单逻辑电路的逻辑功能。
2. 掌握组合逻辑电路的设计方法，能够设计简单组合逻辑电路。
3. 了解三位二进制普通编码器和二 – 十进制编码器的功能和结构，掌握优先编码器 74LS248 的使用方法。
4. 了解普通译码器的功能和结构，会用 74LS138 实现逻辑函数。
5. 了解显示译码器。
6. 理解半加器和全加器的含义。
7. 了解 4 选 1 数据选择器和 8 选 1 数据选择器，能用数据选择器实现逻辑函数。

素养目标：
1. 培养发现问题、分析问题、解决问题的能力。
2. 养成良好的工作责任心、坚强的意志力和严谨的工作作风。

8.1　组合逻辑电路的分析与设计

数字电路分为组合逻辑电路和时序逻辑电路。组合逻辑电路是指任意时刻的输出仅取决于当时的输入信号，而与电路原来的状态无关。它在电路结构上一般由各种门电路组合而成，电路中不包含存储信号的记忆单元，也不存在输出到输入的反馈通路。

将基本的逻辑门电路组合起来，以实现各种复杂的逻辑功能，就是组合逻辑电路。用逻辑符号表示的逻辑电路，简称为逻辑图。

组合逻辑电路包括组合逻辑电路分析和组合逻辑电路设计，下面先介绍逻辑代数的基本知识。

组合逻辑电路的
分析与设计

8.1.1　组合逻辑电路的分析

对于一个逻辑电路，找出其输出与输入之间的逻辑关系，用逻辑函数描述它的工作，评定它的逻辑功能，这是分析组合逻辑电路的目的。分析的步骤大致如下：

1）根据给定的逻辑电路图，写出输出端逻辑表达式。
2）化简此逻辑函数表达式。

3）根据化简后的逻辑表达式列出逻辑状态表。

4）分析此电路所具有的逻辑功能。

【例 8-1】　试分析图 8-1 所示电路的逻辑功能。

解：第一步：由逻辑图可以写输出 F 的逻辑表达式为 $F = \overline{\overline{AB} \cdot \overline{AC} \cdot \overline{BC}}$

第二步：列出真值表见表 8-1。

第三步：确定电路的逻辑功能。

由真值表可知，3 个输入变量 A、B、C，只有两个及两个以上变量取值为 1 时，输出才为 1。可见电路可实现多数表决逻辑功能。

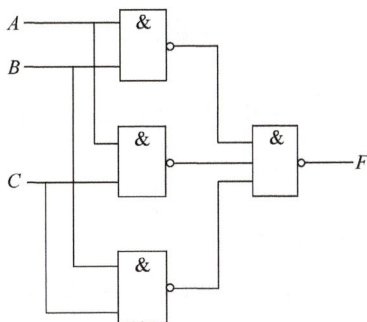

图 8-1　例 8-1 逻辑图

表 8-1　例 8-1 真值表

A	B	C	F
0	0	0	0
0	0	1	0
0	1	0	0
0	1	1	1
1	0	0	0
1	0	1	1
1	1	0	1
1	1	1	1

【例 8-2】　分析图 8-2 所示电路的逻辑功能。

解：为了方便写表达式，在图中标注中间变量 F_1、F_2 和 F_3。

$$S = \overline{F_2 F_3}$$
$$= \overline{\overline{AF_1} \cdot \overline{BF_1}}$$
$$= \overline{\overline{A\,\overline{AB}} \cdot \overline{B\,\overline{AB}}}$$
$$= A\,\overline{AB} + B\,\overline{AB}$$
$$= (\overline{A} + \overline{B})(A + B)$$
$$= \overline{A}B + A\overline{B}$$
$$= A \oplus B$$
$$C = \overline{F_1} = \overline{\overline{AB}} = AB$$

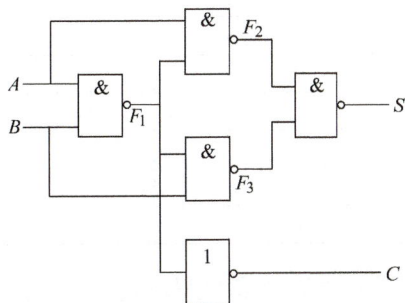

图 8-2　例 8-2 逻辑图

由 S、C 的逻辑表达式可得真值表见表 8-2。由真值表可知，该电路实现两个一位二进制数相加的功能。S 是它们的和，C 是向高位的进位。由于这一加法器电路没有考虑低位的进位，所以称该电路为半加器。

表 8-2　例 8-2 真值表

A	B	S	C
0	0	0	0
0	1	1	0
1	0	1	0
1	1	0	1

8.1.2 组合逻辑电路的设计

组合逻辑电路的设计与分析过程相反，是根据给定的实际逻辑问题设计逻辑电路，要求设计出来的逻辑电路器件的个数少、可靠性高。组合逻辑电路的设计步骤大致如下：

1）分析设计要求，设置输入输出变量，并逻辑赋值。

2）列真值表。

3）写出逻辑表达式，并化简。

4）画逻辑电路。

【例8-3】 一火灾报警系统，设有烟感、温感和紫外光感3种类型的火灾探测器。为了防止误报警，只有当其中有两种或两种以上类型的探测器发出火灾检测信号时，报警系统才产生报警控制信号。请设计一个产生报警控制信号的电路。

解：1）分析设计要求，设输入输出变量，并逻辑赋值。

输入变量：烟感信号 A 、温感信号 B，紫外线光感信号 C。

输出变量：报警控制信号 Y。

逻辑赋值：用1表示肯定，用0表示否定。

2）列真值表，把逻辑关系转换成数字表示形式，见表8-3。

表8-3 例8-3真值表

A	B	C	Y
0	0	0	0
0	0	1	0
0	1	0	0
0	1	1	1
1	0	0	0
1	0	1	1
1	1	0	1
1	1	1	1

3）由真值表写逻辑表达式，并化简。

逻辑表达式为
$$Y = \overline{A}BC + A\,\overline{B}C + AB\,\overline{C} + ABC$$

化简得最简式为

$$Y = AB + AC + BC$$

4）画逻辑电路图。

用与非门实现，其逻辑图与例8-1的图8-1相同。

如果作变换：$Y = \overline{\overline{AB + AC + BC}}$

用一个与或非门加一个非门就可以实现，其逻辑电路如图8-3所示。

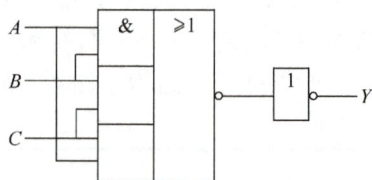

【例8-4】 设计一个三人表决逻辑电路，要求：三人 A、B、C 各控制一个按键，按下为"1"，不按为"0"。多数（≥2）按下为通过。通过时 $L=1$，不通过 $L=0$。用与非门实现。

图8-3 例8-3 逻辑电路

解：1）列真值表，见表8-4。

表8-4 例8-4真值表

A	B	C	L
0	0	0	0
0	0	1	0
0	1	0	0
0	1	1	1
1	0	0	0
1	0	1	1
1	1	0	1
1	1	1	1

2）用卡诺图化简，如图8-4所示。

3）写出最简与或式。

最简式为 $L = AB + BC + AB$

4）用与非门实现逻辑电路，如图8-5所示。

$$L = AB + BC + AC = \overline{\overline{AB} \cdot \overline{BC} \cdot \overline{AC}}$$

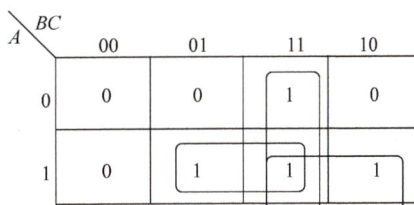

图8-4 例8-4输出L的卡诺图

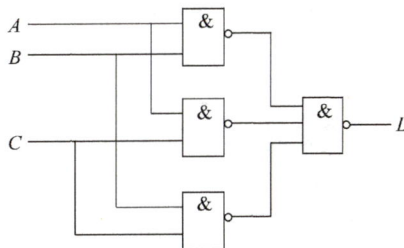

图8-5 例8-5用与非门实现的逻辑简图

【例8-5】 列车车站的发车优先顺序为：特快、直快、慢车。在同一时间里，车站里只能开出一班列车，即车站只能给出一班列车的开车信号。请设计一个满足上述要求的电路。

解：1）设分别用 A、B、C 表示特快、直快、慢车，若为"1"则表示有这种车待发，为"0"表示没有车待发，分别用红、黄、绿三种颜色的灯表示特快、直快、慢车的发车信号，分别用 Z_A、Z_B、Z_C 表示输出，为"1"表示有这种班车发出，为"0"表示这种班车没有发出，则由题中要求可得表8-5的真值表。

表8-5 例8-5真值表

A	B	C	Z_A	Z_B	Z_C
0	0	0	0	0	0
0	0	1	0	0	1
0	1	0	0	1	0
0	1	1	0	1	0
1	0	0	1	0	0
1	0	1	1	0	0
1	1	0	1	0	0
1	1	1	1	0	0

2）由真值表可得输出的逻辑表达式为：

$$Z_A = A$$
$$Z_B = \overline{A}B\,\overline{C} + \overline{A}BC = \overline{A}B$$
$$Z_C = \overline{A}\,\overline{B}C$$

3）逻辑简图如图 8-6 所示。

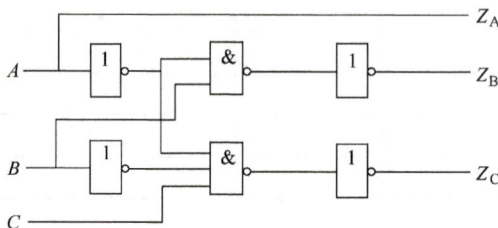

图 8-6　例 8-5 逻辑简图

8.2　常用组合逻辑电路

人们为解决实践中遇到的各种逻辑问题，设计了许多逻辑电路。其中有些逻辑电路经常大量出现在各种数字系统当中。为了方便使用，各厂家已经把这些逻辑电路制造成中规模集成的组合逻辑电路产品。比较常用的组合逻辑电路产品有编码器、译码器、加法器和数据选择器等。

8.2.1　编码器

1. 编码器的定义与功能

在数字系统中，各种信息都是以二进制代码的形式表示的，采用二进制代码来表示特定的文字、符号和数值等信息的过程称为编码。能够实现编码的电路称为编码器。编码器输入的是人为规定的信号，输出的是信号对应的一组二进制代码。虽然从输入到输出的过程是自动完成的，但是输入信号和输出代码之间一一对应的关系是在电路设计之初由设计者人为规定的。

编码器是一种常见的组合逻辑器件，主要有二进制编码器、二 – 十进制编码器和优先编码器等多种类型。

2. 二进制编码器

任何时刻只允许输入一个有效编码请求信号，否则输出将发生混乱，实现这种功能的编码器称为二进制编码器。

下面以一个三位二进制编码器（即 8 线 – 3 线编码器）为例，说明二进制编码器的工作原理。

假设要把 $I_0 \sim I_7$ 8 个输入信号编成对应的三位二进制代码 $Y_2 Y_1 Y_0$ 而输出。

1）设输入信号为 1 表示对该输入进行编码，则可得编码表见表 8-6。

表 8-6 三位二进制编码器真值表

输 入								输 出		
I_0	I_1	I_2	I_3	I_4	I_5	I_6	I_7	Y_2	Y_1	Y_0
1	0	0	0	0	0	0	0	0	0	0
0	1	0	0	0	0	0	0	0	0	1
0	0	1	0	0	0	0	0	0	1	0
0	0	0	1	0	0	0	0	0	1	1
0	0	0	0	1	0	0	0	1	0	0
0	0	0	0	0	1	0	0	1	0	1
0	0	0	0	0	0	1	0	1	1	0
0	0	0	0	0	0	0	1	1	1	1

2）由真值表可得如下输出逻辑函数表达式：

$$\begin{cases} Y_0 = \overline{\overline{I_1} \cdot \overline{I_3} \cdot \overline{I_5} \cdot \overline{I_7}} \\ Y_1 = \overline{\overline{I_2} \cdot \overline{I_3} \cdot \overline{I_6} \cdot \overline{I_7}} \\ Y_2 = \overline{\overline{I_4} \cdot \overline{I_5} \cdot \overline{I_6} \cdot \overline{I_7}} \end{cases}$$

3）由逻辑表达式得逻辑图如图 8-7 所示。

3. 二 – 十进制编码器

将 0~9 共 10 个十进制数转换为二进制代码的电路称为二 – 十进制编码器。需要编码的 10 个输入信号用 I_0~I_9 表示，输出用对应 4 位二进制代码 Y_3、Y_2、Y_1、Y_0 表示，这种二进制代码又称为二 – 十进制代码，简称为 BCD 码。

1）真值表见表 8-7。

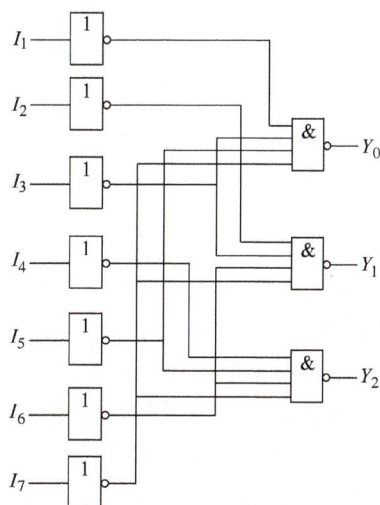

图 8-7 三位二进制编码器逻辑图

表 8-7 二 – 十进制编码器真值表

输 入										输 出			
I_0	I_1	I_2	I_3	I_4	I_5	I_6	I_7	I_8	I_9	Y_3	Y_2	Y_1	Y_0
1	0	0	0	0	0	0	0	0	0	0	0	0	0
0	1	0	0	0	0	0	0	0	0	0	0	0	1
0	0	1	0	0	0	0	0	0	0	0	0	1	0
0	0	0	1	0	0	0	0	0	0	0	0	1	1
0	0	0	0	1	0	0	0	0	0	0	1	0	0
0	0	0	0	0	1	0	0	0	0	0	1	0	1
0	0	0	0	0	0	1	0	0	0	0	1	1	0
0	0	0	0	0	0	0	1	0	0	0	1	1	1
0	0	0	0	0	0	0	0	1	0	1	0	0	0
0	0	0	0	0	0	0	0	0	1	1	0	0	1

2）输出逻辑函数为

$$\begin{cases} Y_0 = \overline{\overline{I_1} \cdot \overline{I_3} \cdot \overline{I_5} \cdot \overline{I_7} \cdot \overline{I_9}} \\ Y_1 = \overline{\overline{I_2} \cdot \overline{I_3} \cdot \overline{I_6} \cdot \overline{I_7}} \\ Y_2 = \overline{\overline{I_4} \cdot \overline{I_5} \cdot \overline{I_6} \cdot \overline{I_7}} \\ Y_3 = \overline{\overline{I_8} \cdot \overline{I_9}} \end{cases}$$

3）逻辑图如图 8-8 所示。

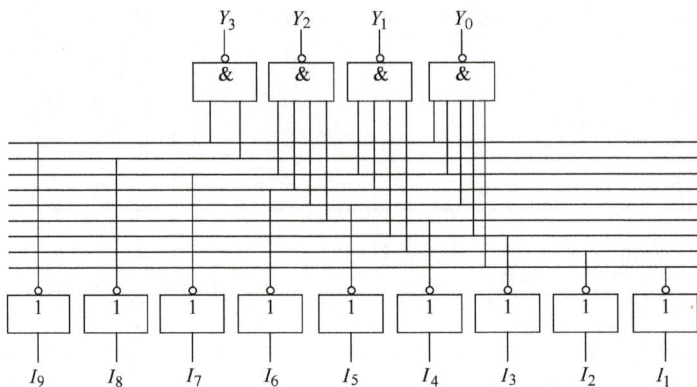

图 8-8　二 – 十进制编码器逻辑图

4. 优先编码器

二进制编码器在任何时刻只允许输入一个有效编码请求信号，否则输出将发生混乱。而实际应用中常出现多个输入信号端同时输入有效编码的情况，这就需要用到优先编码器。优先编码器是当多个输入端同时有信号输入时，电路只对其中优先级别最高的信号进行编码。

常见的 10 线 –4 线集成优先编码器有 54/74147、54/74LS147，8 线 –3 线集成优先编码器有 54/74148、54/74LS148 等。下面以 8 线 –3 线优先编码器 74LS148 为例介绍。

1）优先编码器 74LS148 的引脚排列及功能。

74LS148 是 8 线 –3 线优先编码器，如图 8-9 所示。图中，$I_0 \sim I_7$ 为输入信号端，$\overline{S}$ 是使能输入端，$\overline{Y_0} \sim \overline{Y_2}$ 是三个输出端，$\overline{Y}_{EX}$ 和 $\overline{Y}_S$ 是用于扩展功能的输出端。74LS148 的功能见表 8-8。

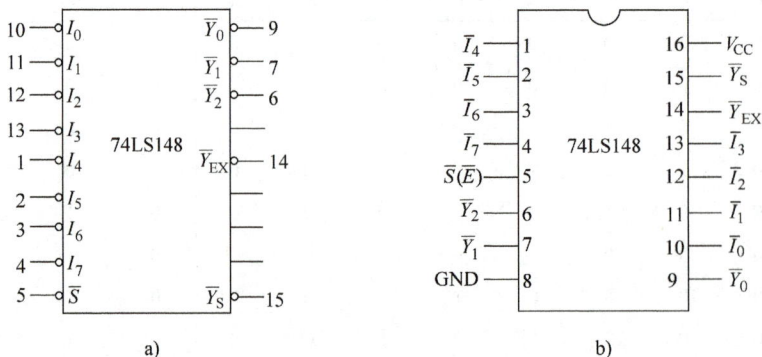

a)　　　　　　　　　　　　　　b)

图 8-9　74LS148 优先编码器

a）逻辑图　b）引脚图

表 8-8 74LS148 的功能表

使能输入端	输 入								输 出			扩展输出	使能输出
$\overline{S}$	$\overline{I}_7$	$\overline{I}_6$	$\overline{I}_5$	$\overline{I}_4$	$\overline{I}_3$	$\overline{I}_2$	$\overline{I}_1$	$\overline{I}_0$	$\overline{Y}_2$	$\overline{Y}_1$	$\overline{Y}_0$	$\overline{Y}_{EX}$	$\overline{Y}_S$
1	×	×	×	×	×	×	×	×	1	1	1	1	1
0	1	1	1	1	1	1	1	1	1	1	1	1	0
0	0	×	×	×	×	×	×	×	0	0	0	0	1
0	1	0	×	×	×	×	×	×	0	0	1	0	1
0	1	1	0	×	×	×	×	×	0	1	0	0	1
0	1	1	1	0	×	×	×	×	0	1	1	0	1
0	1	1	1	1	0	×	×	×	1	0	0	0	1
0	1	1	1	1	1	0	×	×	1	0	1	0	1
0	1	1	1	1	1	1	0	×	1	1	0	0	1
0	1	1	1	1	1	1	1	0	1	1	1	0	1

在表 8-8 中，输入 $I_0 \sim I_7$ 低电平有效，I_7 为最高优先级，I_0 为最低优先级。即只要 $\overline{I}_7 = 0$，不管其他输入端是 0 还是 1，输出只对 I_7 编码，且对应的输出为反码有效，$\overline{Y}_2 \overline{Y}_1 \overline{Y}_0 = 000$。$\overline{S}$ 为使能输入端，只有 $\overline{S} = 0$ 时编码器工作，$\overline{S} = 1$ 时编码器不工作。$\overline{Y}_S$ 为使能输出端，当 $\overline{S} = 0$ 允许工作时，如果 $\overline{I}_7 \sim \overline{I}_0$ 端有信号输入，$\overline{Y}_S = 1$；若 $\overline{I}_7 \sim \overline{I}_0$ 端无信号输入时，$\overline{Y}_S = 0$。$\overline{Y}_{EX}$ 为扩展输出端，当 $\overline{S} = 0$ 时，只要有编码信号，$\overline{Y}_{EX}$ 就是低电平。

2）优先编码器 74LS148 的应用。

74LS148 编码器的应用非常广泛。例如常用计算机键盘，其内部就是一个字符编码器。它将键盘上的大、小写英文字母，数字，符号及一些功能键（回车、空格）等编成一系列的七位二进制数码，送到计算机的中央处理单元 CPU，然后再进行处理、存储，输出到显示器或打印机上。另外，还可以用 74LS148 编码器监控炉罐的温度，若其中任何一个炉温超过标准温度或低于标准温度，则检测传感器输出一个 0 电平到 74LS148 编码器的输入端，编码器编码后输出三位二进制代码到微处理器进行控制。

8.2.2 译码器

译码是编码的逆过程，是指将编码后代表某种含义的二进制代码，翻译成相应信息的过程，表现为某种电路输出状态（高、低电平或脉冲）。实现译码功能的电路称为译码器。译码器一般是具有多输入多输出的组合逻辑电路，输入为二进制代码，输出为与输入代码相对应的特定信息。

1. 二进制译码器

二进制译码器是将输入二进制代码译成相应输出信号的电路。输入 n 位二进制代码，输出有 2^n 个，每个输出仅包含一个最小项。

CT74LS138 是一种典型的译码器，输入是三位二进制代码，有 8 种状态，8 个输出端分别对应其中一种输入状态。因此，又把三位二进制译码器称为 3 线 - 8 线译码器。

（1）逻辑图与逻辑符号

CT74LS138 译码器的逻辑图与逻辑符号如图 8-10 所示。

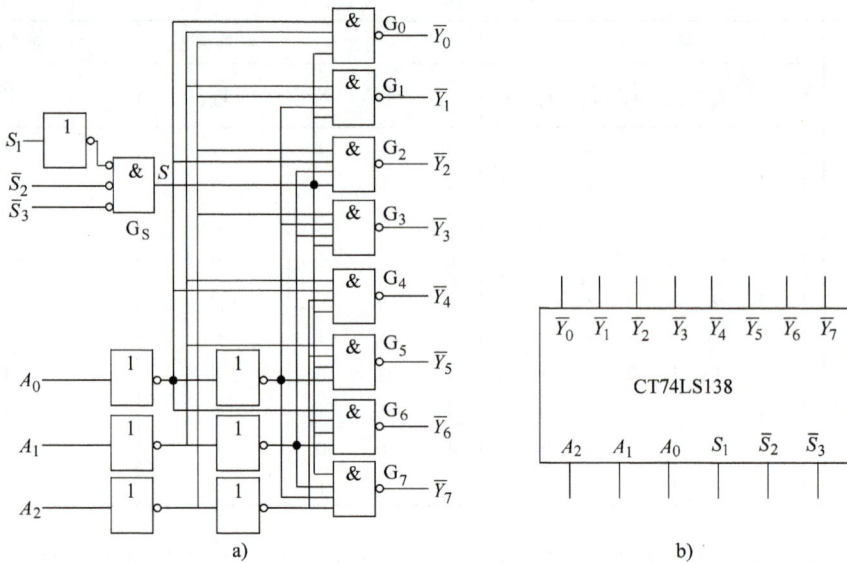

图 8-10　CT74LS138 译码器的逻辑图与逻辑符号

a）逻辑图　b）逻辑符号

输入端：A_2、A_1、A_0，为二进制代码。

输出端：$\overline{Y}_7 \sim \overline{Y}_0$，低电平有效。

使能端：S 为控制端（又称使能端），S_1、S_2、S_3 为输入使能端，$S = S_1 \overline{S}_2 \overline{S}_3$。

$S = 1$ 时，译码器工作；$S = 0$ 时，禁止译码，输出全"1"。

（2）真值表

表 8-9 为 3 线 – 8 线译码器 CT74LS138 的真值表。

表 8-9　3 线 – 8 线译码器 CT74LS138 的真值表

输　　　入					输　　　出							
S_1	$\overline{S}_2 + \overline{S}_3$	A_2	A_1	A_0	$\overline{Y}_0$	$\overline{Y}_1$	$\overline{Y}_2$	$\overline{Y}_3$	$\overline{Y}_4$	$\overline{Y}_5$	$\overline{Y}_6$	$\overline{Y}_7$
×	1	×	×	×	1	1	1	1	1	1	1	1
0	×	×	×	×	1	1	1	1	1	1	1	1
1	0	0	0	0	0	1	1	1	1	1	1	1
1	0	0	0	1	1	0	1	1	1	1	1	1
1	0	0	1	0	1	1	0	1	1	1	1	1
1	0	0	1	1	1	1	1	0	1	1	1	1
1	0	1	0	0	1	1	1	1	0	1	1	1
1	0	1	0	1	1	1	1	1	1	0	1	1
1	0	1	1	0	1	1	1	1	1	1	0	1
1	0	1	1	1	1	1	1	1	1	1	1	0

（3）逻辑功能

当 $S_1 = 1$、$\overline{S}_2 + \overline{S}_3 = 0$（即 $S_1 = 1$，$\overline{S}_2$ 和 $\overline{S}_3$ 均为 0）时，S 输出为高电平，译码器处于工

作状态；否则，译码器被禁止，所有的输出端被封锁在高电平。

（4）输出逻辑函数

$$
\begin{cases}
\overline{Y}_0 = \overline{\overline{A}_2\ \overline{A}_1\ \overline{A}_0} = \overline{m}_0 \\
\overline{Y}_1 = \overline{\overline{A}_2\ \overline{A}_1\ A_0} = \overline{m}_1 \\
\overline{Y}_2 = \overline{\overline{A}_2 A_1\ \overline{A}_0} = \overline{m}_2 \\
\overline{Y}_3 = \overline{\overline{A}_2 A_1 A_0} = \overline{m}_3 \\
\overline{Y}_4 = \overline{A_2\ \overline{A}_1\ \overline{A}_0} = \overline{m}_4 \\
\overline{Y}_5 = \overline{A_2\ \overline{A}_1\ A_0} = \overline{m}_5 \\
\overline{Y}_6 = \overline{A_2 A_1\overline{A}_0} = \overline{m}_6 \\
\overline{Y}_7 = \overline{A_2 A_1 A_0} = \overline{m}_7
\end{cases}
$$

当译码器处于工作状态时，每输入一个二进制代码将使对应的一个输出端为低电平，而其他输出端均为高电平，也可以说对应的输出端被"译中"。CT74LS138 输出端被"译中"时为低电平，所以其逻辑符号中每个输出端上方均有"—"符号。

2. 利用译码器实现组合逻辑函数

译码器 CT74LS138 地址输入端作为逻辑函数的输入变量，译码器的每个输出端$\overline{Y}_1$都与某一个最小项 m_i 相对应，加上适当的门电路，就可以利用译码器实现组合逻辑函数。

【例8-6】　试用 CT74LS138 译码器实现如下逻辑函数：

$$F(A,B,C) = \sum m(1,3,5,6,7)$$

解：因为 $\overline{Y}_i = \overline{m}_i$（$i=0$，1，2，…，7）

所以

$$
\begin{aligned}
F(A,B,C) &= \sum m(1,3,5,6,7) \\
&= m_1 + m_3 + m_5 + m_6 + m_7 \\
&= \overline{\overline{m}_1 \cdot \overline{m}_3 \cdot \overline{m}_5 \cdot \overline{m}_6 \cdot \overline{m}_7} \\
&= \overline{\overline{Y}_1 \cdot \overline{Y}_3 \cdot \overline{Y}_5 \cdot \overline{Y}_6 \cdot \overline{Y}_7}
\end{aligned}
$$

因此，正确连接控制输入端使译码器处于工作状态，将 $\overline{Y}_1$、$\overline{Y}_3$、$\overline{Y}_5$、$\overline{Y}_6$、$\overline{Y}_7$ 经一个与非门输出，A_2、A_1、A_0 分别作为输入变量 A、B、C，就可实现该组合逻辑函数 F。逻辑图如图 8-11 所示。

当然，上述逻辑电路也可以将 $\overline{Y}_0$、$\overline{Y}_2$、$\overline{Y}_4$ 经一个与非门输出后再加一级反相器实现。

3. 二－十进制译码器

二－十进制译码器的逻辑功能是将输入的 BCD 码译成 10 个输出信号。

典型的二－十进制译码器为 74LS42。

1）二－十进制译码器 74LS42 的功能表见表 8-10。

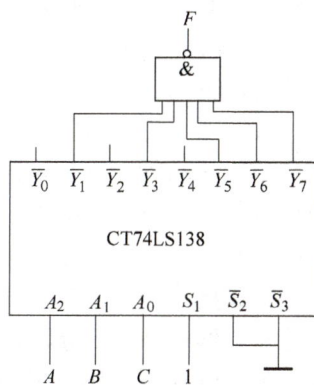

图 8-11　例 8-6 逻辑图

表 8-10　译码器 74LS42 的功能表

A_3	A_2	A_1	A_0	$\overline{Y_0}$	$\overline{Y_1}$	$\overline{Y_2}$	$\overline{Y_3}$	$\overline{Y_4}$	$\overline{Y_5}$	$\overline{Y_6}$	$\overline{Y_7}$	$\overline{Y_8}$	$\overline{Y_9}$
0	0	0	0	0	1	1	1	1	1	1	1	1	1
0	0	0	1	1	0	1	1	1	1	1	1	1	1
0	0	1	0	1	1	0	1	1	1	1	1	1	1
0	0	1	1	1	1	1	0	1	1	1	1	1	1
0	1	0	0	1	1	1	1	0	1	1	1	1	1
0	1	0	1	1	1	1	1	1	0	1	1	1	1
0	1	1	0	1	1	1	1	1	1	0	1	1	1
0	1	1	1	1	1	1	1	1	1	1	0	1	1
1	0	0	0	1	1	1	1	1	1	1	1	0	1
1	0	0	1	1	1	1	1	1	1	1	1	1	0
1	0	1	0	1	1	1	1	1	1	1	1	1	1
1	0	1	1	1	1	1	1	1	1	1	1	1	1
1	1	0	0	1	1	1	1	1	1	1	1	1	1
1	1	0	1	1	1	1	1	1	1	1	1	1	1
1	1	1	0	1	1	1	1	1	1	1	1	1	1
1	1	1	1	1	1	1	1	1	1	1	1	1	1

2）74LS42 逻辑符号如图 8-12 所示。

4. 显示译码器

在数字仪表、计算机及其他数字系统中，经常需要将数字和运算结果以人们习惯的十进制数字形式显示出来，这就要用到二 – 十进制显示译码器。它能够把以二 – 十进制代码表示的结果作为输入进行译码，并用其输出去驱动数码显示器件，从而显示出十进制数字。在显示器件中，应用较广泛的是七段数码显示器，相应的就需要使用七段显示译码器。

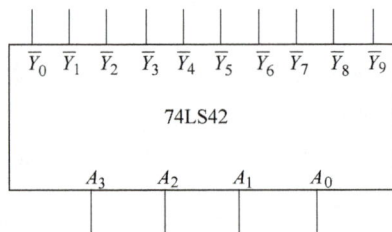

图 8-12　74LS42 逻辑符号

显示译码器用于将字符信息的代码翻译成相应的字符信息并显示的组合电路，由译码器和驱动电路组成。输入一般是 BCD 码，输出为七段码，用于驱动显示器。数字显示器种类很多，按发光材料不同可分为荧光显示器、半导体发光二极管显示器（LED）和液晶显示器（LCD）等；按显示方式不同可分为字表重叠式、分段式、点阵式等。显示译码器由译码输出和显示器配合使用，最常用的是 BCD 七段译码器，其输出是驱动七段字形的 7 个信号，常见产品型号有 74LS48、74LS47 等。

分段式显示是将字符由分布在同一平面上的若干段发光笔画组成。电子计算器、数字万用表等显示器都是显示分段式数字显示器。而 LED 数码显示器是最常见的，通常有红、绿、黄等颜色。LED 的工作电压为 1.5 ~ 3V，驱动电流为几十毫安。图 8-13 是七段 LED 数码显示器的引脚图和显示数字情况。74LS47 译码驱动器输出是低电平有效，所以配接的数码管须采用共阳极接法；而74LS48译码驱动器输出是高电平有效，所以配接的数码管须采用共阴极接法。数码管常用型号有BS201、BS202等。图8-14是LED数码显示器的原理图。使用时，若采用共阴极接地，7个阳极a～g由相应的BCD七段译码器来驱动，如图8-14a所示；若采用共阳极接法，则如图8-14b所示。

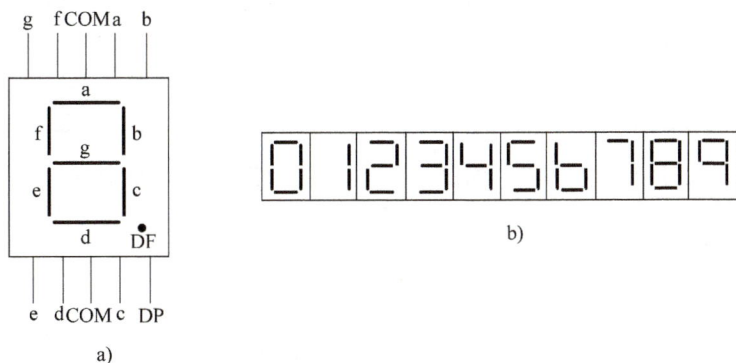

图8-13 七段LED数码显示器及显示的数字

a）数码显示器 b）显示的数字

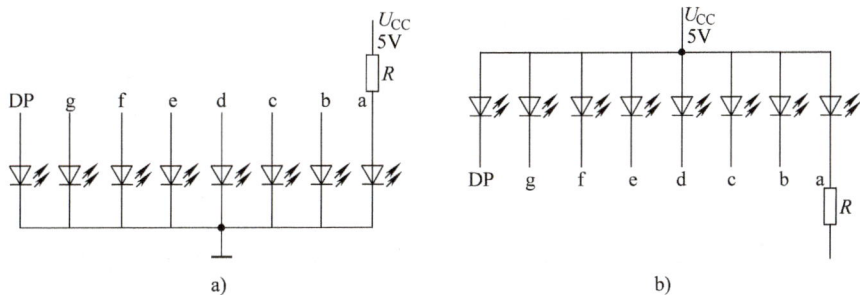

图8-14 LED数码显示器的内部接法

a）共阴极接法 b）共阳极接法

8.2.3 加法器

算术运算是数字系统的基本功能，更是计算机中不可缺少的组成单元。本节介绍实现加法运算的逻辑电路。

1. 半加器

1）定义：只考虑两个一位二进制数的相加，而不考虑来自低位进位的运算电路，称为半加器。

2）引脚功能：如在第i位的两个加数A和B相加，它除产生本位和数S之外，还有一个向高位的进位C。因此，输入信号为加数A和被加数B；输出信号为本位和数S和向高位的进位C。

3）真值表：根据二进制加法原则（逢二进一），得到真值表见表8-11。

4）逻辑表达式：由真值表可得

$$S = \overline{A}B + A\overline{B}, \quad C = AB$$

由摩根定理将上式变换成与非形式得

$$S = \overline{\overline{\overline{AB} \cdot A} \cdot \overline{\overline{AB} \cdot B}}, \quad C = \overline{\overline{AB}}$$

表 8-11 半加器真值表

加数 A	被加数 B	和数 S	进位数 C
0	0	0	0
0	1	1	0
1	0	1	0
1	1	0	1

5）逻辑图：由与非门组成的半加器逻辑图和逻辑符号如图 8-15 所示。

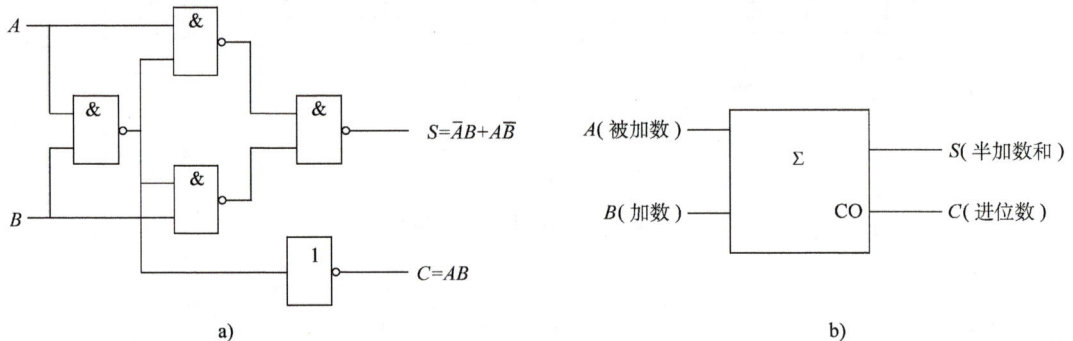

图 8-15 半加器逻辑图和逻辑符号
a）逻辑图 b）逻辑符号

2. 全加器

1）定义：不仅考虑两个一位二进制数相加，而且还考虑来自低位进位的运算电路，称为全加器。

2）引脚功能：如在第 i 位二进制数相加时，被加数、加数和来自低位的进位数分别为 A_i、B_i、C_{i-1}，输出本位和及向相邻高位的进位数为 S_i、C_i。因此，输入信号为加数 A_i、被加数 B_i 和来自低位的进位 C_{i-1}；输出信号为本位和 S_i 和向高位的进位 C_i。

3）真值表：全加器真值表见表 8-12。

表 8-12 全加器真值表

输 入			输 出	
A_i	B_i	C_{i-1}	S_i	C_i
0	0	0	0	0
0	0	1	1	0
0	1	0	1	0
0	1	1	0	1
1	0	0	1	0
1	0	1	0	1
1	1	0	0	1
1	1	1	1	1

4）卡诺图：S_i 和 C_i 的卡诺图如图 8-16 所示。

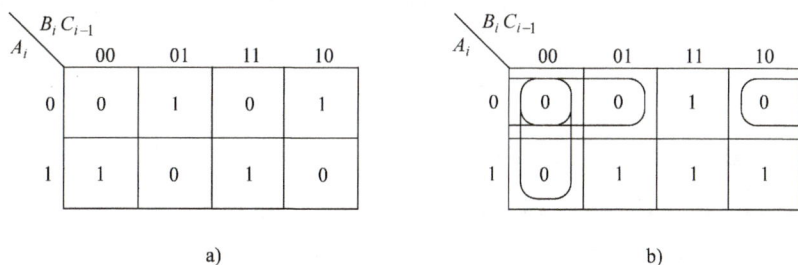

a)   b)

图 8-16 全加器卡诺图

5）逻辑函数表达式：采用圈 0 的方法化简，求得的反函数（与或式）为

$$\overline{S_i} = \overline{A_i}\,\overline{B_i}\,\overline{C_{i-1}} + \overline{A_i}B_iC_{i-1} + A_i\,\overline{B_i}C_i + A_iB_i\,\overline{C_{i-1}}, \quad \overline{C_i} = \overline{A_i}\,\overline{B_i} + \overline{A_i}\,\overline{C_{i-1}} + \overline{B_i}\,\overline{C_{i-1}}$$

由上两式可求得 S_i、C_i 的输出逻辑函数表达式（与或非式）为

$$S_i = \overline{\overline{A_i}\,\overline{B_i}\,\overline{C_{i-1}} + \overline{A_i}B_iC_{i-1} + A_i\,\overline{B_i}C_i + A_iB_i\,\overline{C_{i-1}}}, \quad C_i = \overline{\overline{A_i}\,\overline{B_i} + \overline{A_i}\,\overline{C_{i-1}} + \overline{B_i}\,\overline{C_{i-1}}}$$

6）逻辑图与逻辑符号：全加器逻辑图和逻辑符号如图 8-17 所示。

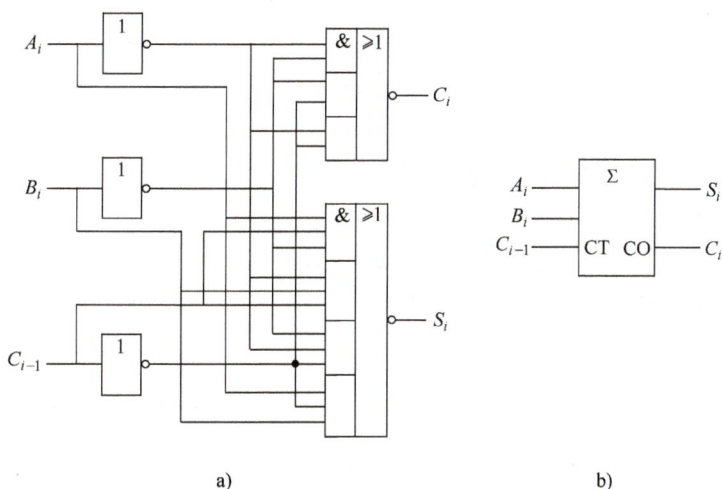

a)   b)

图 8-17 全加器逻辑图和逻辑符号

a）逻辑图 b）逻辑符号

8.2.4 数据选择器

在多路数据传输过程中，经常需要将其中一路信号挑选出来进行传输，这就要用到数据选择器。

根据地址码的要求，从多路输入信号中选择其中一路输出的电路，称为数据选择器，其功能相当于一个受控波段开关。

数据选择器，通常用地址输入信号来完成挑选数据的任务。如一个 4 选 1 的数据选择器，应有两个地址输入端，它共有 $2^2 = 4$ 种不同的组

数据选择器

合，每一种组合可选择对应的一路输入数据输出。同理，对一个 8 选 1 的数据选择器，应有 3 个地址输入端，其余类推。

1. 4 选 1 数据选择器

（1）逻辑电路

4 选 1 数据选择器的逻辑电路如图 8-18 所示，其中 $D_0 \sim D_3$ 为数据输入端，A_1、A_0 为地址信号输入端，Y 为数据输出端，S 为使能端，又称为选通端。

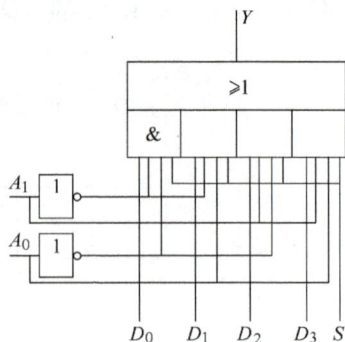

（2）逻辑功能

4 选 1 数据选择器的逻辑功能见表 8-13。

图 8-18　4 选 1 数据选择器的逻辑电路

表 8-13　4 选 1 数据选择器的逻辑功能表

输　　入			输　　出
S	A_1	A_0	Y
0	×	×	0
1	0	0	D_0
1	0	1	D_1
1	1	0	D_2
1	1	1	D_3

（3）输出逻辑函数式

由图和真值表可写出其输出逻辑表达式为

$$Y(A_1, A_0) = S(m_0 D_0 + m_1 D_1 + m_2 D_2 + m_3 D_3)$$
$$= S(\overline{A_1}\,\overline{A_0} D_0 + \overline{A_1} A_0 D_1 + A_1 \overline{A_0} D_2 + A_1 A_0 D_3)$$

CT74LS153 是常用的双 4 选 1 数据选择器。

2. 8 选 1 数据选择器

CT74LS151 是典型 8 选 1 数据选择器。

（1）逻辑功能示意图

数据选择器 CT74LS151 的逻辑功能示意图如图 8-19 所示，其中 $D_0 \sim D_7$ 为数据输入端，A_2、A_1、A_0 为地址信号输入端，Y、$\overline{Y}$ 为互补数据输出端，Y 采用三态门输出，可以直接线与使用。$\overline{ST}$ 为使能端，又称选通端，输入低电平有效。

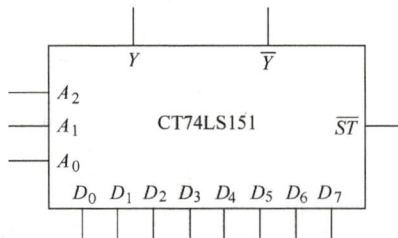

图 8-19　CT74LS151 逻辑功能示意图

（2）真值表

数据选择器 CT74LS151 的真值表见表 8-14。

（3）输出逻辑函数

$$Y = (\overline{A_2}\,\overline{A_1}\,\overline{A_0} D_0 + \overline{A_2}\,\overline{A_1} A_0 D_1 + \overline{A_2} A_1 \overline{A_0} + \overline{A_2} A_1 A_0 D_3 + A_3 \overline{A_1}\,\overline{A_0} D_4 +$$
$$A_2 \overline{A_1} A_0 D_5 + A_2 A_1 \overline{A_0} D_6 + A_2 A_1 A_0 D_7) ST$$

当 $\overline{ST} = 1$ 时，输出 $Y = 0$，数据选择器不工作；当 $\overline{ST} = 0$ 时，数据选择器工作，此时输出 Y 即为上式中将 $ST = 1$ 代入后对应的表达式。

表 8-14　数据选择器 CT74LS151 的真值表

输　入				输　出	
$\overline{ST}$	A_2	A_1	A_0	Y	$\overline{Y}$
1	×	×	×	0	1
0	0	0	0	D_0	$\overline{D_0}$
0	0	0	1	D_1	$\overline{D_1}$
0	0	1	0	D_2	$\overline{D_2}$
0	0	1	1	D_3	$\overline{D_3}$
0	1	0	0	D_4	$\overline{D_4}$
0	1	0	1	D_5	$\overline{D_5}$
0	1	1	0	D_6	$\overline{D_6}$
0	1	1	1	D_7	$\overline{D_7}$

3. 数据选择器的应用

数据选择器是一个逻辑函数的最小项输出器，即 $Y = \sum\limits_{i=0}^{2^n-1} m_i D_i$，而任何一个 n 位变量的逻辑函数都可变换为最小项之和的标准式，即

$$F = \sum_{i=0}^{i=2^n-1} k_i \cdot m_i$$

式中，k_i 的取值为 0 或 1，所以用数据选择器可很方便地实现逻辑函数。

【例 8-7】　试用数据选择器实现如下逻辑函数：

$$Y = \overline{A}\,\overline{B}\,\overline{C} + \overline{A}BC + A\,\overline{B}C + ABC$$

解：1）选用数据选择器。由于逻辑函数 Y 中有 A、B、C 3 个变量，所以可选用 8 选 1 数据选择器，现选用 CT74LS151。

2）写出逻辑函数的标准与或表达式及数据选择器的输出表达式 Y'。

题中逻辑函数表达式已为标准与或式，即

$$Y = \overline{A}\,\overline{B}\,\overline{C} + \overline{A}BC + A\,\overline{B}C + ABC = m_0 + m_3 + m_5 + m_7$$

则 8 选 1 数据器的输出 Y' 的表达式为

$$Y' = \overline{A_2}\,\overline{A_1}\,\overline{A_0}D_0 + \overline{A_2}\,\overline{A_1}A_0D_1 + \overline{A_2}A_1\,\overline{A_0} + \overline{A_2}A_1A_0D_3 + A_3\,\overline{A_1}\,\overline{A_0}D_4 +$$
$$A_2\,\overline{A_1}A_0D_5 + A_2A_1\,\overline{A_0}D_6 + A_2A_1A_0D_7$$

3）比较 Y 和 Y' 两式中最小项的对应关系。设 $Y = Y'$，$A = A_2$，$B = A_1$，$C = A_0$，Y' 式中包含 Y 式中的最小项时，数据取 1，没有包含 Y 式中的最小项时，数据取 0，由此得

$$D_0 = D_3 = D_5 = D_7 = 1$$
$$D_1 = D_2 = D_4 = D_6 = 0$$
$$\overline{S} = 0$$

根据上式可画出图 8-20 所示的逻辑图。

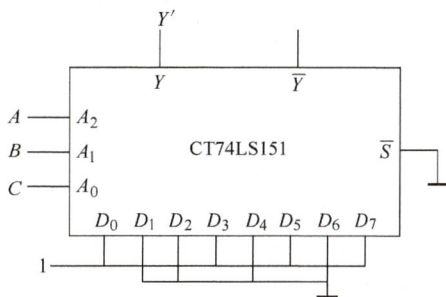

图 8-20　例 8-7 逻辑图

习　题　8

8.1　下列表达式中为最简式的是_____。

A. $Y = \bar{B} + \overline{AB}$　　　B. $Y = ABC + \bar{B}C$　　　C. $Y = AB\bar{C} + AB$　　　D. $Y = AB + C$

8.2　若在编码器中有 50 个编码对象，则要求输出二进制代码位数为_____位。

A. 5　　　　　　B. 6　　　　　　C. 10　　　　　D. 50

8.3　一个 16 选 1 的数据选择器，其地址输入控制（选择控制输入）端有_____个。

A. 1　　　　　　B. 2　　　　　　C. 4　　　　　D. 16

8.4　4 选 1 数据选择器的数据输出 Y 与数据输入 X_i 和地址码 A_i 之间的逻辑表达式为

$Y = $_____。

A. $\bar{A}_1 \bar{A}_0 X_0 + \bar{A}_1 A_0 X_1 + A_1 \bar{A}_0 X_2 + A_1 A_0 X_3$　　　B. $\bar{A}_1 \bar{A}_0 X_0$

C. $\bar{A}_1 A_0 X_1$　　　　　　　　　　　　　　　　　　　D. $A_1 A_0 X_3$

8.5　一个 8 选 1 数据选择器的数据输入端有_____个。

A. 1　　　　　　B. 2　　　　　　C. 3

D. 4　　　　　　E. 8

8.6　在下列逻辑电路中，不是组合逻辑电路的有_____。

A. 译码器　　　　B. 编码器　　　　C. 全加器　　　　D. 寄存器

8.7　101 键盘的编码器输出_____位二进制代码。

A. 2　　　　　　B. 6　　　　　　C. 7　　　　　　D. 8

8.8　用 4 选 1 数据选择器实现函数 $Y = A_1 A_0 + \bar{A}_1 A_0$，应使_____。

A. $D_0 = D_2 = 0$，$D_1 = D_3 = 1$　　　　B. $D_0 = D_2 = 1$，$D_1 = D_3 = 0$

C. $D_0 = D_1 = 0$，$D_2 = D_3 = 1$　　　　D. $D_0 = D_1 = 1$，$D_2 = D_3 = 0$

8.9　用 3 线 – 8 线译码器 74LS138 和辅助门电路实现逻辑函数 $Y = A_2 + \bar{A}_2 \bar{A}_1$，应

_____。

A. 用与非门，$Y = \overline{\bar{Y}_0 \bar{Y}_1 \bar{Y}_4 \bar{Y}_5 \bar{Y}_6 \bar{Y}_7}$　　　　B. 用与门，$Y = \bar{Y}_2 \bar{Y}_3$

C. 用或门，$Y = \bar{Y}_2 + \bar{Y}_3$　　　　　　　　D. 用或门，$Y = \bar{Y}_0 + \bar{Y}_1 + \bar{Y}_4 + \bar{Y}_5 + \bar{Y}_6 + \bar{Y}_7$

8.10　有 A、B、C 3 个输入信号，当 3 个输入信号都为 0 时，或者有一个为 1 时，输出 $F = 1$，其余情况下输出为 0，试列出真值表，并写出逻辑表达式。

8.11　已知逻辑图如图 8-21 所示，试写出逻辑表达式，并化简。

8.12　已知逻辑图如图 8-22 所示，试写出逻辑表达式，并化简。

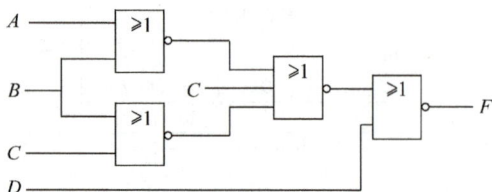

图 8-21　习题 8.11 逻辑图

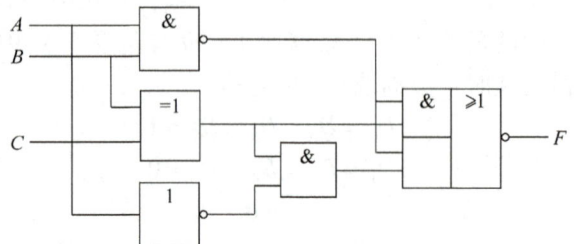

图 8-22　习题 8.12 逻辑图

8.13 交通灯有红、黄、绿三色，只有当其中一只亮时为正常，其余状态均为故障，试用与非门设计一交通灯故障报警电路。

8.14 设计一编码器将十进数 0~9 编成格雷码，列出真值表，写出逻辑表达式。

8.15 用 3 线 - 8 线译码器及少量门实现下列逻辑函数。

1）$F_1 = \overline{A}\,\overline{B}\,\overline{C} + A\,\overline{B}\,\overline{C} + BC$

2）$F_2 = \overline{B}\,\overline{C} + AB\,\overline{C}$

3）$F_3 = \sum m(2,3,4,7)$

8.16 用数据选择器实现下列逻辑函数。

1）$F_1 = \sum m(1,2,5,6)$

2）$F_2 = \sum m(1,2,3,5,7)$

3）$F_3 = \sum m(1,3,4,5,6,7,9,10,12,13)$

8.17 设计一个有 3 个输入信号 A、B、C，一个输出信号 Z 的判偶电路，功能是当输入中有偶数个 1 时，$Z = 1$，否则，$Z = 0$。

1）试用最少的与非门实现。

2）试用数据选择器实现。

8.18 用数据选择器组成的逻辑电路分别如图 8-23 所示，试写出它们的输出表达式。

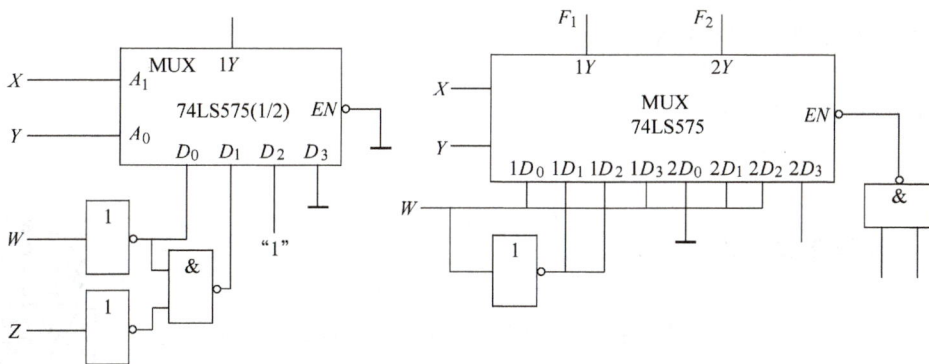

图 8-23 习题 8.18 逻辑电路

8.19 有一密码电子锁，锁上有 4 个锁孔 A、B、C、D，当按下 A 和 D 或 A 和 C 或 B 和 D，再插入钥匙时，锁即打开，若按错了锁孔，当插入了钥匙，锁打不开，并发出报警信号，试用数据选择器设计此电子锁的控制电路。

第9章　触发器与时序逻辑电路

通过前面的章节，我们学习了组合逻辑电路的分析和设计方法，并能用一些常见的组合逻辑电路去实现简单的应用。本章我们将要介绍基本触发器的性质、分类和功能，以及时序逻辑电路的分析方法。触发器和时序逻辑电路是数字电路中非常重要的组成部分，它们能够实现数据存储、时序控制以及状态转移等功能。除了在数字电路中的应用，触发器和时序逻辑电路在计算机、通信以及自动化等领域都有广泛的应用，深入了解触发器和时序逻辑电路的原理和应用是非常重要的。

学习目标：

1. 了解触发器的基本知识。
2. 掌握几种常见触发器的功能。
3. 了解计数器的概念，知道同步计数器和异步计数器的概念，掌握构成 N 进制计数器的方法。
4. 了解寄存器。

素养目标：

1. 养成良好具有良好的团队合作意识。
2. 培养良好的职业素养和创新意识。

9.1　触发器

9.1.1　触发器的基本知识

触发器是数字电路中广泛应用的能够记忆一位二进制信号的基本逻辑单元电路，它是时序电路的基本单元。

触发器具有两个能自行保持的稳定状态，用逻辑 1 和 0 表示，所以又叫作双稳态电路，在不同的输入信号作用下，其输出可以置成 1 态或 0 态，而且当输入信号消失后，触发器的新状态将保持下来。

触发器

1. 触发器的分类

根据电路结构的不同，触发器可分为基本触发器和时钟触发器两大类。具有时钟脉冲输入端 *CP*（Clock Pulse）的触发器称为时钟触发器。在时钟触发器中，又有电平式触发器、边沿触发器和主从触发器三类。其中时钟采用电平触发（通常是高电平触发）方式的称为电平式触发器，采用上升沿触发方式的称为维持阻塞触发器，采用主从触发方式的称为主从触发器。

根据逻辑功能的不同，触发器又可以分为 RS 触发器、JK 触发器、D 触发器及 T（T′）触发器等。常用功能真值表、特性方程、状态转换图和时序图来表示其逻辑功能。

2. 触发器的基本概念

在介绍触发器的基本功能前，首先对触发器逻辑功能中常见的术语和符号做一下解释。

时钟输入端 CP——时钟脉冲的输入端，通常输入周期性时钟脉冲。

数据输入端——又称为控制输入端。对 RS 触发器来说，控制输入端是 R 和 S；对 D 触发器来说是 D；对 JK 触发器来说是 J 和 K；对 T 触发器来说是 T。

初态 Q^n——某个时钟脉冲作用前触发器的状态，即老状态。初态也可称为"现态"。

次态 Q^{n+1}——某个时钟脉冲作用后触发器的状态，即新状态。

功能真值表——以表格的形式表达了在一定的控制输入下，在时钟脉冲作用前后，初态 Q^n 向次态 Q^{n+1} 转化的规律，又可称为"状态转换真值表"。

激励表——以表格的形式表达了为在时钟脉冲作用下实现一定的状态转换（$Q^n \rightarrow Q^{n+1}$），应有怎样的控制输入条件。

状态（转换）图（表）——以图形（或表格）的形式表达在时钟脉冲作用下，状态变化与控制输入之间的关系。

特性方程——以方程的形式表达在时钟脉冲作用下，次态 Q^{n-1} 与控制输入及初态 Q^n 之间的逻辑函数关系。

9.1.2 基本 RS 触发器

1. 电路组成及符号

基本 RS 触发器是由两个与非门或两个或非门首尾相接，交叉耦合组成，是构成各种功能触发器的最基本单元。图 9-1a 所示是由两个与非门组成的基本 RS 触发器。它有两个稳定状态，一般以 Q 端的状态作为触发器状态，当 $Q=1$，$\bar{Q}=0$ 时，触发器处于 1 态；反之，当 $Q=0$，$\bar{Q}=1$ 时，处于 0 态。由于输入的一对触发信号是低电平有效，所以用 $\bar{S}$ 和 $\bar{R}$ 表示输入端，并称 $\bar{S}$ 端为"置 1 输入端"或"置位端"，$\bar{R}$ 端为"置 0 输入端"或"复位端"。

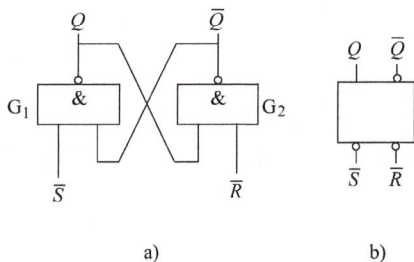

图 9-1 基本 RS 触发器
a）电路组成 b）逻辑符号

基本 RS 触发器的逻辑符号如图 9-1b 所示，输入端的小圆圈表示触发信号为低电平有效。

2. 逻辑功能分析

基本 RS 触发器的输出与输入之间的逻辑功能可分为如下 4 种情况。

（1）保持功能

当 $\bar{S}=1$，$\bar{R}=1$ 时，G_1 门和 G_2 门的打开或封锁由互补输出 Q 与 $\bar{Q}$ 的状态决定，显然触发器保持原有状态不变。

（2）触发器置 1 功能

当 $\bar{S}=0$，$\bar{R}=1$ 时，不论触发器原状态如何，$Q=1$，$\bar{Q}=0$，即触发器处于 1 态。此后，由于 $\bar{Q}$ 端的反馈作用使 G_1 门封锁，即使 $\bar{S}=0$ 的输入信号消失，触发器仍将保持 1 态不变，实现置 1 逻辑功能。置 1 取决于 $\bar{S}$ 端是否为 0，故称 $\bar{S}$ 端为置 1 端。

（3）触发器置 0 功能

当 $\bar{S}=1$，$\bar{R}=0$ 时，经分析可得 $Q=0$，$\bar{Q}=1$，触发器处于 0 态，由于 Q 端的反馈作用使 G_2 门封锁，即使 $\bar{R}=0$ 的输入信号消失，触发器仍将保持 0 态不变，实现置 0 功能。置 0 取决于 $\bar{R}$ 是否为 0，故称 $\bar{R}$ 端为置 0 端。

（4）禁止（不确定）状态

当 $\bar{S}=0$，$\bar{R}=0$ 时，两个与非门均被封锁，迫使 $Q=\bar{Q}=1$，两个输出端失去互补性，出现一种未定义的状态，没有意义。尤其在 $\bar{S}=0$，$\bar{R}=0$ 的信号都同时消失后，触发器的最终状态是 0 态还是 1 态，纯属偶然，无法确定，叫作不确定状态。为避免触发器的输出状态不确定，输入信号必须遵守 $\bar{S}$ 和 $\bar{R}$ 不允许同时为 0 的约束条件。基本 RS 触发器的约束条件可以写为 $\bar{S}+\bar{R}=1$，即 $S \cdot R=0$。

3. 逻辑功能描述

（1）功能真值表

根据逻辑功能的分析，可以得到表 9-1，表 9-1b 是表 9-1a 的简化形式。

表 9-1　基本 RS 触发器功能真值表

a)

$\bar{S}$	$\bar{R}$	Q^n	Q^{n+1}	功能
0	0	0	×	禁止
0	0	1	×	
0	1	0	1	置1
0	1	1	1	
1	0	0	0	置0
1	0	1	0	
1	1	0	0	保持
1	1	1	1	

b)

$\bar{S}$	$\bar{R}$	Q^{n+1}	功能
0	0	×	禁止
0	1	1	置1
1	0	0	置0
1	1	Q^n	保持

（2）特性方程

根据功能真值表画出卡诺图可以得到特性方程，即

$$\begin{cases} Q^{n+1} = S + \bar{R}Q^n \\ \bar{S} + \bar{R} = 1 \end{cases}$$

其中约束条件 $\bar{S}+\bar{R}=1$，也可以写成 $S \cdot R=0$。

（3）状态转换图

触发器的逻辑功能还可采用状态转换图描述，如图 9-2 所示。用圆圈圈起来的 0 和 1 分别代表触发器的两个稳定状态，箭头表示在输入信号作用下状态转换的方向，箭头旁的标注表示状态转换的条件，× 表示任意。

（4）时序波形图

除了上述的方法外，还可以使用波形图来描述。

当给定输入信号 $\bar{S}$ 和 $\bar{R}$ 的波形图时，根据表 9-1 可以画出 Q 和 $\bar{Q}$ 的波形图，如图 9-3 所示。

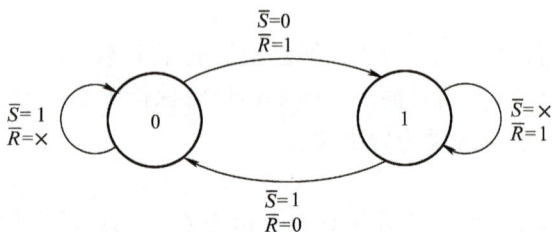

图 9-2　基本 RS 触发器的状态图

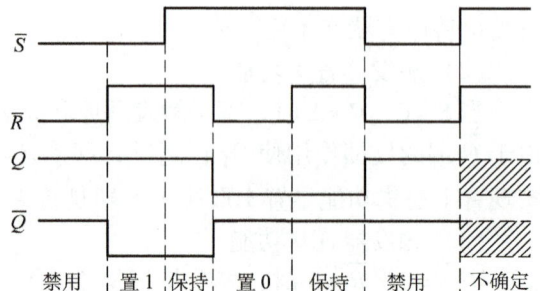

图 9-3　基本 RS 触发器的波形图

　　基本 RS 触发器状态的改变，是直接受输入信号控制的，抗干扰能力差，而时钟触发器只有在时钟信号到达时接收输入信号，一定程度上提高了抗干扰能力。因此，钟控触发器在实际使用中更为广泛。下面以电平式 RS 触发器为例再次讨论一下其逻辑功能。

4. 电平式 RS 触发器

（1）电路组成及符号

　　电平式触发通常以高电平触发为主，在基本 RS 触发器的基础上，增加两个与非门构成，如图 9-4a 所示，其逻辑符号为 9-4b 所示。

（2）逻辑功能分析

　　$CP=0$ 时，G_3、G_4 门被封锁（关闭），相当于基本 RS 触发器的 $\bar{S}=1$，$\bar{R}=1$，所以触发器保持原态不变。R、S 信号无效。

　　$CP=1$ 时，G_3、G_4 门被打开，触发器接收 R、S 的输入数据：

　　1）当 $S=R=0$ 时，触发器保持原状态，具有保持功能。

　　2）当 $S=1$，$R=0$ 时，触发器输出置 1，具有置 1 功能。

　　3）当 $S=0$，$R=1$，触发器输出置 0，具有置 0 功能。

　　4）当 $S=R=1$，触发器为不确定状态，因此该状态被禁止使用。

（3）逻辑功能描述

1）功能真值表。

　　根据逻辑功能的分析，可以得到表 9-2，表 9-2b 是表 9-2a 的简化形式。

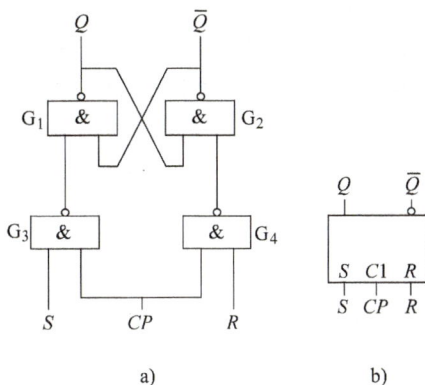

图 9-4　电平式 RS 触发器
a）电路组成　b）逻辑符号

表 9-2　电平式 RS 触发器功能真值表

a)

S	R	Q^n	Q^{n+1}	功能
0	0	0	0	保持
0	0	1	1	
0	1	0	0	置0
0	1	1	0	
1	0	0	1	置1
1	0	1	1	
1	1	0	×	禁止
1	1	1	×	

b)

S	R	Q^{n+1}	功能
0	0	Q^n	保持
0	1	0	置0
1	0	1	置1
1	1	×	禁止

2）特性方程。

　　根据功能真值表画出卡诺图可以得到特性方程，即

$$\begin{cases} Q^{n+1}=S+\bar{R}Q^n \ (CP=1) \\ SR=0 \ (CP=1) \end{cases}$$

　　显然，电平触发的 RS 触发器和基本 RS 触发器的特性方程、约束条件都相同，只是电平触发器需要时钟的提供，只有在 $CP=1$ 时，特性方程才成立，R、S 才起作用，否则，无

论 R、S 为何种状态对触发器均不产生影响，即触发器处于保持状态。

3）状态转换图。

状态转换图如图 9-5 所示。

4）时序波形图。

给定时钟 CP 和输入信号 S、R 的波形图，根据表 9-2 画出 Q 和 $\overline{Q}$ 的输出波形，如图 9-6 所示。

当然，钟控触发器的类型除了电平触发外，还有主从触发和边沿触发，它们的逻辑符号如图 9-7 所示。

通常以边沿触发器比较常见，主要是因为边沿触发是一种仅在 CP 脉冲的上升沿（或下降沿）的瞬间，触发器才能接收输入信号，而在 $CP=0$、1 期间以及下降沿（或上升沿）时，输入信号对触发器的状态均无影响。边沿触发器只要求在 CP 脉冲的上升沿（或下降沿）时，输入信号是稳定的就可以了，也就是说使能条件越苛刻，对输入信号的要求就越宽松，触发器抗干扰能力就越强。

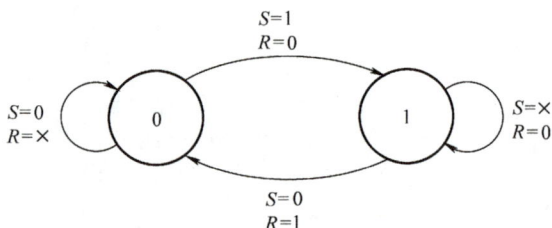

图 9-5　电平式 RS 触发器的状态转换图

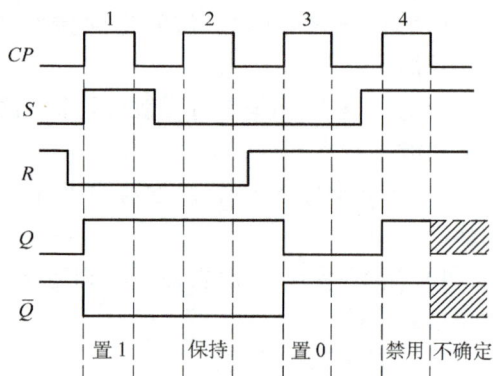

图 9-6　电平式 RS 触发器的波形图

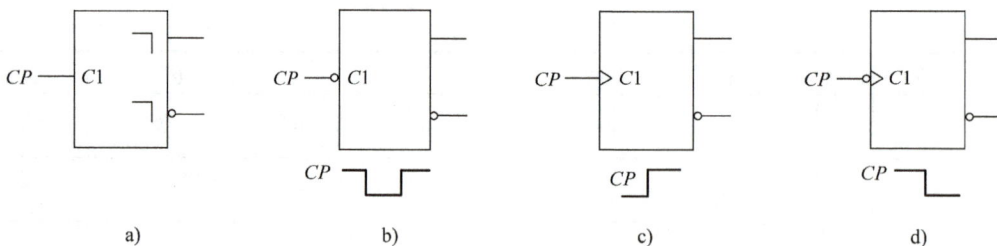

图 9-7　钟控 RS 触发器的触发方式

a）主从触发　b）$CP=0$，低电平触发　c）$CP=\uparrow$，上升沿触发　d）$CP=\downarrow$，下降沿触发

9.1.3　D 触发器

1. 电路组成及符号

图 9-8a 所示为电平触发的 D 触发器，是在电平 RS 触发器的基础上改进的，图 9-8b 为其逻辑符号。

2. 逻辑功能分析

$CP = 0$ 时，G_1、G_2 被封锁，D 输入信号无效，触发器保持原状态。

$CP = 1$ 时，G_1、G_2 门打开，触发器接收 D 输入信号而工作：

1）当 $D = 1$ 时，输出 $Q = 1$，$\overline{Q} = 0$，触发器处于 1 态，具有置 1 功能。

2）当 $D = 0$ 时，输出 $Q = 0$，$\overline{Q} = 1$，触发器处于 0 态，具有置 0 功能。

图 9-8　电平 D 触发器及逻辑符号

a）电路组成　b）逻辑符号

3. 逻辑功能描述

（1）功能真值表

根据逻辑功能的分析，可以得到表 9-3。

（2）特性方程

根据功能真值表画出卡诺图可以得到特性方程：$Q^{n+1} = D$（$CP = 1$）

（3）状态转换图

状态转换图如图 9-9 所示。

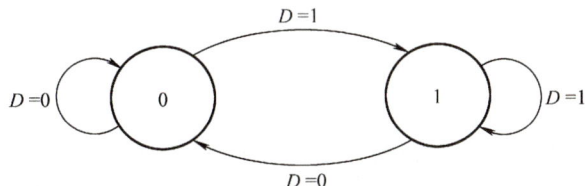

表 9-3　电平 D 触发器功能真值表

D	Q^n	Q^{n+1}	说　明
0	0	0	$Q^{n+1} = 0$
0	1	0	
1	0	1	$Q^{n+1} = 1$
1	1	1	

图 9-9　电平式 D 触发器的状态转换图

（4）时序波形图

给定时钟 CP 和输入信号 D 的波形图，根据表 9-3 画出 Q 的输出波形，如图 9-10 所示。

从波形图可以看出，第一、二个 CP 有效脉冲期间，D 没有变化，分别执行置 1 和置 0 功能。而在第三、四个 CP 有效脉冲期间，D 发生了变化，输出 Q 也跟着输入 D 变化，可以说在 $CP = 1$ 期间"从输出看到了输入"，这种现象称为"透明"，所以通常电平 D 触发器又称为透明寄存器或锁定触发器。

除了电平触发外，还有边沿 D 触发器，图 9-11 所示为上升沿 D 触发器的时序图。

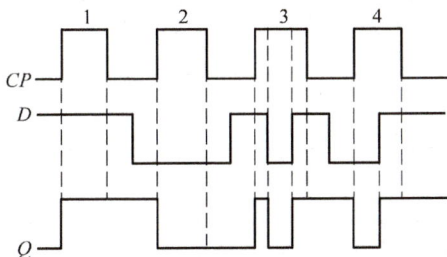

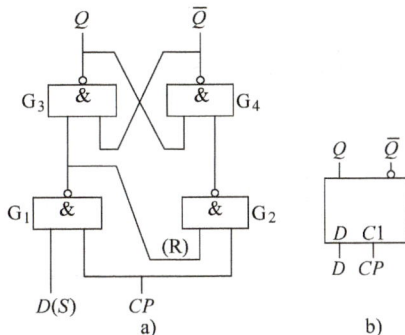

图 9-10　电平 D 触发器的波形图

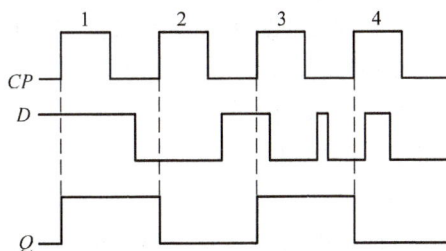

图 9-11　上升沿 D 触发器的时序图

9.1.4 JK 触发器

1. 电路的组成及符号

通常 JK 触发器以边沿触发为主。图 9-12 所示为下降沿触发的 JK 触发器。

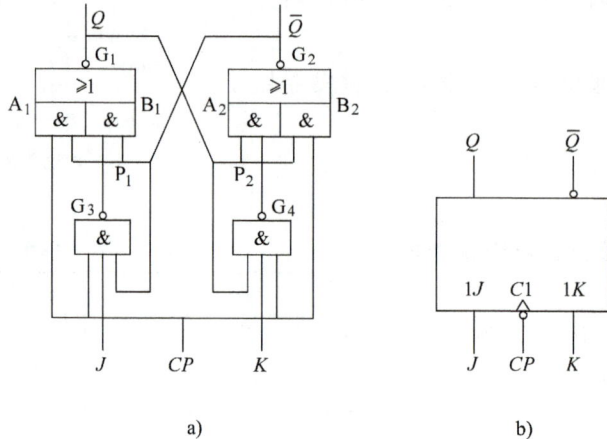

a)   b)

图 9-12   下降沿触发的 JK 触发器
a）电路组成   b）逻辑符号

2. 逻辑功能分析

$CP=0$ 或 1 及 $CP\uparrow$ 期间，触发器无法接收输入信号，保持原态，输入信号无效。

$CP\downarrow$ 到来时，触发器被打开，接收输入信号 J 和 K 的值：

1）当 $J=1$，$K=0$ 时，输出 $Q=1$，$\overline{Q}=0$，即触发器处于 1 态，具有置 1 功能。

2）当 $J=0$，$K=1$ 时，输出 $Q=0$，$\overline{Q}=1$，即触发器处于 0 态，具有置 0 功能。

3）当 $J=1$，$K=1$ 时，输出 Q 和 $\overline{Q}$ 的状态是对前一个输出的 Q 和 $\overline{Q}$ 状态取反，即触发器具有翻转功能。

4）当 $J=0$，$K=0$ 时，触发器保持初态，具有保持功能。

3. 逻辑功能描述

（1）功能真值表

根据逻辑功能的分析，可以得到表 9-4。

（2）特性方程

根据功能真值表画出卡诺图可以得到特性方程：$Q^{n+1}=J\overline{Q}^n+\overline{K}Q^n$（$CP=\downarrow$）

（3）状态转换图

状态转换图如图 9-13 所示。

（4）波形图

表 9-4   边沿 JK 触发器功能真值表

J	K	Q^n	Q^{n+1}	说明
0	0	0	0	保持
0	0	1	1	
0	1	0	0	置 0
0	1	1	0	
1	0	0	1	置 1
1	0	1	1	
1	1	0	1	翻转
1	1	1	0	

给定时钟 CP 和输入信号 J、K 的波形图，根据表 9-4 画出 Q 和 $\overline{Q}$ 的输出波形，如图 9-14 所示。

通常在 JK 触发器中还有一种常见的触发方式——主从触发。

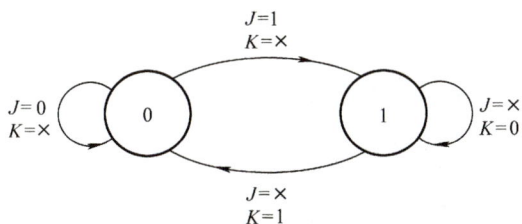

图 9-13　JK 触发器的状态转换图

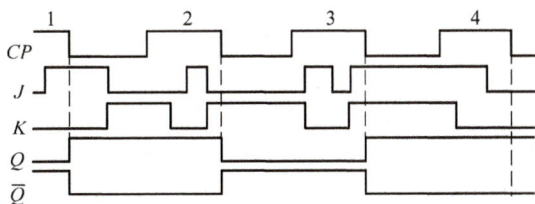

图 9-14　下降沿触发的 JK 触发器工作波形图

为了克服空翻现象，采用了具有存储功能的触发导引电路，从而构成主从结构式的 JK 触发器，其逻辑图和逻辑符号如图 9-15 所示。

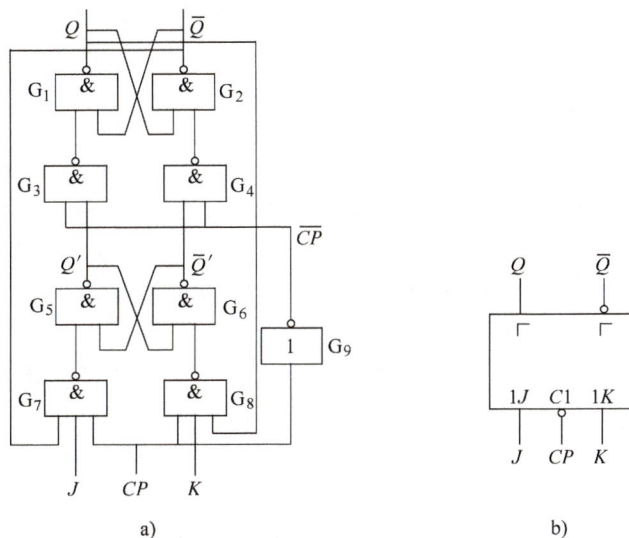

a)　　　　　　　　　　　　b)

图 9-15　主从 JK 触发器

a）逻辑图　b）逻辑符号

主从触发器在一个时钟脉冲作用下工作过程可分为两个阶段，即双拍工作方式：$CP=1$ 期间主触发器工作，接收触发信号，从触发器保持；$CP=0$ 期间从触发器工作，但主触发器保持，所以从触发器的使能条件是 CP 的下降沿有效。请注意这种触发方式与下降沿触发方式的区别。

总之，主从 RS 触发器是在 $CP=1$ 期间接收信息到主触发器，而在 CP 下降沿将主触发器的信息送到从触发器，其功能还是置 1、置 0 和保持。从根本上克服了直接触发，进一步提高了抗干扰能力。图 9-16 为主从触发器的波形图，请注意它和下降沿 JK 触发器的差别。

9.1.5　T 触发器

1. 电路组成及符号

T 触发器可看成 JK 触发器在 $J=K$ 条件下的特例。T 触发器只有一个控制输入端 T。图 9-17 所示为电平 T 触发器的逻辑图和逻辑符号。

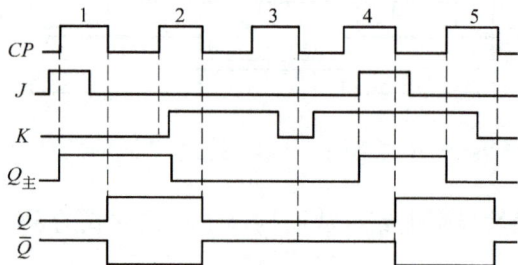

图 9-16　主从触发器的波形图

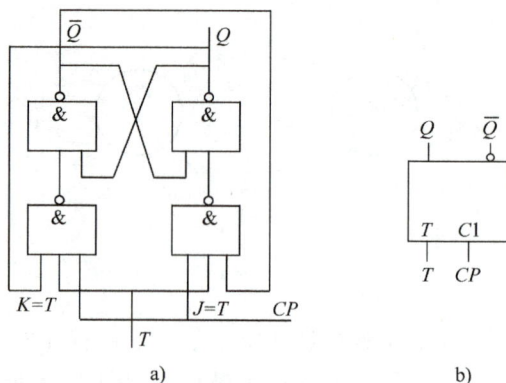

图 9-17　电平 T 触发器的逻辑图和逻辑符号
a）逻辑图　b）逻辑符号

2. 逻辑功能分析

$CP = 0$ 时，触发器无法接收输入信号，保持原态。

$CP = 1$ 时，触发器接收输入信号 T，随输入信号 T 的不同具有如下功能：

1）当 $T = 0$ 时，触发器保持原状态，具有保持功能。

2）当 $T = 1$ 时，输出 Q 和 $\overline{Q}$ 的状态是对前一个输出的 Q 和 $\overline{Q}$ 状态取反，即触发器处于翻转态，具有翻转功能。因为计数器计数时常利用触发器的翻转功能，因此也将触发器的翻转功能称为计数功能。

如果输入信号 T 固定接"1"电平，则 T 触发器就变成了"翻转触发器"，来一个时钟脉冲，触发器就可以翻转一次，这样的 T 触发器又可以称为 T'触发器。

3. 逻辑功能描述

（1）功能真值表

根据逻辑功能的分析，可以得到表 9-5。表 9-5b 是表 9-5a 的简化形式。

表 9-5　T 触发器功能真值表

a)				b)		
T	Q^n	Q^{n+1}	功能	T	Q^{n+1}	功能
0	0	0	保持	0	Q^n	保持
0	1	1				
1	0	1	翻转	1	$\overline{Q}^n$	翻转
1	1	0				

（2）特性方程

根据功能真值表画出卡诺图可以得到特性方程，也可以根据 JK 触发器的特性方程推导获得，即

$$Q^{n+1} = J\overline{Q}^n + \overline{K}Q^n = T\overline{Q}^n + \overline{T}Q^n$$

即

$$Q^{n+1} = T\overline{Q}^n + \overline{T}Q^n \quad (CP = 1)$$

（3）状态转换图

状态转换图如图 9-18 所示。

（4）波形图

从 T 触发器的功能分析上，不难发现，其实它是 JK 触发器的特例，因此若给定时钟 CP 和输入信号 T 的波形图，根据表 9-5 很容易就可以画出 Q 和 $\overline{Q}$ 的输出波形，读者可试一试。

另外，除了时钟脉冲输入端 CP、控制输入端及触发器输出端外，绝大多数实际的触发器电路还有直接置位输入端（置 1 端）$\overline{S}_D$ 和直接复位输入端（置 0 端）$\overline{R}_D$。

以 D 触发器为例，其逻辑符号如图 9-19 所示，功能真值表见表 9-6。

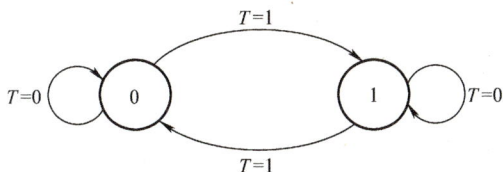

图 9-18　T 触发器的状态转换图　　图 9-19　带置位、复位输入的 D 触发器逻辑符号

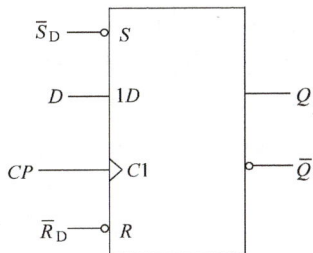

当直接置位输入端（置 1 端）$\overline{S}_D$ 和直接复位输入端（置 0 端）$\overline{R}_D$ 都为"1"时，它们对触发器的工作无影响；当 $\overline{S}_D$ 为"1"，而 $\overline{R}_D$ 为"0"时，不管 CP 和控制输入端如何，触发器均被置"0"；当 $\overline{R}_D$ 为"1"，而 $\overline{S}_D$ 为"0"时，则不管 CP 和控制输入端如何，触发器均被置"1"；当 $\overline{S}_D$ 和 $\overline{R}_D$ 同时为"0"时，触发器的状态不确定，在应用时应避免出现这种情况。

表 9-6　带置位、复位的 D 触发器功能真值表

输　　入				输　　出	
$\overline{R}_D$	$\overline{S}_D$	D	CP	Q	$\overline{Q}$
0	1	×	×	0	1
1	0	×	×	1	0
1	1	1	↑	1	0
1	1	0	↑	0	1
0	0	×	×	1	1

由上述可知：

1）不管 CP 和控制输入信号如何，通过直接置位输入端（置 1 端）$\overline{S}_D$ 和直接复位输入端（置 0 端）$\overline{R}_D$ 可以改变输出状态。

2）在直接置位输入端（置 1 端）$\overline{S}_D$ 和直接复位输入端（置 0 端）$\overline{R}_D$ 均为"1"时，通过时钟脉冲 CP 和控制输入可改变输出状态。

请读者注意，有些时钟触发器的直接置位端和直接复位端在输入为负脉冲"0"时，对触发器没有影响，而是在加上正脉冲"1"后才起作用，这种情况下，直接置位端和直接复位端常分别记作 S_D 和 R_D。有的书本还常将直接置位端称作"预置"端，用 P_r 表示，将直接复位端称作"清除"端，用 Clear 表示。

9.2　时序电路分析

9.2.1　时序电路的概念

1. 定义

前面学过的组合逻辑电路，在任意时刻，电路的输出只取决于该时刻电路的输入，而与前一时刻电路的输出无关，即电路不具备记忆功能。

时序电路分析

而时序逻辑电路与组合逻辑电路的功能不同，其任意时刻的输出信号不仅取决于该时刻电路的输入信号，而且与前一时刻的输出有关，具有记忆功能。时序逻辑电路简称为时序电路。

2. 时序电路的组成

组合电路由各种门电路组成，而时序电路由组合电路和存储电路组成。存储电路是由具有记忆功能的触发器构成的基本存储单元。图9-20所示是时序电路的组成框图。图中，$X(X_1, X_2, \cdots, X_N)$ 代表外部输入信号，$F(F_1, F_2, \cdots, F_M)$ 代表输出信号，$W(W_1, W_2, \cdots, W_L)$ 代表存储电路的输入，$Q(Q_1, Q_2, \cdots, Q_T)$ 代表存储电路的输出，组合电路的输入。由框图可见，时序电路中一定存在反馈网络。

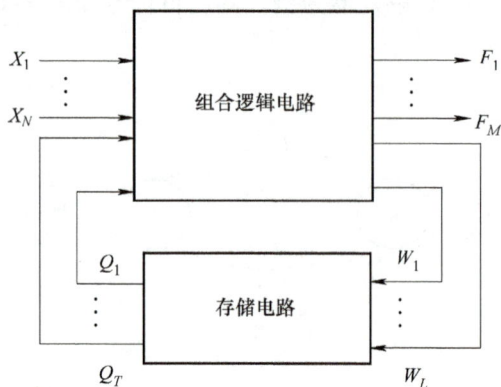

图 9-20　时序电路的组成框图

3. 时序电路的分类

时序电路有多种分类方法，按状态转换情况不同可分为同步时序电路和异步时序电路，其中同步时序电路中各个触发器采用同一个时钟脉冲，而异步时序电路中各触发器采用不同的时钟脉冲或没有外加的时钟脉冲。按照功能不同，可分为寄存器、计数器和顺序脉冲发生器等。

9.2.2　时序电路的分析方法

分析时序逻辑电路，就是要根据给定的电路，写出它的方程、列出状态转换真值表、画出状态转换图和时序图，而后得出它的功能，并说明是否能够自启动。

1. 基本分析步骤

1）写方程式。

时钟方程：各触发器触发时钟表达式。

输出方程：时序逻辑电路的输出逻辑表达式，通常为现态和输入信号的函数。

驱动方程：各触发器输入端的逻辑表达式。

状态方程：将驱动方程代入相应触发器的特性方程中，便得到该触发器的状态方程。

2）列状态转换真值表。

将电路现态的各种取值代入状态方程和输出方程中进行计算，求出相应的次态和输出，从而列出状态转换真值表。如现态的起始值已给定时，则从给定值开始计算。如没有给定时，则可设定一个现态起始值依次进行计算。计算次态时，应注意各触发器的触发时钟是否有效。

3）画状态转换图和时序图。

状态转换图是指电路由现态转换到次态的示意图。

时序图是在时钟脉冲 CP 作用下，各触发器状态变化的波形图。

4）逻辑功能的说明。

根据状态转换真值表和时序图说明电路的逻辑功能。

5）检验电路能否自启动。

2. 分析举例

【例 9-1】　试分析图 9-21 所示电路的逻辑功能，并画出状态转换图和时序图。

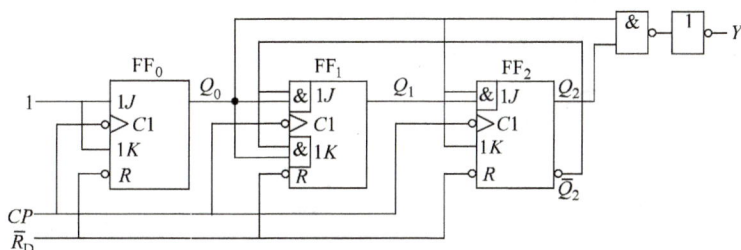

图 9-21 例 9-1 电路图

解：由图 9-21 所示电路可看出，时钟脉冲 CP 加在每个触发器的时钟脉冲输入端上，因此，它是一个同步时序逻辑电路。

1）写方程式。

时钟方程：
$$CP_1 = CP_2 = CP_3 = CP$$

输出方程：
$$Y = Q_2^n Q_0^n$$

驱动方程：

$$\begin{cases} J_0 = K_0 = 1 \\ J_1 = K_1 = \overline{Q_2^n} Q_0^n \\ J_2 = Q_1^n Q_0^n, \ K_2 = Q_0^n \end{cases}$$

状态方程：

$$\begin{cases} Q_0^{n+1} = J_0\,\overline{Q_0^n} + K_0\,\overline{Q_0^n} = 1\,\overline{Q_0^n} + \overline{1}\,Q_0^n = \overline{Q_0^n} \\ Q_1^{n+1} = J_1\,\overline{Q_1^n} + K_1\,\overline{Q_1^n} = \overline{Q_2^n} Q_0^n \oplus Q_1^n \\ Q_2^{n+1} = J_2\,\overline{Q_2^n} + K_2\,\overline{Q_2^n} = Q_1^n Q_0^n\,\overline{Q_2^n} + \overline{Q_0^n} Q_2^n \end{cases}$$

2）列状态转换真值表。

列状态转换真值表时，假设第一个现态"000"开始，代入状态方程，得次态为"001"，代入输出方程，得输出为"0"。

把得出的次态"001"作为下一轮计算的"现态"，继续计算下一轮的次态值和输出值。

依次类推，直到次态值又回到了"000"，见表 9-7 前 6 行，其中不包含现态为"110"和"111"两种情况，若现态为"110"和"111"，则计算可得其次态及输出见表中第 7、8 行。

表 9-7 例 9-1 的状态转换真值表

现　态			次　态			输出
Q_2^n	Q_1^n	Q_0^n	Q_2^{n+1}	Q_1^{n+1}	Q_0^{n+1}	Y
0	0	0	0	0	1	0
0	0	1	0	1	0	0
0	1	1	0	1	1	0
0	1	0	1	0	0	0
1	0	0	1	0	1	0
1	0	1	0	0	0	1
1	1	0	1	1	1	0
1	1	1	0	1	0	1

3）画状态转换图和时序图。

状态转换图和时序图如图 9-22 所示。

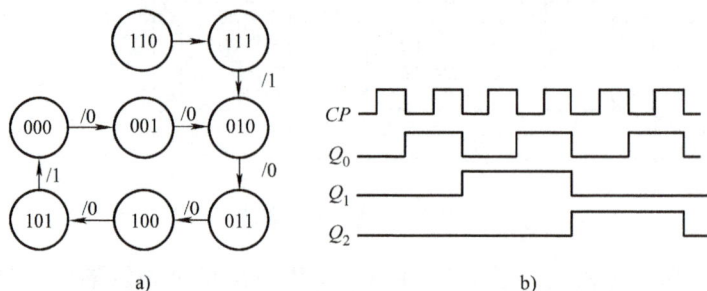

图 9-22 例 9-1 的状态转换图和时序图
a）状态转换图 b）时序图

状态转换图的圆圈内表示电路的一个状态，即 3 个触发器的状态，箭头表示电路状态的转换方向。箭头线上方标注的 X/Y 为转换条件，X 为电路状态转换前输入变量的取值，Y 为输出值，由于本例没有输入变量，故 X 未标数值。

4）逻辑功能说明。

电路在输入第 6 个计数脉冲 CP 后，返回原来的状态，同时输出端 Y 输出一个进位脉冲。因此，上图所示电路为同步六进制加法计数器。

5）本例中，状态 000、001、010、011、100 和 101 构成了闭合循环，称作有效循环，以上 6 种状态称为有效状态，而 110 和 111 两种状态称为无效状态。如果电路在启动时或由于外界干扰而进入无效状态 110 或 111，通过循环，电路可自动进入有效状态，因此电路能够自启动。

9.3 计数器

9.3.1 计数器的基本概念

计数器是用来累计输入脉冲个数的时序逻辑部件。它是数字系统中用途最广泛的基本逻辑部件。它不仅可以进行计数，还可以对时钟脉冲进行分频、数字系统进行定时、程序控制操作及数字运算等。

计数器

计数器的种类繁多，可从不同的角度对计数器进行分类。

按计数器中的触发器状态更新是否同步，分为同步计数器和异步计数器。若计数脉冲 CP 同时送到所有触发器，各触发器状态更新是同步的，则是同步计数器，否则就是异步计数器。

按计数器计数的增减，分为加法计数器、减法计数器及可逆计数器。每输入一个脉冲就进行一次加 1 运算的计数器，称为加法计数器。以二进制加法计数器为例，它输入脉冲个数与自然态序二进制数及计数器中触发器状态的关系见表 9-8。每输入一个脉冲就进行一次减 1 运算的计数器，称为减法计数器。以三位二进制减法计数器为例，它输入脉冲个数与自然态序二进制数及计数器中触发器状态的关系见表 9-9。既可以进行加法运算又可以进行减法

运算的计数器，叫作可逆计数器。当然，可逆计数器不可能同时既做加法运算又做减法运算，它只可能在加减控制信号作用下，在某个时刻做加法运算或做减法运算。

表9-8	二进制加法计数器状态转换表		
输入脉冲序号	Q_2 2^2	Q_1 2^1	Q_0 2^0
0	0	0	0
1	0	0	1
2	0	1	0
3	0	1	1
4	1	0	0
5	1	0	1
6	1	1	0
7	1	1	1
8	0	0	0
9	0	0	1

表9-9	二进制减法计数器状态转换表		
输入脉冲序号	Q_2 2^2	Q_1 2^1	Q_0 2^0
0	0	0	0
1	1	1	1
2	1	1	0
3	1	0	1
4	1	0	0
5	0	1	1
6	0	1	0
7	0	0	1
8	0	0	0
9	1	1	1

按计数进制的不同，即有几个有效状态构成循环，分为二进制计数器和非二进制计数器。在数字电路中，广泛采用二进制计数体系，与此相适应的计数器为二进制计数器。在输入脉冲的作用下，计数器按自然态序循环经历 2^n 个独立状态（n 为计数器中触发器的个数），因此又可称作模 2^n 进制计数器，模数 $M = 2^n$。计数器在计数时所经历的独立状态数不为 2^n（$M \neq 2^n$），则可称为非二进制计数器，如十进制计数器、十二进制计数器等，其中最常见的是十进制计数器。循环中未出现的状态称为无效状态，电路可能由于其他原因进入无效状态，但若能在时钟脉冲作用下自动返回到有效状态，则称这种计数器能够自启动，显然我们希望计数器都能够自启动。

9.3.2 同步计数器

同步计数器有统一的时钟并同时供给各触发器，因此同步计数器的工作速度比异步计数器快，并且在译码显示时，不易产生干扰脉冲，克服了异步触发器的缺点。

1. 同步二进制加法计数器

由于同步计数器中，每个触发器的时钟端均应接同一个时钟脉冲源，各触发器如要翻转，应在时钟脉冲作用下同时翻转，因此时钟端不能再由其他触发器来控制。在这个条件下，分析表9-8的二进制加法计数器状态转换表，可发现在统一的时钟脉冲作用下：

1）最低位来一个脉冲就翻转一次。

2）其他位均在其所有低位为1时可翻转，因为在此时来一个脉冲，低位向本位会有进位。如次高位 F_1 在其低位 Q_0 为1时，在时钟脉冲作用下可翻转；最高位 F_2 在它所有低位（Q_1、Q_0）均为1时，在时钟脉冲作用下可翻转。

因此，用 T 功能触发器就可以构成三位同步二进制加法计数器：$T_0 = 1$、$T_1 = Q_0$、$T_2 = Q_1 Q_0$；$CP_0 = CP_1 = CP_2 = CP$（时钟脉冲源）。其逻辑图如图 9-23 所示。其中图 9-23a 为上升沿触发器构成的逻辑电路；图 9-23b 为下降沿触发器构成的逻辑电路。

由图 9-23 电路可见，图 9-23a、b 逻辑图构成方式相同，其中每个 JK 触发器的 J 端、K 端相连接，就相当于 T 功能触发器中的 T 控制输入端。在时钟脉冲作用下，它们的状态转换图如图 9-24 所示。而波形图则分别如图 9-25a、b 所示，请注意图 9-23a、b 的波形是有区别的，图 9-23a 中各触发器在 CP 上升沿翻转；图 9-23b 中各触发器在 CP 下降沿翻转。

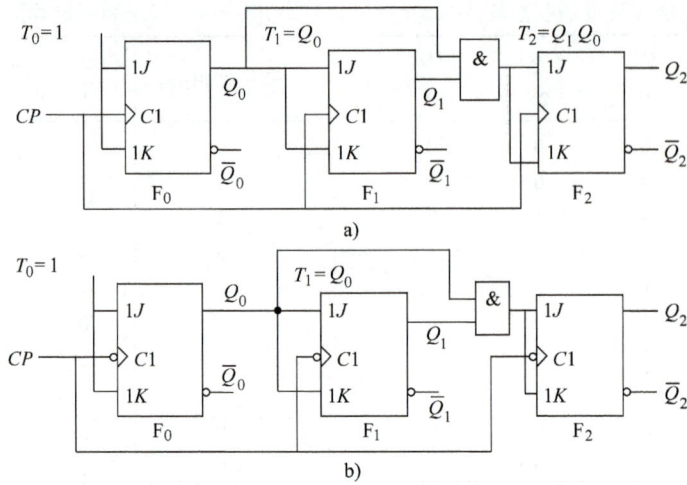

图 9-23　三位同步二进制加法计数器逻辑图

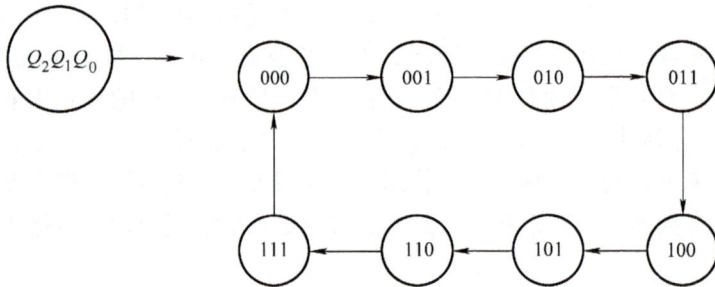

图 9-24　三位同步二进制加法计数器状态转换图

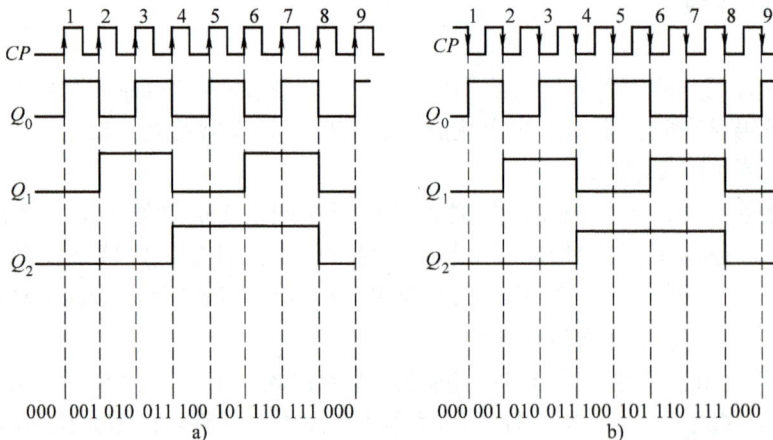

图 9-25　三位同步二进制加法计数器波形图

若要构成四位同步二进制加计数器，可在图 9-23 基础上加一个 F_3 高位触发器，只要使它的时钟脉冲输入为 $CP_3 = CP$、$T_3 = J_3 = K_3 = Q_2 Q_1 Q_0$ 即可。

2. 同步二进制减法计数器

与加法计数器相似，可由表 9-9 的二进制减法计数器状态转换表看出，在统一的时钟脉冲作用下：

1）最低位来一个脉冲翻转一次。

2）其他位在它所有低位均为0时可翻转，因为此时低位向本位有借位。

因此，用上升沿触发的T功能触发器可构成三位同步二进制减法计数器，其逻辑图如图9-26所示。其中，$CP_0 = CP_1 = CP_2 = CP$（时钟脉冲源）；$T_0 = 1$、$T_1 = \overline{Q_0}$、$T_2 = \overline{Q_1}\,\overline{Q_0}$。

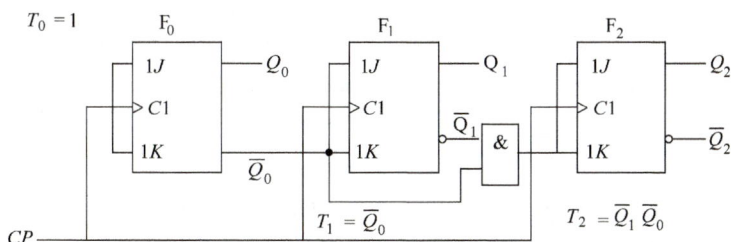

图9-26　三位同步二进制减法计数器逻辑图

其波形图如图9-27a所示，而图9-27b则是时钟为下降沿时的波形。状态转换图如图9-28所示。

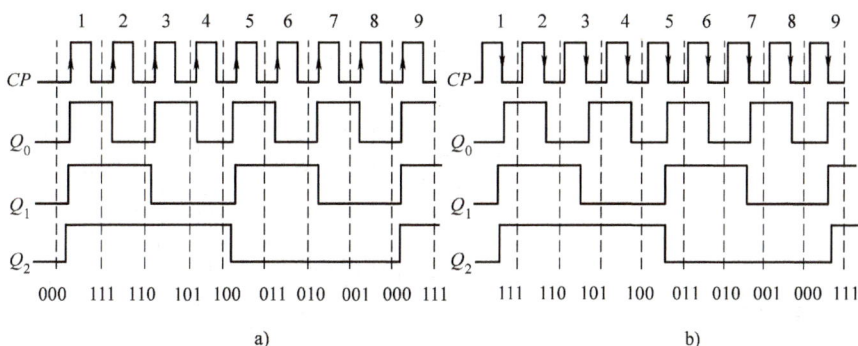

图9-27　三位同步二进制减法计数器波形图

3. 同步二进制可逆计数器

同步二进制可逆计数器的构成可建立在同步二进制加法计数器和减法计数器的基础上。

若令加减控制信号 $X = 1$ 时做加法计数，$X = 0$ 时做减法计数，则最低位 $T_0 = 1$，次高位 $T_1 = XQ_0 + \overline{X}\,\overline{Q_0}$，最高位 $T_2 = XQ_1Q_0 + \overline{X}\,\overline{Q_1}\,\overline{Q_0}$，$CP_0 = CP_1 = CP_2 = CP$，其逻辑图如图9-29所示。

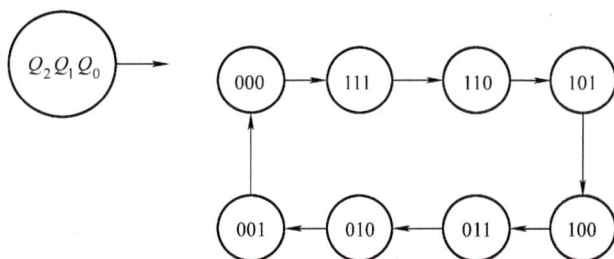

图9-28　三位同步二进制减法计数器状态转换图

由上述二进制计数器的波形图均可看出：相邻高位输出 Q_{i+1} 的波形是相邻低位输出 Q_i 波形的二分频，也就是说，相邻高位的波形周期是相邻低位波形周期的2倍。因此，一个三位二进制加法计数器或减法计数器均可实现八分频，也就是说，最高位触发器输出 Q_2 的周期是 CP 脉冲信号源周期的8倍，频率是其1/8。

目前中规模集成计数器种类较多，应用也十分广泛。通常的集成芯片为BCD码十进制计数器或四位二进制计数器，这些计数器功能较完善，还可以自扩展。常见的集成芯片

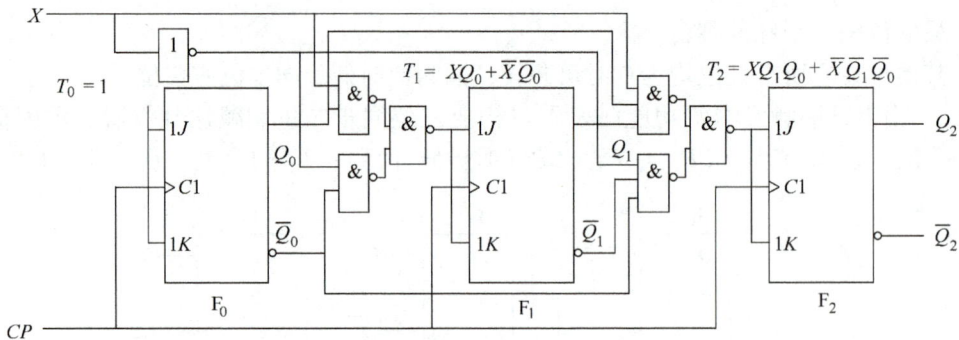

图 9-29　三位同步二进制可逆计数器逻辑图

74LS161 就是同步的可预置的四位二进制计数器，并具有异步清零功能。

四位同步可预置二进制计数器 74LS161 的逻辑符号、引脚图和逻辑电路图如图 9-30 所示。从逻辑图可知，它是由 4 个 JK 触发器和若干个门组成的计数器，它有下列输入端：异步清零端 $\overline{CR}$（低电平有效）、时钟输入端 CP、同步并行置数控制端 $\overline{LD}$（低电平有效）、计数控制端 E_P 和 E_T、并行数据输入端 $D_0 \sim D_3$。它有下列输出端：$Q_0 \sim Q_3$、进位输出端 CO。

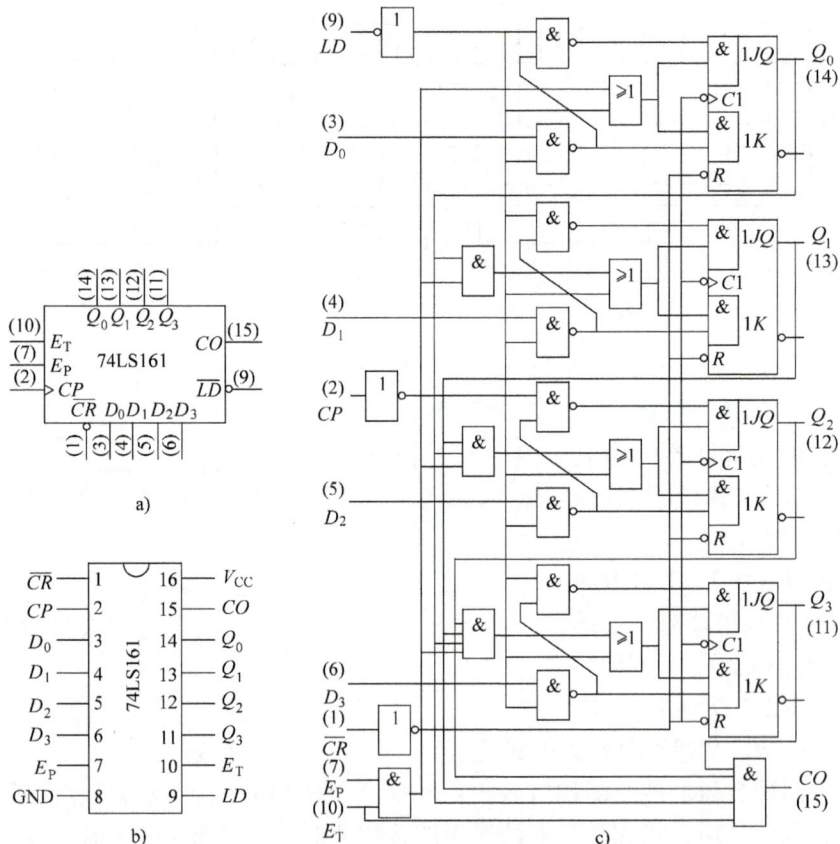

图 9-30　四位同步可预置二进制计数器 74LS161 的逻辑符号、引脚图和逻辑电路图

a）逻辑符号　b）引脚图　c）逻辑电路图

74LS161 的功能真值表见表 9-10。

表 9-10　74LS161 的功能真值表

输　　入									输　　出			
$\overline{CR}$	$\overline{LD}$	E_P	E_T	CP	D_0	D_1	D_2	D_3	Q_0^{n+1}	Q_1^{n+1}	Q_2^{n+1}	Q_3^{n+1}
L	×	×	×	×	×	×	×	×	L	L	L	L
H	L	×	×	↑	d_0	d_1	d_2	d_3	d_0	d_1	d_2	d_3
H	H	H	H	↑	×	×	×	×	计数			
H	H	L	H	×	×	×	×	×	状态保持（CO 也保持）			
H	H	×	L	×	×	×	×	×	状态保持 $CO=0$			

（1）异步清零功能

只要 $\overline{CR}=0$，不管其他输入端（包括 CP 端）状态如何，都可以实现电路清零，即 $Q_3^{n+1} Q_2^{n+1} Q_1^{n+1} Q_0^{n+1}=0000$。由于清零操作与时钟 CP 无关，所以称为"异步清零"。

（2）同步并行置数功能

在 $\overline{CR}=1$，$\overline{LD}=0$ 的前提下，在时钟 CP 上升沿的作用下，使并行输入端数据 $d_0 \sim d_3$ 同时置入计数器，使 $Q_3^{n+1} Q_2^{n+1} Q_1^{n+1} Q_0^{n+1}=d_3 d_2 d_1 d_0$。由于置数操作与 CP 上升沿同步且 4 位数据 $d_3 d_2 d_1 d_0$ 同时置入，所以称为"同步并行置数"。

（3）同步二进制加法计数功能

当 $\overline{CR}=\overline{LD}=1$，$E_P=E_T=1$ 时，对计数脉冲 CP 实现同步二进制加法计数。$Q_3 \sim Q_0$ 与 CP 的上升沿同步变化，消除了异步计数器中可能出现的尖峰脉冲。当计数器累加到 "1111" 时，溢出进位输出端 $CO=Q_3 Q_2 Q_1 Q_0 \cdot E_T=1$，输出一个进位脉冲。

（4）保持功能

当 $\overline{CR}=\overline{LD}=1$，$E_P \cdot E_T=0$ 时，计数器保持原状态不变。

利用 74LS161 不仅可以实现模 2^n 计数，还可以实现非二进制（任意进制 M）计数，其方法有两种：

1）反馈复位法。利用异步清零的功能使清零输入端 $\overline{CR}$ 为零的方法称为反馈复位法。在计数过程中，计数器按自然态计数，跳过无效状态，构成我们所需进制的计数器。

2）反馈预置法。利用同步预置功能，通过反馈使计数器返回预置的状态。在计数过程中，可以有非自然态的计数。

【例 9-2】　分别利用反馈复位法和反馈预置法将 74LS161 构成十进制计数器。

解 1：接线前必须令控制输入端 $E_P=E_T=1$，预置端 $\overline{LD}=1$，这样计数器才有可能正常计数。而预置输入端 $D_3 D_2 D_1 D_0$ 的 4 个数据对其构成十进制无影响，因此可输入任意信号 ×，如图 9-31 所示。当计数器开始计数时，在输入第 10 个脉冲，$Q_3 Q_2 Q_1 Q_0=1010$，通过与非门令 $\overline{CR}=0$，使触发器复位，完成一个十进制计数循环。由于 1010 存在的时间很短暂，因此在状态转换表中用虚线表示。

解 2：反馈预置法中有两种计数方式，即自然态和非自然态。

接线前仍须令控制输入端 $E_P=E_T=1$，而 $\overline{CR}=1$。

图 9-32 为自然态计数。若输出端从 $Q_3 Q_2 Q_1 Q_0=0000$ 开始计数，当计到第 9 个脉冲，此时 $Q_3 Q_2 Q_1 Q_0=1001$，通过与非门使 $\overline{LD}=0$，而在下一个脉冲也就是第 10 个脉冲到达时，将预置数据 $D_3 D_2 D_1 D_0$ 送给输出端，$Q_3 Q_2 Q_1 Q_0=D_3 D_2 D_1 D_0$，完成十进制计数。

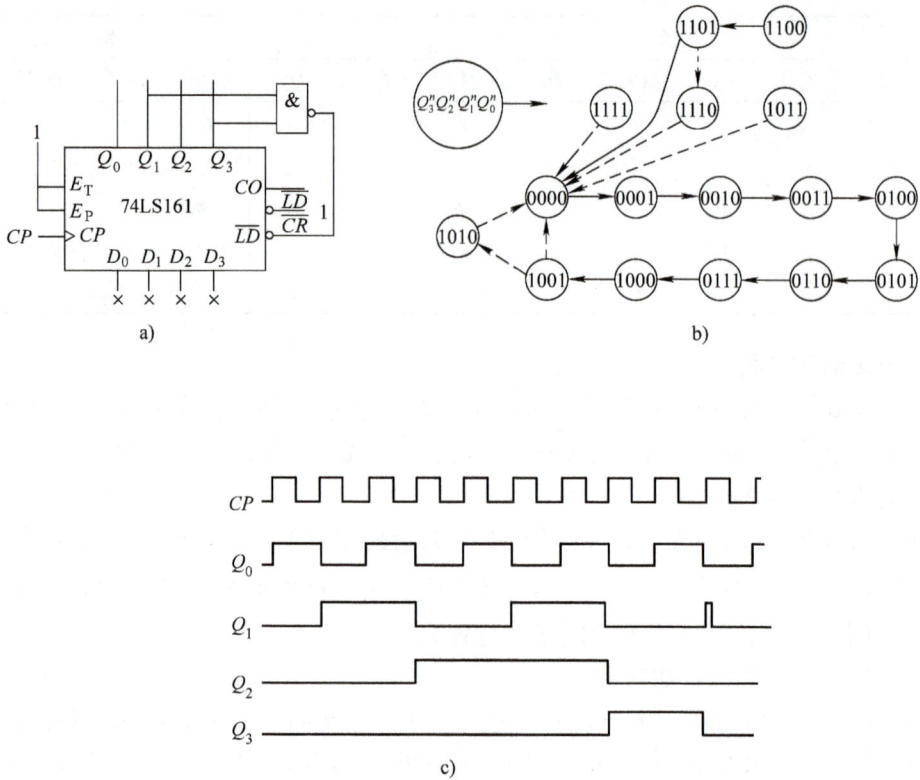

图 9-31 反馈复位法 74LS161 构成十进制计数器

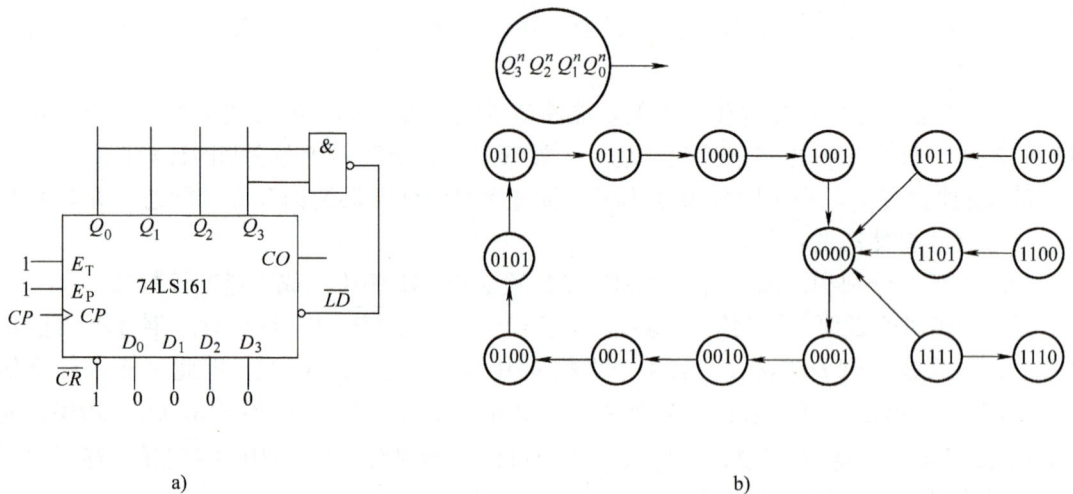

图 9-32 反馈预置法 74LS161 构成十进制计数器

若接为非自然态计数，则与图 9-32 不同的是，进位端通过非门与预置端相接，而预置数据端 $D_3D_2D_1D_0 = 0110$。此时，当输出端从 $Q_3Q_2Q_1Q_0 = 0110$ 开始计数，当计到第 9 个脉冲，此时 $Q_3Q_2Q_1Q_0 = 1111$，溢出进位输出端 $CO = 1$，通过非门使 $LD = 0$，而在下一个脉冲也就是第 10 个脉冲到达时，将计数器再预置为数据 $D_3D_2D_1D_0 = 0110$，完成一个循环，显然这是一个非自然态序十进制计数器，其状态转换表见表9-11。

通过上述比较，还可以发现，与反馈复位法构成的十进制计数器相比较，它在第10个脉冲到来时，在Q_3输出端不会出现飞边。

9.3.3　异步计数器

在异步计数器中，各触发器的时钟不是来自统一的时钟源，因此计数器各触发器不能同时翻转。在分析异步触发器时，应特别注意，只有时钟脉冲的有效沿到达时触发器才会翻转，即触发器的变更取决于对应触发脉冲的有效沿是否到来。

1. 异步二进制加法计数器

仍以三位二进制计数器为例，分析异步二进制加法计数器。

通过表9-8的三位二进制加法计数器的状态转换表，可以看出：

1）最低位触发器F_0的状态Q_0，在时钟脉冲作用下，来一个脉冲就翻转一次。

表9-11　非自然态序十进制计数器状态转换表

计数 N	输出			
	Q_3	Q_2	Q_1	Q_0
无效	0	0	0	0
	0	0	0	1
	0	0	1	0
	0	0	1	1
	0	1	0	0
	0	1	0	1
0	0	1	1	0
1	0	1	1	1
2	1	0	0	0
3	1	0	0	1
4	1	0	1	0
5	1	0	1	1
6	1	1	0	0
7	1	1	0	1
8	1	1	1	0
9	1	1	1	1
10	0	1	1	0

2）次高位触发器F_1的状态Q_1则在F_0做加1计数，当Q_0由1变0，产生进位时，使它的相邻高位翻转。

3）最高位触发器F_2的状态Q_2也与F_1相似，在它相邻低位Q_1由1变0时翻转。

因此若要构成异步的二进制加法计数器，只需用具有T'功能的触发器来构成计数器的每一位，最低位时钟脉冲输入端接用来计数的时钟脉冲源CP，其他位触发器的时钟输入端则接到它们相邻低位的Q端或$\overline{Q}$端。不难发现，异步计数器比同步计数器在电路连接上简单很多，但是存在工作速度较慢的问题。

触发器的触发方式决定了输出端应该接相邻低位触发器的Q端还是$\overline{Q}$端。如果触发器为上升沿触发，则输出端应接相邻低位$\overline{Q}$端，反之，为相邻低位的Q端。

图9-33为由下降沿触发且具有T'功能的触发器构成的加法计数器。各触发器的状态转化图同图9-24，状态变化的波形图同图9-25b。

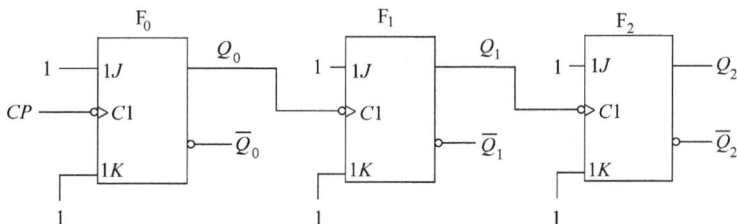

图9-33　三位异步二进制加法计数器

若要计数器的位数增加，则增加的高位应为 T′ 功能，并在其 CP 脉冲输入端接入相邻低位的 Q 端或 $\overline{Q}$ 端。其连接规律见表9-12。

表 9-12　异步二进制计数器级间连接规律

连接规律	T触发器的触发沿	
	上升沿	下降沿
加计数	$CP_i = \overline{Q}_{i-1}$	$CP_i = Q_{i-1}$
减计数	$CP_i = Q_{i-1}$	$CP_i = \overline{Q}_{i-1}$

2. 异步二进制减法计数器

通过分析表9-9，可知：

1）最低位触发器 F_0 的状态 Q_0，在时钟脉冲作用下，来一个脉冲就翻转一次。

2）次高位触发器 F_1 的状态 Q_1 则在 F_0 做减 1 计数，当 Q_0 由 0 变 1，产生借位时，使它的相邻高位翻转。

3）最高位触发器 F_2 的状态 Q_2 也与 F_1 相似，在它相邻低位 Q_1 由 0 变 1 时翻转。

图 9-34 为由下降沿触发且具有 T′ 功能的触发器构成的减法计数器。各触发器的状态转换图同图 9-28 所示，其波形图同图 9-27b 所示，若计数器的位数增加，其连接规律见表 9-12。

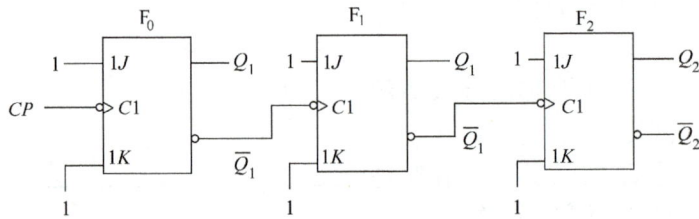

图 9-34　三位异步二进制减法计数器

3. 异步二进制可逆计数器

可逆计数器就是在加减控制信号作用下，在某个时刻可作加法计数器或减法计数器，逻辑图如图 9-35 所示。当加减控制信号 $X = 1$ 时，作加法计数器；$X = 0$ 时，作减法计数器。这里就不再具体展开。

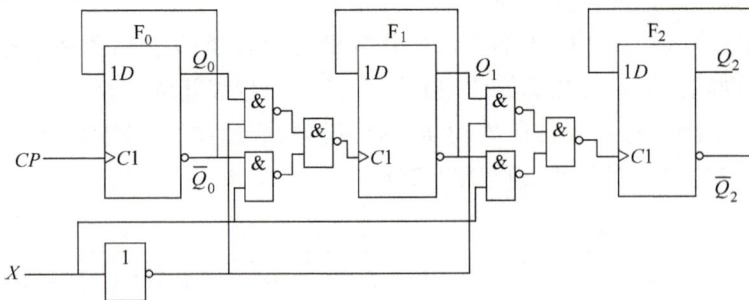

图 9-35　三位异步二进制可逆计数器

常用的集成芯片 74LS290 是一个异步的 BCD 码十进制计数器，如图 9-36 所示。由逻辑图可知，其内部逻辑结构是由一个独立的二进制计数器 F_0 和一个独立的五进制计数器 F_1、F_2 和 F_3 组成的，功能真值表见表 9-13。

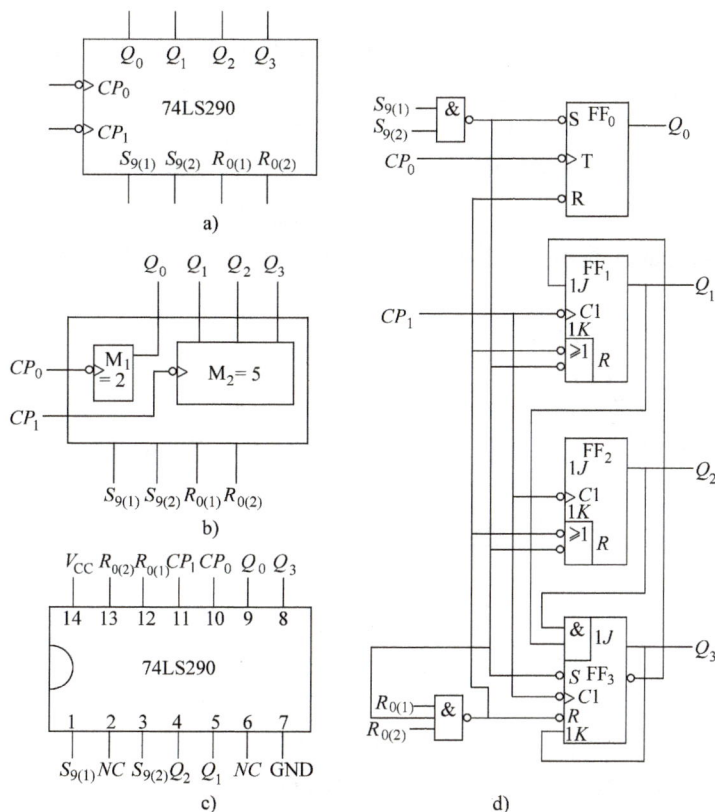

图 9-36 异步 BCD 码十进制计数器 74LS290

a）逻辑符号 b）框图 c）引脚图 d）逻辑图

表 9-13 74LS290 功能真值表

输 入					输 出			
$R_{0(1)}$	$R_{0(2)}$	$S_{9(1)}$	$S_{9(2)}$	CP	Q_3	Q_2	Q_1	Q_0
H	H	L	×	×	L	L	L	L
H	H	×	L	×	L	L	L	L
×	×	H	H	×	H	L	L	H
×	L	×	L	↓	计数			
L	×	L	×	↓	计数			
L	×	×	L	↓	计数			
×	L	L	×	↓	计数			

由表 9-13 可知，异步清零、异步置 9、计数等功能实现的条件如下。

（1）异步清零功能

$S_{9(1)} \cdot S_{9(2)} = 0$ 时，只要 $R_{0(1)} \cdot R_{0(2)} = 1$，时钟 CP 无须提供，就可以使 $Q_3 Q_2 Q_1 Q_0 = 0000$，因此又称直接清零。

（2）异步置 9 功能

$S_{9(1)} \cdot S_{9(2)} = 1$ 时，时钟 CP 无须提供，输出 $Q_3 Q_2 Q_1 Q_0 = 1001$，称为异步置 9。

（3）计数功能

在 $S_{9(1)} \cdot S_{9(2)} = 0$ 和 $R_{0(1)} \cdot R_{0(2)} = 0$ 同时满足的条件下，当 CP 下降沿到达时可以实现计数。若在 CP_0 端输入脉冲，则 Q_0 端实现二进制计数；若在 CP_1 端输入脉冲，则 $Q_3 Q_2 Q_1$ 构成异步五进制计数。由此可以发现，74LS290 有独立的模 2 和模 5 计数功能。

由上分析可知，74LS290 可以实现二进制、五进制和十进制的计数。需要注意的是，通常构成十进制有 8421 码和 5421 码两种的方式，74LS290 构成不同码制的计数器如图 9-37 所示，请读者区别两者的连线不同。当然，74LS290 更重要的一个应用是任意进制的计数。

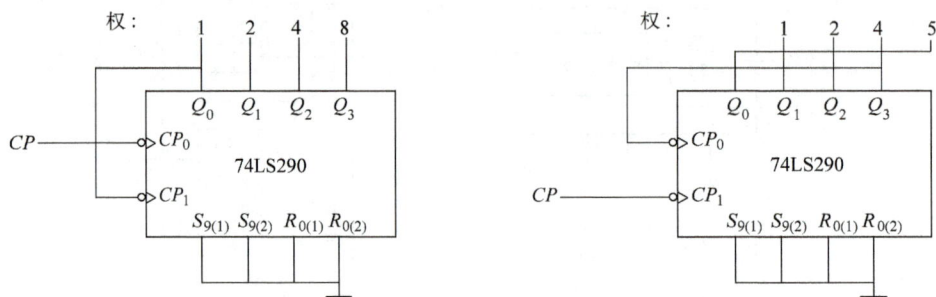

图 9-37　74LS290 构成不同码制的计数器

【例 9-3】　用 74LS290 构成 8421 码七进制计数器。

解：$M = 7$，且为 8421 码，所以 $(7)_{10} = (0111)_{8421}$。

首先按照 8421 码的连线方式接好，如图 9-38a 所示，然后把 Q_2、Q_1、Q_0 相"与"后接至 $R_{0(1)}$ 和 $R_{0(2)}$ 异步清零端。从全 0 状态开始，第七个计数脉冲的下降沿到来后，$Q_3 Q_2 Q_1 Q_0 = 0111$，则 $R_{0(1)} = R_{0(2)} = 1$，立即把 $Q_3 Q_2 Q_1 Q_0$ 置为 0000。其状态转换图如图 9-38b 所示。其中，状态 0111 由于出现后转瞬即逝，因此主循环状态是 0000 ~ 0110。

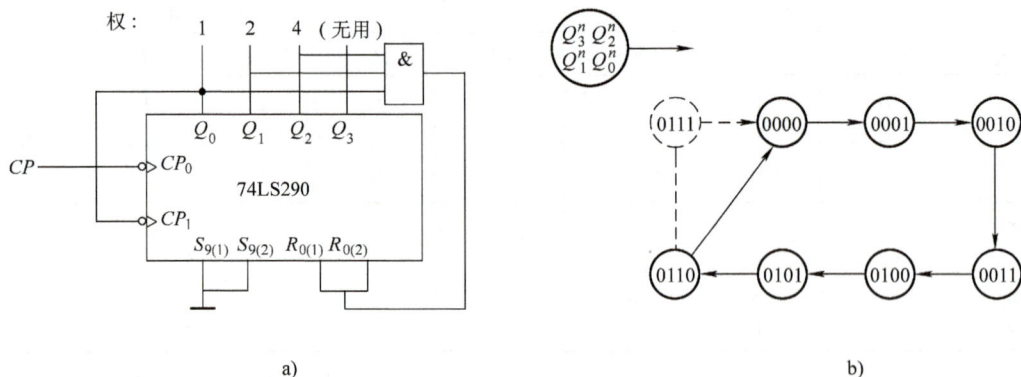

a)　　　　　　　　　　　　　b)

图 9-38　反馈复位法 74LS290 构成七进制计数器

【例 9-4】　用 74LS290 构成 8421 码 24 进制计数器。

解：一片 74LS290 最多只能连接成十进制，因此要接成 24 进制需要扩展一片。

首先还是按照 8421 码的连接方式进行接线，然后将两片级联，即将个位片的输出 Q_3 连至十位片的 CP_0 输入端，当个位片计满 10 个计数脉冲时，Q_3 输出一个脉冲使十位片做"加

1"计数。在此基础上再将十位片的 Q_1 接两片的 $R_{0(2)}$，将个位片的 Q_2 接两片的 $R_{0(1)}$，当第 24 个计数脉冲下降沿到来后，十位片 $Q_3 Q_2 Q_1 Q_0 = 0010$，个位片 $Q_3 Q_2 Q_1 Q_0 = 0100$，构成异步清零，两片成为全零，从而实现了 24 进制输出。连线如图 9-39 所示。当然，这种连线方式并不是唯一的，读者可以尝试其他方式。

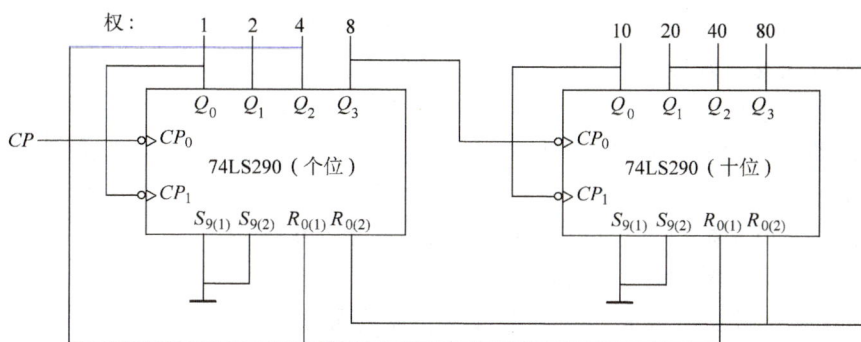

图 9-39　两片 74LS290 构成 8421 码 24 进制计数器

9.4　寄存器

9.4.1　寄存器的基本概念

在数字系统中，常常需要将一些数码、指令或运算结果暂时存放起来，这种能够存放若干位二进制数码的部件称为寄存器。寄存器是最常见的重要数字部件。

寄存器一般由触发器和门电路组成。一般地，一个 n 位寄存器由 n 个触发器和控制电路组成。它具有以下逻辑功能：可在时钟脉冲的作用下将数码或指令存入寄存器（称为写入），或从寄存器中将数码或指令移出（称为读出）等逻辑功能。

在数字电路中，数值或指令通常以二进制数码表示，由于一个触发器可以存储一位二进制数码，所以二进制数码的寄存器可用触发器构成。寄存器根据功能的不同分为基本寄存器（又称为数码寄存器）和移位寄存器（数码或指令可存入和移出）两种。

9.4.2　基本寄存器

基本寄存器通常由 R – S 时钟控制触发器或 D 触发器构成。图 9-40 所示逻辑电路是由 4 个 D 触发器组成的 4 位二进制数码寄存器。

由于触发器具有记忆功能，因此数码寄存前先要对电路进行清零工作，清除原存储的数码，然后在时钟脉冲 CP（又称为写入脉冲）作用下将数码 $D_3 \sim D_0$ 存入寄存器。当写入脉冲的上升沿过后，各 D 触发器的 Q 端显示相应的输入端处放置的数码（1 或 0），并将保持到下一个有效时钟的到达。这种在有效时钟作用下将待存入的数码一次置入寄存器的输入法称为并行输入法；而每到来一个写入脉冲只置入一位数码，若有 n 位二进制数码需要存入时，就需要 n 个读入脉冲的输入方式则称为串行输入法。

9.4.3 移位寄存器

移位寄存器可以在时钟脉冲作用下将数码或指令移入寄存器或移出寄存器。根据数码移动的情况，移位寄存器可分为单向移位和双向移位两种。

根据前面的讲述可知，移位寄存器中数码的存入或移出有两种方式，即并行输入、输出和串行输入、输出。

1. 单向移位寄存器

单向移位寄存器根据数码在寄存器内移动的方向又可分为左移移位寄存器和右移移位寄存器两种。

图 9-41 为由 D 触发器构成的 4 位右移移位寄存器的逻辑图，其数码的置入既可以采用并行输入方式也可采用串行输入方式。数码的输出为串行。

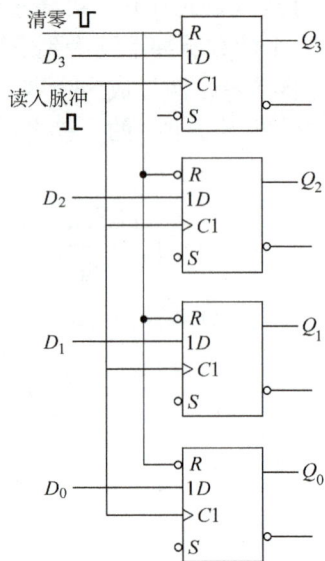

图 9-40　4 位二进制数码寄存器

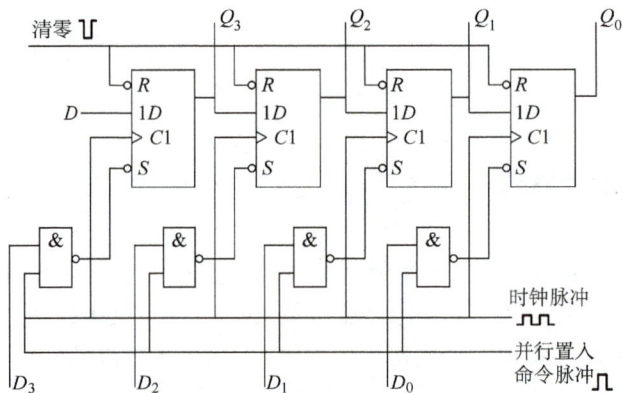

图 9-41　移位寄存器（4 位右移）逻辑图

首先应通过清零信号 R 的作用使寄存器的各触发器输出 Q 端均为零。采用并行输入数码时，待置入的数码 $D_3 \sim D_0$（其中 D_3 为最高位，D_0 为最低位）在并行输入命令脉冲作用下，通过触发器的置位控制端 S 将数据置入触发器。采用串行输入置数时，可以将二进制数从高位起依次送入移位寄存器的数据输入端，数码在时钟脉冲作用下依次转移。在电路清零后，Q_3、Q_2、Q_1、Q_0 均为零，在第 1 个时钟脉冲到来之前使 $D=1$，时钟脉冲到来以后，$Q_3 = D = 1$，而 Q_2、Q_1、Q_0 仍为零，在第 2 个时钟脉冲到达之前，将 D 改为数码 0，时钟脉冲到来以后，数码右移，$Q_3 = 0$，而 $Q_2 = 1$，Q_1、Q_0 仍为零，第 3 个、第 4 个时钟脉冲到达之前，D 均置数码为 1，在 4 个时钟脉冲过后（称为 4 拍），数码将依次存入寄存器，触发器的各 Q 端电平分别为 $Q_3 = 1$、$Q_2 = 1$、$Q_1 = 0$、$Q_0 = 1$。各 Q 端波形图如图 9-42a 所示。

如果需要将寄存器内的数据移出，只需再输入 4 个时钟脉冲（数码 D 设置为 0），数据就可以全部移出，波形图如图 9-42b 所示。

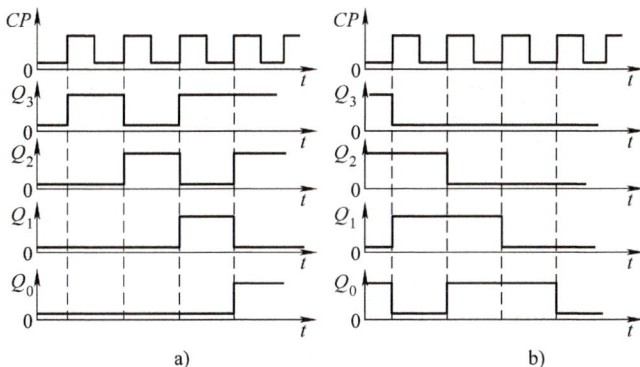

图 9-42 移位寄存器串行输入、输出波形图

2. 中规模集成移位寄存器（双向移位寄存器）

图 9-43 所示为 4 位双向移位寄存器 74LS194 的逻辑符号和电路图。它具有左移位、右移位、并行输入数据、保持及清零 5 种功能。表 9-14 为其功能真值表，从表中可以看出，M_1、M_0 为功能选择输入端，$\overline{CR}$ 为异步清零端，D_{SR}、D_{SL} 分别是右移和左移串行数据输入端，$D_3D_2D_1D_0$ 是并行数据输入端，时钟 CP 为移位脉冲输入端，$Q_3Q_2Q_1Q_0$ 为输出端。

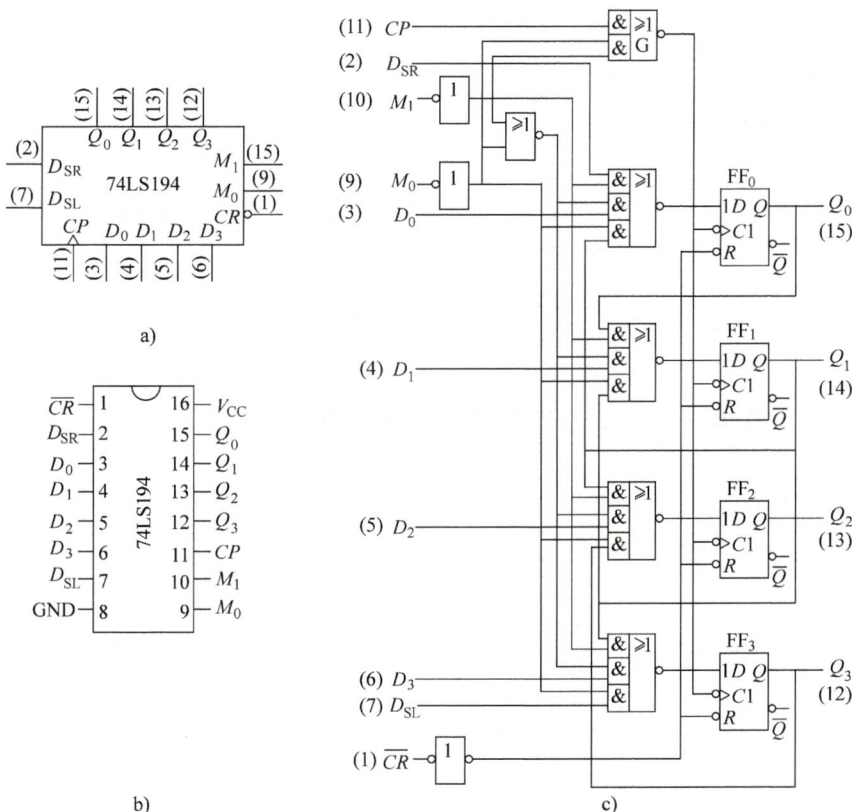

图 9-43 4 位双向移位寄存器 74LS194 的逻辑符号和电路图

表 9-14　74LS194 的功能真值表

输　　入										输　　出			
$\overline{CR}$	M_1	M_0	CP	D_{SL}	D_{SR}	D_0	D_1	D_2	D_3	Q_0^{n+1}	Q_1^{n+1}	Q_2^{n+1}	Q_3^{n+1}
L	×	×	×	×	×	×	×	×	×	L	L	L	L
H	×	×	L	×	×	×	×	×	×	Q_0^n	Q_1^n	Q_2^n	Q_3^n
H	H	H	⌐	×	×	d_0	d_1	d_2	d_3	d_0	d_1	d_2	d_3
H	L	H	⌐	×	H	×	×	×	×	H	Q_0^n	Q_1^n	Q_2^n
H	L	H	⌐	×	L	×	×	×	×	L	Q_0^n	Q_1^n	Q_2^n
H	H	L	⌐	H	×	×	×	×	×	Q_1^n	Q_2^n	Q_3^n	H
H	H	L	⌐	L	×	×	×	×	×	Q_1^n	Q_2^n	Q_3^n	L
H	L	L	×	×	×	×	×	×	×	Q_0^n	Q_1^n	Q_2^n	Q_3^n

（1）异步清零功能

只要 $\overline{CR}=0$，寄存器就清零。

（2）保持功能

只要 $\overline{CR}=1$，$M_1M_0=00$，不论 CP 状态，寄存器都处于保持状态。

（3）右移功能

$\overline{CR}=1$，$M_1M_0=01$，在 CP 脉冲上升沿到来时，输入数据从 D_{SR} 端串行输入，寄存器的内容右移，Q_3 即作为串行输出端。

（4）左移功能

$\overline{CR}=1$，$M_1M_0=10$，在 CP 脉冲上升沿到来时，输入数据从 D_{SL} 端串行输入，寄存器的内容左移，Q_0 即作为串行输出端。

（5）并行输入功能

$\overline{CR}=1$，$M_1M_0=11$，输入数据 $D_3D_2D_1D_0$ 在 CP 脉冲上升沿到来时，并行存入寄存器。

利用移位寄存器的寄存和移位功能，可以构成各种计数器和分频器。

3. 环形计数器

如果将移位寄存器的串行输出反馈到移位寄存器的串行输入，就构成了环形计数器。图 9-44 所示为三位环形计数器。

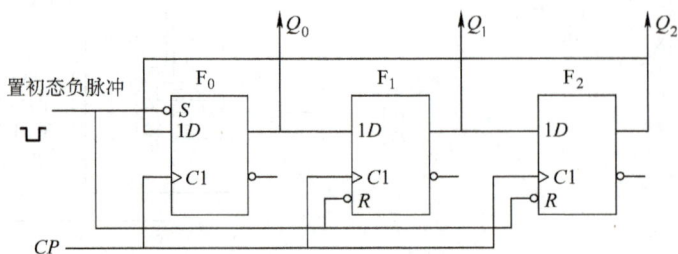

图 9-44　三位环形计数器

在计数器工作之前，应加一个置初态负脉冲，使 $Q_0 Q_1 Q_2 = 100$，随后每来一个时钟脉冲，F_0、F_1、F_2 中的状态就产生一次右移位，即 F_0 中的原状态右移输入 F_1；F_1 中的原状态右移输入 F_2；而 F_2 中的原状态则反馈到 F_0 输入端，右移输入到 F_0，因此整个电路输出状态 Q_0、Q_1、Q_2 来一个脉冲就变化一次，其状态转换表见表9-15。

表9-15 环形计数器状态转换表

CP	Q_0	Q_1	Q_2
0	1	0	0
1	0	1	0
2	0	0	1
3	1	0	0

习 题 9

9.1 基本 RS 触发器及输入电压波形分别如图9-45a、b所示，试画出对应 Q 端和 $\bar{Q}$ 端波形。

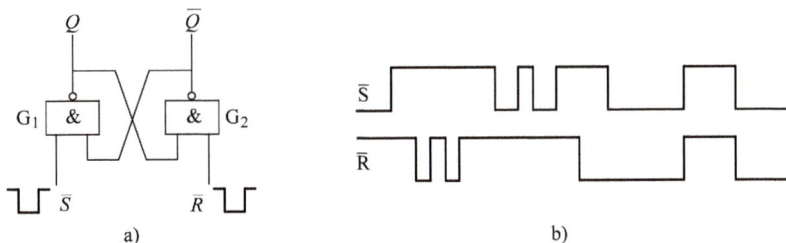

图9-45 习题9.1图

9.2 电平 RS 触发器如图9-46a所示，与基本 RS 触发器相比较有何特点与区别？CP、R、S 的波形如图9-46b所示，画出对应 Q 端和 $\bar{Q}$ 端波形。

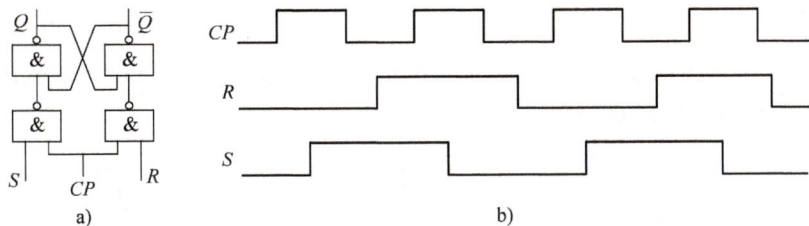

图9-46 习题9.2图

9.3 维持-阻塞 D 触发器及输入电压波形如图9-47所示，试画出输出端 Q 的波形，设触发器的初始状态 $Q = 0$。

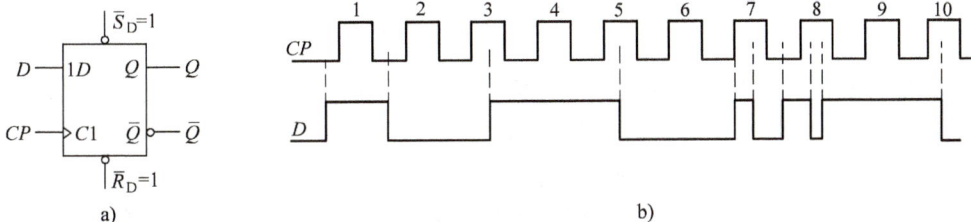

图9-47 习题9.3图

9.4 如图 9-48 所示触发器均为边沿触发的 D 触发器，初始状态 $Q = 0$，已知 CP 波形，画出对应 Q 的波形。

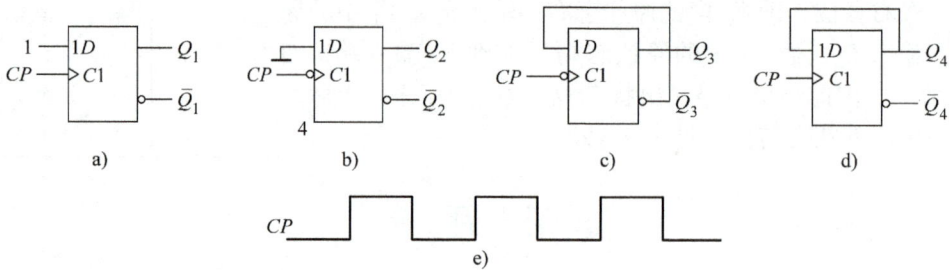

图 9-48 习题 9.4 图

9.5 图 9-49 所示为各种边沿触发器，初始状态均为 $Q = 0$，已知 A、B、CP 波形，画出对应 Q 端的波形。

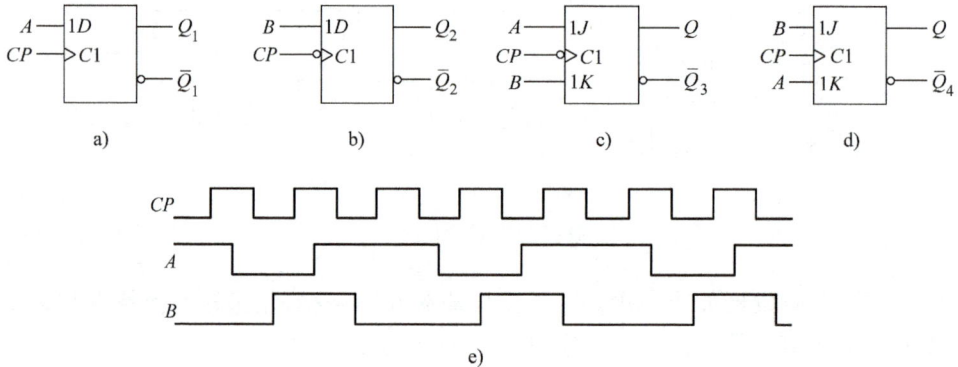

图 9-49 习题 9.5 图

9.6 已知主从触发器输入端 J、K、CP 的电压波形如图 9-50 所示，试画出对应 Q 端的波形，设触发器的初始状态 $Q = 0$。

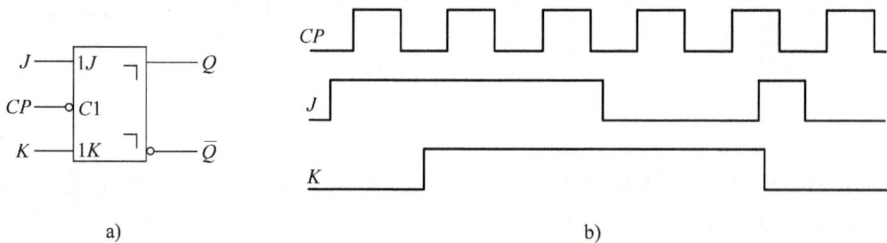

图 9-50 习题 9.6 图

9.7 图 9-51a 所示电路的输入端 A、B、$\overline{S}_D$、CP 的电压波形如图 9-51b 所示，试画出输出端 Q 的波形，设触发器的初始状态 $Q = 0$。

9.8 用 74LS161 组成十一进制计数器。

9.9 图 9-52 所示为用 74LS290 构成的计数器电路，请指出这是几进制计数器，并列出该电路的状态转换表。

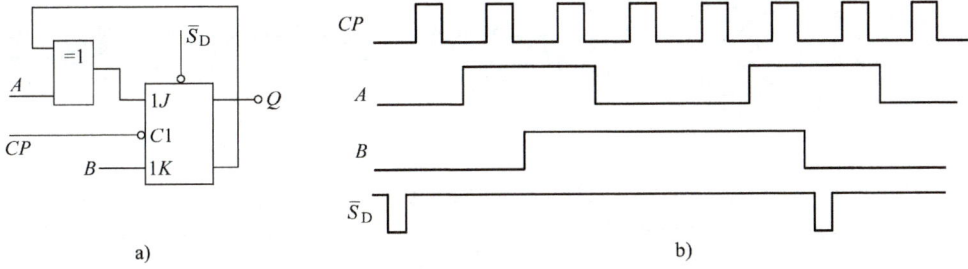

图 9-51　习题 9.7 图

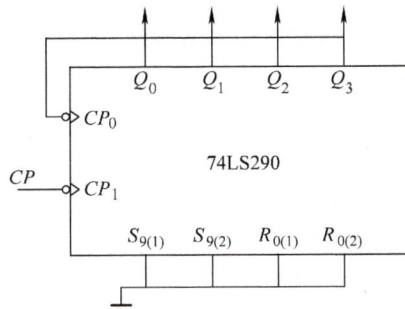

图 9-52　习题 9.9 图

9.10　用 74LS290 组成 8421 码七进制计数器。

9.11　用 74LS194 构成七分频电路。

第10章　脉冲波形的产生与整形

数字电路区别于模拟电路的主要特点之一是，它的工作信号是离散的脉冲信号。这些脉冲信号所产生的波形被称为脉冲波形，形状多种多样，波形之间在时间轴不连续但具有一定的周期性。本章主要介绍脉冲波形是如何产生的以及对不理想波形的整形。同时也会介绍常用的555定时器所构成的施密特触发器、单稳态触发器及多谐振荡器的电路及工作原理。

学习目标：
1. 了解施密特触发器、单稳态触发器和多谐振荡器。
2. 了解555电路的结构和基本功能。
3. 了解555电路的应用。

素养目标：
1. 养成良好的工作责任心、坚强的意志力和严谨的工作作风。
2. 培养良好的职业素养和创新意识。

10.1　脉冲的基本概念

10.1.1　脉冲波形产生的途径

在前面的章节中已经知道，二进制数的1和0是由电路中输出的高电平和低电平来表示的。一个多位数的二进制数是由这样一些连续的高高低低的一串电平组成的。这些表示数的高低电平，表现在图形上不仅具有突发性，而且延续时间很短，因此在数字电路中称为脉冲。在数字电路中，无论是计数，还是程序控制，它的输入脉冲的获取途径大致有两种：一种是来自脉冲振荡器（一般称为时钟脉冲发生器），如多谐波发生器；另一种是由整形电路把已有的周期性变化的波形变换为所需要的脉冲信号，如施密特触发器。近几年来，随着集成电路的广泛应用，以上电路都可以利用555定时器外接几个阻容元件方便地构成。由于所采用的振荡电路不同，所产生的振荡波形也形态各异，例如有矩形波、方波及锯齿波等，如图10-1所示。对于数字电路来说，它所需要的脉冲信号一是矩形脉冲（或方脉冲），二是尖脉冲。由于这两类脉冲信号具有突发性的特点，即信号电平上升快，消失也快，因此它不仅能提高电路的工作速度，而且保证了电路工作的可靠性。本章主要介绍脉冲信号的产生电路和整形电路。

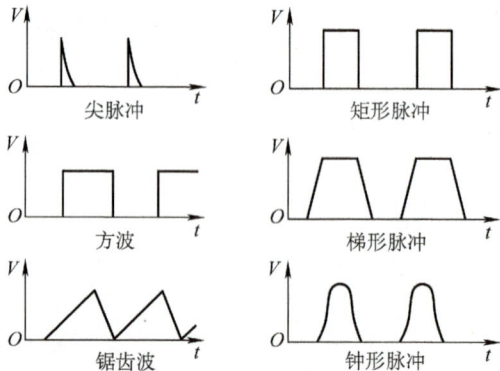

图 10-1　脉冲信号的形式

10. 1. 2　脉冲波形特点的描述

以最常见的方波（矩形波）为例，实际的矩形波形如图 10-2 所示，脉冲波形的有以下几个基本参数组成。

1）脉冲周期 T：两个相邻脉冲之间的时间间隔。有时也使用频率 $f = 1/T$ 表示单位时间内脉冲的重复次数。

2）脉冲幅值 U_m：脉冲电压变化的最大幅度。

3）脉冲宽度 t_w：从脉冲前沿到达 $0.5U_m$ 起，到脉冲后沿到达 $0.5U_m$ 为止的一段时间。

4）上升时间 t_r：脉冲上升沿从 $0.1U_m$ 上升到 $0.9U_m$ 所需要时间。

5）下降时间 t_f：脉冲下降沿从 $0.9U_m$ 下降到 $0.1U_m$ 所需要时间。

6）占空比 q：脉冲宽度与脉冲周期的比值，即 $q = t_w/T$。

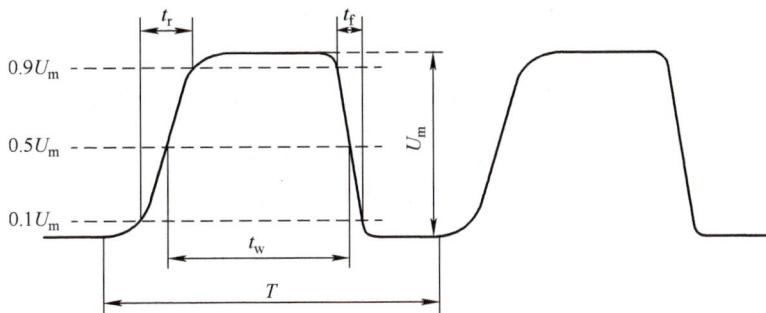

图 10-2　矩形波形

10. 2　脉冲的产生和整形电路

10. 2. 1　施密特触发器

施密特触发器（施密特触发与非门）主要用来将非脉冲波形式的信号（如正弦波、三角波等波形）变换成为脉冲波。在数字电路中，它又可作为鉴别信号幅度、判断信号是否超过规定值用。

施密特触发器

施密特触发器输出有两种稳定状态，输出状态取决于输入信号的大小，当信号高于（或低于）规定值后，触发器输出状态发生变化。

施密特触发器的基本电路和逻辑符号如图 10-3 所示。

根据基本电路图，其工作原理如下：该电路由两个与非门交叉耦合连接而成，G_2 门的输出经电阻 R_2 连在 G_1 门的一个输入端 G_{11} 上。输入信号 u_I 除直接作用在 G_1 门的另一个输入端 G_{12} 外，还通过电阻 R_1 及二极管作用到 R_2 所连接的输入端 G_{11} 上。当 G_2 门的输出端 Q 为低电平时，信号 u_I 将通过电阻 R_1、R_2 分压后作用到 G_1 门的 G_{11} 这个输入端，电位 $V_{11} \approx \dfrac{R_2}{R_1 + R_2} u_I$。当 G_2 门的输出端 Q 为高电平时，二极管 VD 为反向偏置，G_{11} 处的输入信号与 u_I

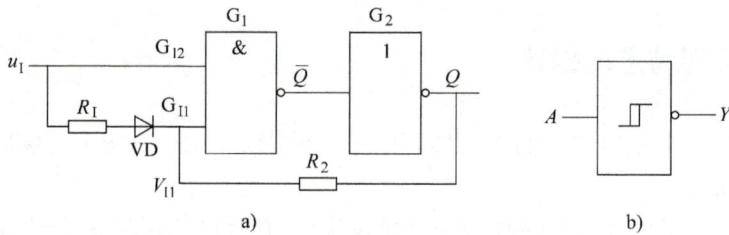

图 10-3　施密特触发器的基本电路和逻辑符号

a）基本电路　b）逻辑符号

无关，V_{I1} 等于 G_2 门输出的高电平。

当施密特触发器的输入端输入图 10-4 所示的三角波信号后，输入信号 u_I 电平较低时，G_1 门的两个输入端 G_{I1}、G_{I2} 作用的信号值增大，当 u_I 升至 G_1 门的开门电平 V_{ON} 时，G_1 门的输出端 $\overline{Q}$ 的电平不会改变，因为 G_{I1} 端输入的信号值 $V_{I1} \approx \dfrac{R_2}{R_1 + R_2} u_I < V_{ON}$，因此 G_1 门的输出端 $\overline{Q}$ 仍然是高电平。输入信号 u_I 继续增加到 U_{TH1}，使 $V_{I1} \approx \dfrac{R_2}{R_1 + R_2} U_{TH1}$ 也达到 G_1 门的开门电平值后，这时 G_1 门输出电平将从高电平 V_{OH} 变为低电平 V_{OL}，G_2 门的输出端 Q 电平将由低变为高电平 V_{OH}，如图 10-4 所示。Q 端成高电平后二极管处于截止状态，输入信号 u_I 不再作用到 G_{I1} 端。

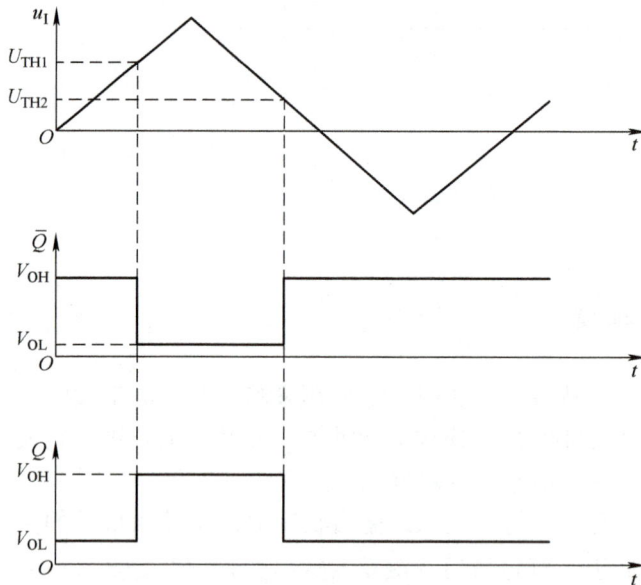

图 10-4　施密特触发器的波形变换图

施密特触发器输出端状态改变后，输入信号如有改变，只要其幅值不低于 G_1 门的关门电平 V_{OFF}，G_1 门和 G_2 门的输出状态就不会改变，保持着 $\overline{Q}$ 为 V_{OL} 和 Q 为 V_{OH} 状态。

当输入信号 u_I 下降，其幅值低于 G_1 门的关门电平 V_{OFF} 后，G_{I2} 输入信号为低电平，G_1 门输出端 $\overline{Q}$ 要变为高电平，Q 端变回低电平。

由以上分析可知，施密特触发器具有两个稳定输出状态，输出状态从 $\overline{Q} = 1$、$Q = 0$

翻转成 $\overline{Q}=0$、$Q=1$ 或相反转化均取决于输入信号幅值的大小，但信号上升时促使输出状态改变的信号电压值 U_{TH1} 与信号下降时促使输出状态改变的信号电压值 U_{TH2} 不同（只有输入电压 U_I 上升到略大于 U_{TH1} 或下降到略小于 U_{TH2} 时，施密特触发器的状态才会发生反转，从而输出变压陡峭的矩形脉冲）。

施密特触发器的正向阈值电压 U_{TH1} 和负向阈值电压 U_{TH2} 的差，称作回差电压，用 ΔU_T 表示，回差电压 ΔU_T 产生的主要原因是在 G_{11} 输入端串入了转移电平二极管 VD。因此，该电路的回差电压等于二极管 VD 的正向电压降。图 10-5 所示为施密特触发器的电压传输特性，由该特性可看出施密特触发器具有滞后性。

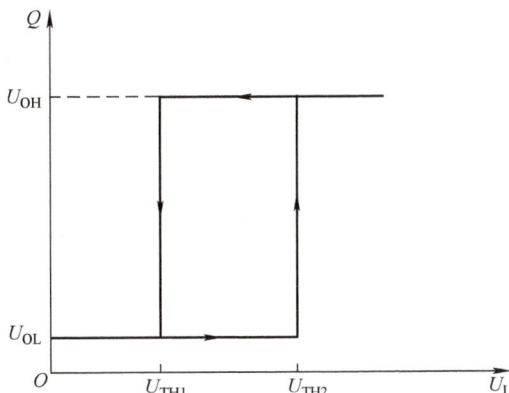

图 10-5　施密特触发器的电压传输特性

施密特触发器工作时存在回差电压可以增加电路的抗干扰能力，否则输入信号幅值达到动作电压后，稍有干扰，就会造成输出状态不断发生变化，使工作不能稳定。

10.2.2　单稳态触发器

单稳态触发器的输出只有一种稳定状态，例如 $Q=0$、$\overline{Q}=1$。在外界触发信号作用下，电路的输出状态可以翻转为 $Q=1$、$\overline{Q}=0$，但是电路不能保持这种状态，经过一段时间后又会自动恢复到原来的稳定状态。

单稳态触发器在外界触发信号作用下翻转，翻转后停留的时间称为单稳态的持续时间或延迟时间，这个时间的长短由电路本身的参数决定，与外加触发器脉冲无关。

单稳态触发器

单稳态触发器主要用于脉冲波形的整形和信号的延迟（定时）。

单稳态触发器电路形式很多，下面通过由与非门构成的微分型单稳态触发器为例进行介绍。

微分型单稳态触发器逻辑图如图 10-6a 所示，两个与非门交叉耦合，G_1 门通过 $C_2 - R_2$ 电路将信号作用在 G_2 门输入端，与非门 G_2 的输出端接在 G_1 门的输入端。触发信号通过微分电路 $C_1 - R_1$ 输入到 G_1 门的输入端。

在图 10-6a 电路中，电阻 $R_1 > 2\text{k}\Omega$、$R_2 < 1\text{k}\Omega$，没有触发信号输入时，因 $R_2 < 1.4\text{k}\Omega$，根据与非门输入端电阻特性可知，V_{R2} 低于 V_{TH}，G_2 门输出为高电平，即 $\overline{Q}=1$。电阻 $R_1 > 2\text{k}\Omega$，V_{R1} 高于 V_{TH}，G_1 门输出为低电平。$Q=0$、$\overline{Q}=1$ 是这个电路的稳定状态。

当有触发信号作用于微分电路输入端时，信号脉冲的上升（正跳）在电阻 R_1 上产生一个正尖脉冲，如图 10-6b 所示，这个正跳变对门电路的工作无影响，脉冲信号的下降沿到达后（负跳变）在微分电路的电阻 R_1 上产生一个负尖脉冲，这个负脉冲使 G_1 门的输出 Q 的电平由低变高，Q 端电平由 V_{OL} 跳变为 V_{OH} 后立即通过电容 C_2 传递到电阻 R_2 上，使 G_2 门输出 $\overline{Q}$ 由高电平 V_{OH} 变为低电平 V_{OL}。$\overline{Q}$ 端的低电平又反馈到 G_1 门的输入端，在输入的负尖波脉冲消失后 Q 端仍能保持为高电平。

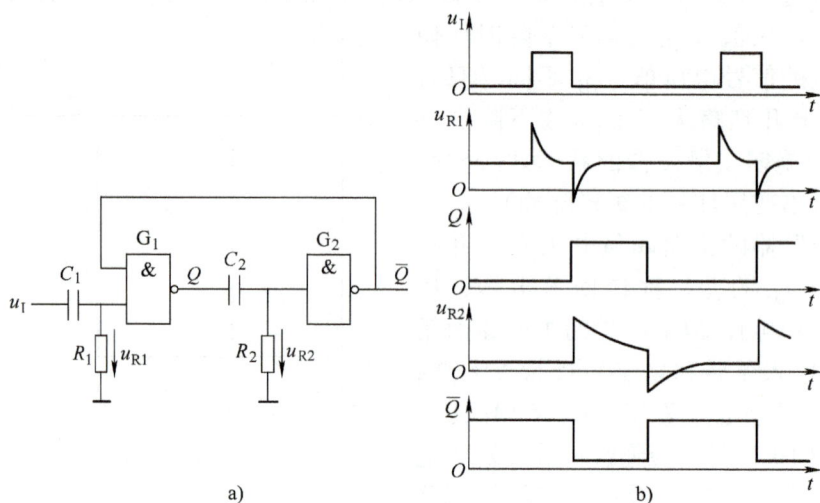

图 10-6　微分型单稳态触发器逻辑图及波形

G_1 门输出端 Q 在触发信号作用下变为高电平，这种状态不能长期保持。在 Q 端为高电平后，要通过 C_2 - R_2 电路对电容 C_2 充电，随着电容 C_2 上电压的增高，作用在电阻 R_2 上的电压下降，V_{R2} 降低到 G_2 门关门电平 V_{OFF} 后，G_2 门的输出 $\overline{Q}$ 将变回高电平，由于此时触发的尖脉冲已消失，V_{R1} 又恢复到高于 G_1 的开门电平值，此时 G_1 门输入信号均为高电平，所以 G_1 门输出端 Q 又变回到低电平。G_1 门输出端 Q 维持在高电平的时间由耦合电路的时间常数 $\tau = R_2 C_2$ 决定。

图 10-6a 所示电路每输入一个信号脉冲，在电路的 Q 端和 $\overline{Q}$ 端就会各输出一个脉冲，如图 10-6b 所示。由这个波形图可以看出，作用在单稳态触发器输入端的触发脉冲，其幅度和脉冲宽度（持续时间）可能不相同，但是从 Q 端和 $\overline{Q}$ 端输出的脉冲幅度和宽度是一致的，这种将输入的不规则脉冲信号转变成为幅度、宽度一致的脉冲信号称为整形。单稳态触发器具有整形的作用。

由图 10-6b 所示的输入、输出电位变化波形图还可以看出，从输入信号的负跳变（下降沿）出现到 Q 端输出的脉冲负跳变（下降沿）出现，中间相隔一段时间（从触发信号负跳变出现到 $\overline{Q}$ 端脉冲上升沿的出现中间也相隔同样时间），即 Q 端的下降沿较输入触发信号的下降沿延迟出现，延迟的时间为 Q 端脉冲的持续时间 T_w。改变耦合电路 R_2、C_2 的参数值就可以改变信号延迟出现的时间，因此单稳态触发器可以作为定时器。

为了使用方便，一般单稳态触发器有几个触发信号输入端，这样做的目的是使输入信号的正跳变（上升沿）或输入信号负跳变（下降沿）均能触发单稳电路翻转。具有两个触发信号输入端的单稳态触发电路如图 10-7 所示，当 B 端为低电平，A 端输入负跳变触发信号时，单稳态触发器 Q 端及 $\overline{Q}$ 端可以各输出一个脉冲。在 A 端为高电平，B 端输入正跳变触发信号时，同样也可以使 Q 和 $\overline{Q}$ 端各输出一个脉冲信号。

为了保证单稳态触发器的正常工作，即每输入一个触发脉冲，电路须相应有一个输出脉冲，为此要求输入信号触发脉冲的间隔时间 T_d 应当大于输出脉冲的持续时间 T_w 及与非门 G_1、G_2 从暂稳态（$Q = 1$、$\overline{Q} = 0$）恢复到稳态（$Q = 0$、$\overline{Q} = 1$）所需时间 T_{re} 之和。

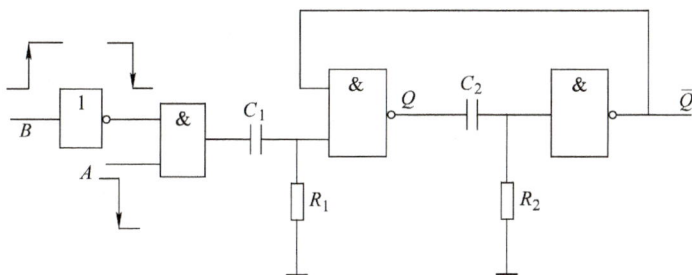

图 10-7 具有两个触发信号输入端的单稳态触发电路

10.2.3 多谐振荡器

多谐振荡器由门电路和阻容元器件构成，它没有稳定状态，只有两个暂时稳定状态，称为暂稳态，通过电容的充放电，使两个暂稳态相互交替，从而产生自激振荡，输出周期性的矩形脉冲信号。由于多谐振荡器在工作过程中不存在稳定状态，故又称为无稳态电路。$R-C$ 耦合式振荡器是一种使用较多的方波发生器，如图 10-8a 所示。它由两个与非门组成，每一个与非门输出端与输入端之间连有一个电阻，电阻的阻值恰好使与非门内的晶体管工作在放大区，两个与非门通过电容交叉耦合形成反馈环路。这个电路的与非门将处于不稳定工作状态，当外界条件稍有变动后，该电路就会产生振荡，过程如下：由于电源电压波动或其他原因使与非门 G_1 的输入电位值增加，与非门工作在放大区，这时 G_1 的输出 V_{O1} 将要下降，V_{O1} 的下降通过电容 C_1 传递到与非门 G_2 的输入端，使 G_2 的输出电位 V_{O2} 上升，V_{O2} 的上升通过电容 C_2 传递到 G_1 的输入端，使 G_1 输出 V_{O1} 进一步下降，这种正反馈的作用将很快地使两个与非门进入饱和与截止工作状态，G_1 的输出 V_{O1} 成为低电平 V_{OL}，G_2 的输出 V_{O2} 成为高电平 V_{OH}。这时为一种暂时的稳定状态。

当 G_2 输出为高电平，$V_{O2}=V_{OH}$ 后，高电平 V_{O2} 通过电阻 R_2 对电容 C_1 充电，而电容 C_2 经电阻 R_1 放电。

随着 G_2 门输出高电平 V_{OH} 对电容 C_1 的充电，电容 C_1 的电压逐渐升高使得 G_2 门的输入端电位升高，当这个电位值高于 G_2 的开门电平 V_{ON} 后，G_2 的输出 V_{O2} 从高电平变为低电平，G_2 输出电压的这个负跳变立即通过电容 C_2 传递到与非门 G_1 的输入端，G_1 的输出将由低电平变为高电平，G_1 输出电平由低向高的跳变通过电容 C_1 传递到 G_2 的输入端，加速 G_2 输出端的电位由高向低的转变，通过这个正反馈作用很快地使 G_1 的输出变为高电平 $V_{O1}=V_{OH}$，G_2 输出变为低电平 $V_{O2}=V_{OL}$，这是电路的第二种暂时的稳定状态。

当 G_1 输出 $V_{O1}=V_{OH}$ 后，V_{O1} 通过电阻 R_1 对电容 C_2 充电，而电容 C_1 经电阻 R_2 放电。电容 C_2 充电将使 G_1 输入端电位逐渐升高，当其值超过 G_1 开门电平后，G_1 的输出端电位将下降，G_1 输出电位的下降通过电容 C_1 传递到 G_2 输入端使 G_2 输出电位升高，G_2 输出电位的上升通过电容 C_2 又传递到 G_1 输入端，加速其输出电位向低电平转化，很快就使 V_{O1} 变为低电平，V_{O2} 变为高电平，又回到第一种暂稳定状态。电路如此循环，在 G_2（及 G_1）输入和输出端产生的波形，如图 10-8b 所示。如果 $R_1=R_2=R$，$C_1=C_2=C$，则振荡周期 $T≈1.4RC$。

由于 $R-C$ 耦合振荡器的振荡频率受电路元件的参数值等许多条件的影响，元件参数值受环境温度变化影响很大，故振荡频率不易保持稳定。为了获得稳定的振荡频率，应使用石

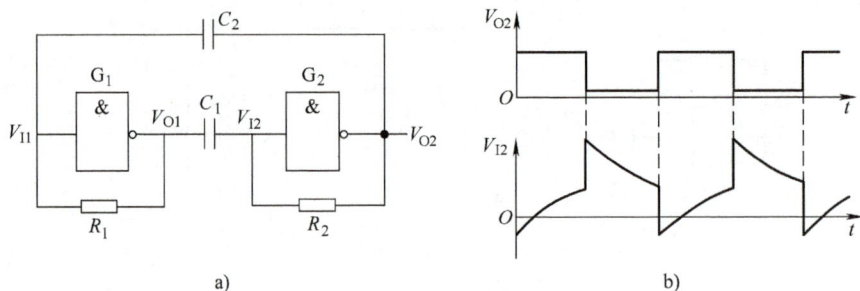

图 10-8　R – C 耦合式振荡器

英晶体振荡器。图 10-9 所示为一种典型的石英晶体振荡器电路。并联在两个反相器输入、输出间的电阻 R_1、R_2 的作用是使反相器工作在线性放大区。若门电路是 TTL 型，R_1、R_2 通常在 $0.7 \sim 2\text{k}\Omega$ 范围内；若门电路是 CMOS 门，则 R_1、R_2 在 $10 \sim 100\text{M}\Omega$ 之间，电容 C_1 和 C_2 作反相器间的耦合用，它们的容抗在石英晶体的谐振频率 f_0 时可忽略不计。

石英晶体具有图 10-10 所示的阻抗频率特性，由它可知晶体选频特性非常好，只有频率为 f_0 的信号最容易通过，而其他频率的信号均会被晶体衰减。因此一旦闭合电源，不久后这个电路只有频率为 f_0 的信号能通过，且不断被放大，最后有稳定的输出，其他频率信号均被衰减掉了。

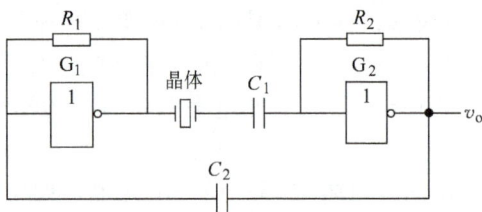

图 10-9　石英晶体振荡器电路

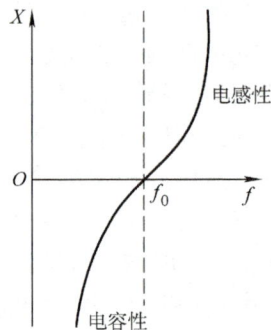

图 10-10　石英晶体阻抗频率特性

石英晶体的谐振频率是由它的大小、几何形状及材料所决定的，与 R、C 参数无关，因此它的输出信号频率稳定度很高。

为了改善输出波形，增加带负载的能力，通常在振荡器的输出端再加一级反相器。

10.3　555 电路及其应用

10.3.1　555 电路的结构与基本功能

555 定时器又称为时基电路，是一种用途极为广泛的单片集成电路，具有功能强、使用灵活、外接元件少等优点，因而在波形的产生与变换、测量电路、工业控制、家用电器以及电子玩具等许多领域都得到了

555 电路的结构
与基本功能

广泛的应用。

555 定时器是一种模拟与数字混合型的集成电路，按其生产工艺分为 TTL 型（双极型）和 CMOS 型两类，它们都有很宽范围的工作电压。虽然 CMOS 型定时器的最大负载电流要比双极型的小，但它们的功能和外引脚排列完全相同，只是双极型最后三位数码是 555，CMOS 型产品型号最后四位数码是 7555。常见的单时基定时器有双极型定时器 5G555 和单极型定时器 CC7555。下面以 CMOS 型产品中的典型电路 CC7555 为例做介绍。

1. 电路结构

CC7555 的电路结构图和图形符号如图 10-11 所示。

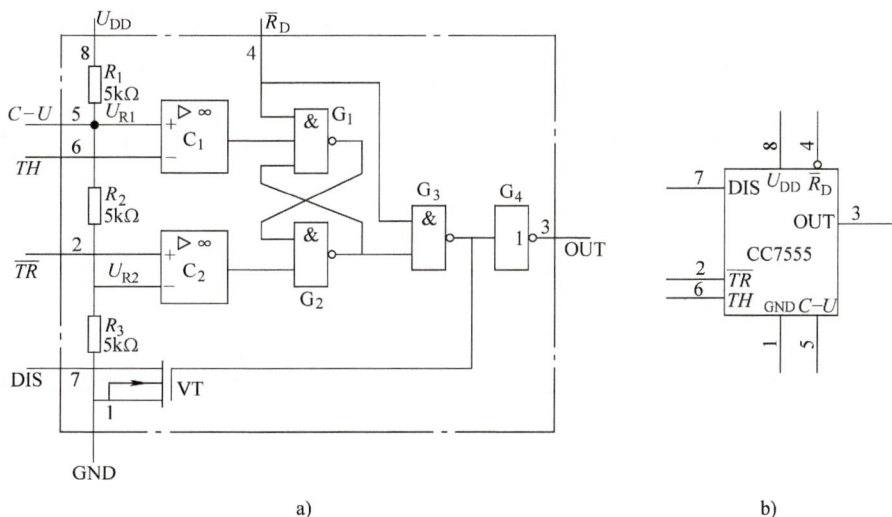

图 10-11　CC7555 的电路结构图和图形符号

a）电路结构图　b）图形符号

它是由电阻分压器（R_1、R_2、R_3）、电压比较器（C_1、C_2）、基本 RS 触发器（G_1、G_2）和放电管 VT 几个部分构成。

电阻分压器为 3 个 $5\text{k}\Omega$ 电阻，对电源 U_{DD} 分压后，确定比较器 C_1、C_2 的参考电压分别为 $U_{R1} = \frac{2}{3}U_{DD}$，$U_{R2} = \frac{1}{3}U_{DD}$。如果 $C-U$ 端外接控制电压 U_C，则 $U_{R1} = U_C$，$U_{R2} = \frac{1}{2}U_C$。

比较器 C_1、C_2 的输出作为基本 RS 触发器的触发信号。

各端功能如下：

1（GND）——接地端；2（$\overline{TR}$）——低触发输入端；3（OUT）——输出端；4（$\overline{R}_D$）——复位端，高电平有效，不用时接低电平；5（$C-U$）——电压控制端，用于改变比较器的参考电压，不用时要经 $0.01\mu F$ 的电容接地；6（TH）——高触发输入端；7（DIS）——放电端，是外接电容器的放电通道；8（U_{DD}）——电源端，接电源（$3\sim18V$）。

2. 逻辑功能

CC7555 的逻辑功能见表 10-1。该表是 $C-U$ 端没有施加控制电压 U_C 的情况（通常经 $0.01\mu F$ 的电容接地）。

当 $\overline{R}_D = 0$ 时，输出 OUT = 0，放电端 DIS 导通（对地之间的电阻很小），其他输入端不起作用，即 $\overline{R}_D$ 优先级别最高。

当 $\overline{R}_D = 1$ 时，根据 TH 的大小分类说明：

$TH > \frac{2}{3}U_{DD}$，$\overline{TR} > \frac{1}{3}U_{DD}$，放电端 DIS 导通，输出端 OUT 为 0。

$TH < \frac{2}{3}U_{DD}$，$\overline{TR} > \frac{1}{3}U_{DD}$，放电端 DIS 和输出端 OUT 均保持原态。

只要 $\overline{TR} < \frac{1}{3}U_{DD}$，放电端截止，输出端 OUT 为 1。

当在电压控制端 $C-U$ 加一控制电压 U_C 时（$0 < U_C < U_{DD}$），则 TH 与 U_C 比较，$\overline{TR}$ 与 $\frac{1}{2}U_C$ 比较。

表 10-1　CC7555 的逻辑功能

TH	$\overline{TR}$	$\overline{R}_D$	OUT	DIS
×	×	0	0	导通
$> \frac{2}{3}U_{DD}$	$> \frac{1}{3}U_{DD}$	1	0	导通
$< \frac{2}{3}U_{DD}$	$> \frac{1}{3}U_{DD}$	1	保持	保持
×	$< \frac{1}{3}U_{DD}$	1	1	截止

10.3.2　555 电路的应用

555 集成电路只要在外部配上几个适当的阻容元件，就可以很方便地构成施密特触发器、单稳态触发器以及多谐振荡器等脉冲的产生与变换电路。

1. 施密特触发器

（1）电路组成及工作原理

由 CC7555 定时器构成的施密特触发器如图 10-12a 所示，6 端和 2 端连接在一起，作为输入端，5 端经 0.01μF 的电容接地。

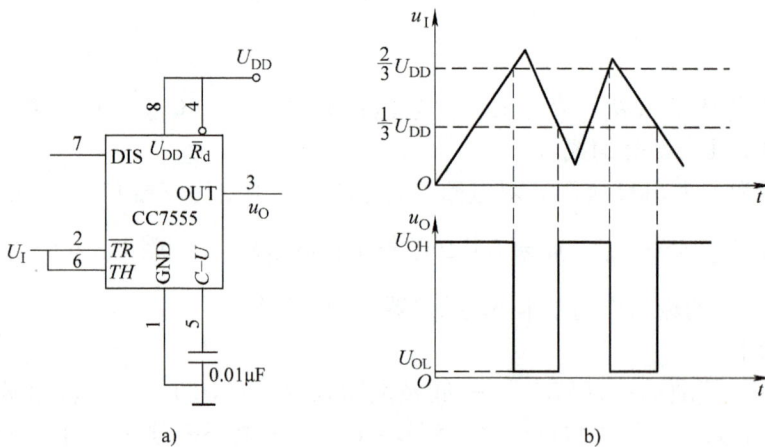

图 10-12　施密特触发器
a）电路　b）波形

图 10-12b 为工作波形图，当 $u_I < \frac{1}{3}U_{DD}$ 时，电路输出高电平；当 u_I 逐渐上升到 $\frac{1}{3}U_{DD} <$

$u_I < \frac{2}{3}U_{DD}$ 时，电路输出状态保持为高电平；当 $u_I > \frac{2}{3}U_{DD}$ 时，输出低电平，把 $\frac{2}{3}U_{DD}$ 称为正向阈值电压，记作 U_{T+}。

当 u_I 逐渐下降到 $\frac{2}{3}U_{DD} > u_I > \frac{1}{3}U_{DD}$ 时，电路输出保持为低电平，当 u_I 继续下降到 $u_I < \frac{1}{3}U_{DD}$ 时，电路又输出高电平，把 $\frac{1}{3}U_{DD}$ 称为负向阈值电压，记作 U_{T-}。

当 u_I 逐渐上升时，u_I 与 U_{T+} 比较，$u_I > U_{T+}$，输出为低电平；当 u_I 逐渐下降时，u_I 与 U_{T-} 比较，$u_I < U_{T-}$，输出为高电平，所以又把这个电路称为迟滞比较器。其中，令 $\Delta U_T = U_{T+} - U_{T-} = \frac{1}{3}U_{DD}$，把 ΔU_T 称为施密特触发器的回差。

回差电压越大，电路的抗干扰能力就越强，但如回差电压过大，会使触发器的灵敏度降低。其电压传输特性如图 10-13 所示。定时器的 5 端外加控制电压，可以改变电压比较器的参考电压值，即可改变回差的大小。

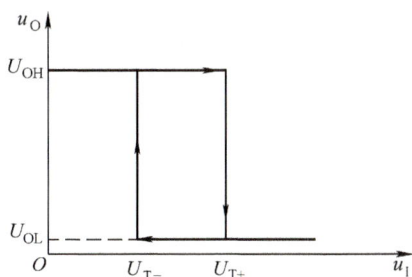

图 10-13　施密特触发器的电压传输特性

通过在 Proteus 仿真软件中选取元器件，搭建图 10-14 所示电路，检查电路无误之后开始仿真，仿真结果如图 10-15 所示。仿真波形与理论波形一致。

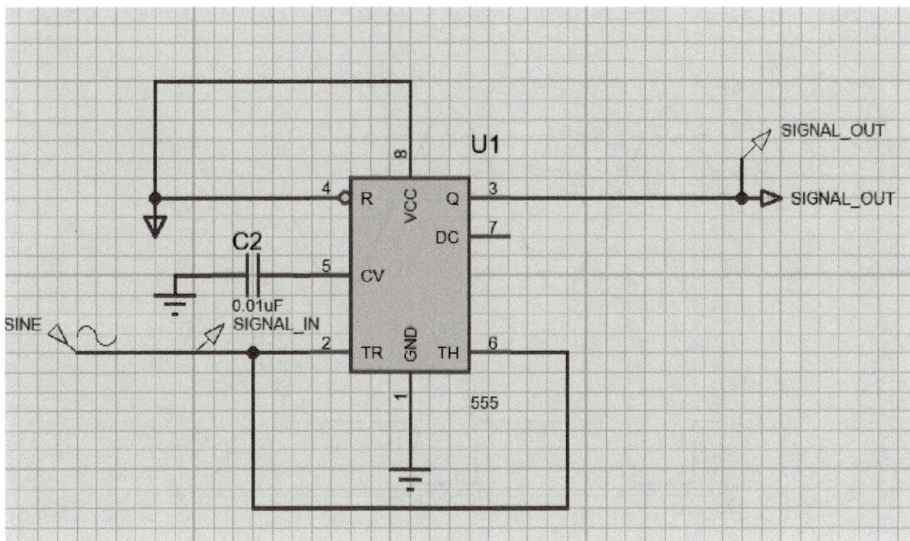

图 10-14　由 555 构成的施密特触发器电路

（2）施密特触发器的应用

1）用于波形变换。

施密特触发器可用于将三角波、正弦波及其他不规则的信号转换为矩形方波脉冲。图 10-16所示为使用施密特触发器将正弦波转化为同周期变化的矩形方波脉冲。

2）用于脉冲整形。

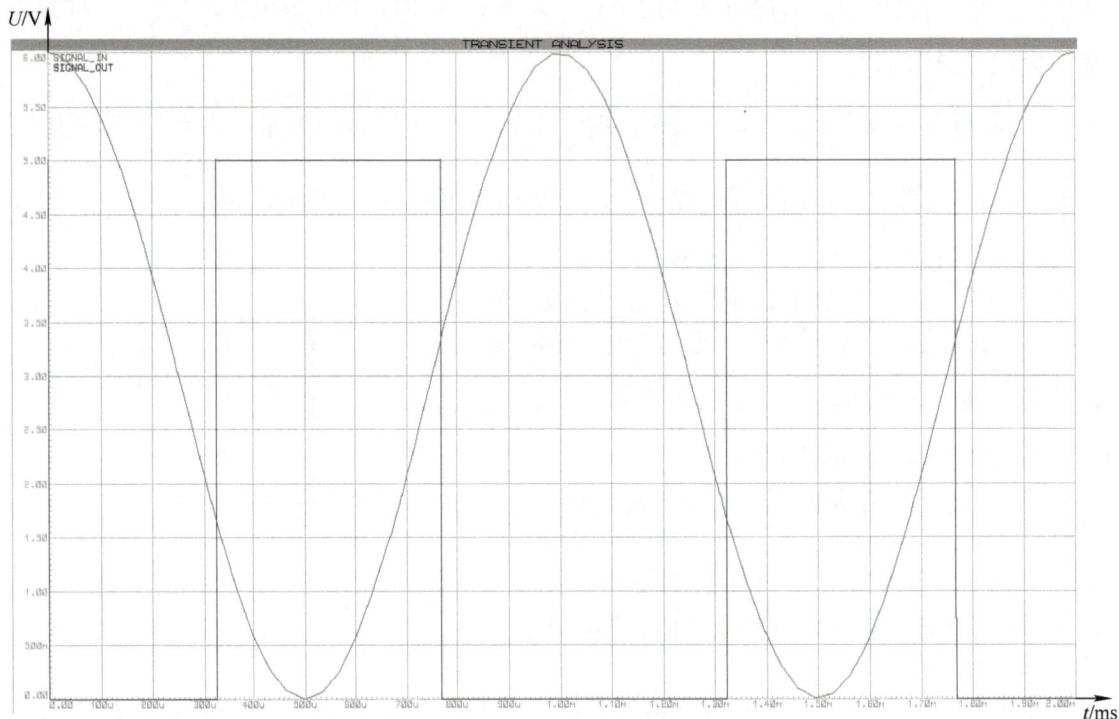

图 10-15　使用 Proteus 仿真的施密特触发器波形

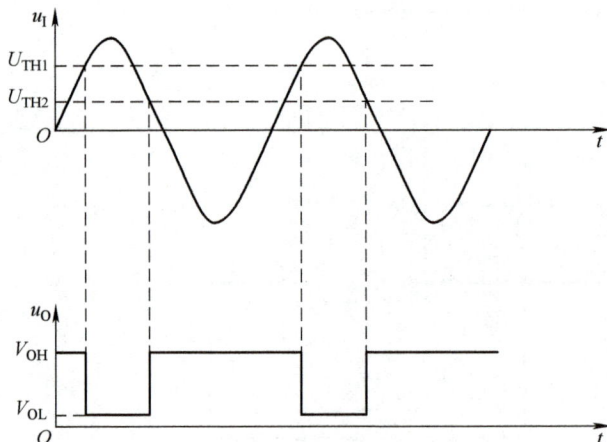

图 10-16　施密特触发器实现波形转换

当传输信号受到干扰而发生畸变时，可利用施密特触发器的回差特性，可将受到干扰的信号恢复为较好的矩形方波脉冲，如图 10-17 所示。

3）用于脉冲幅度鉴别。

输入信号为一组幅度不同、不规则的脉冲信号，要求将幅度大于 U_{TH1} 的脉冲信号跳出来时，可用施密特触发器对输入脉冲的幅度进行鉴别，如图 10-18 所示。这时可将输入幅度大于 U_{TH1} 的脉冲信号选出来，而幅度小于 U_{TH1} 的脉冲信号侧去掉。

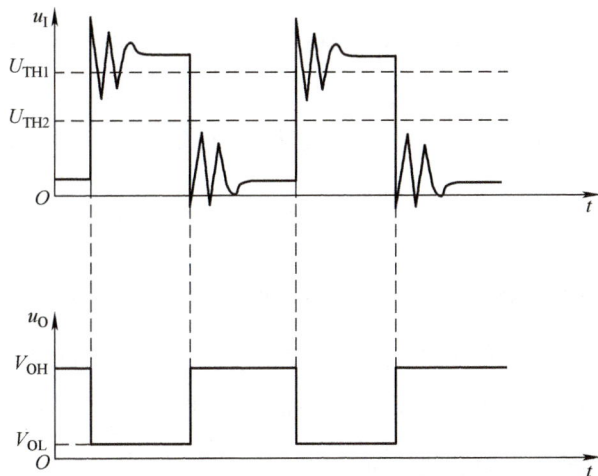

图 10-17 施密特触发器实现脉冲整形

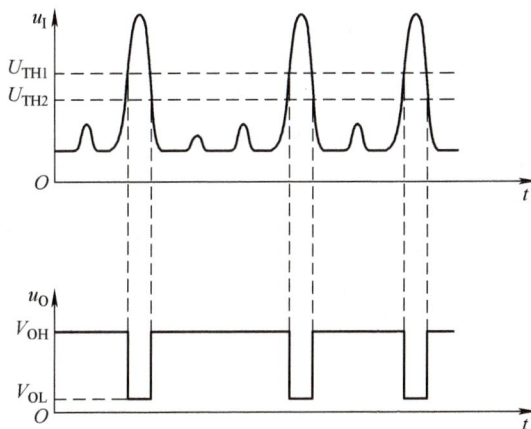

图 10-18 用施密特触发器鉴别脉冲幅度

2. 单稳态触发器

（1）电路组成及工作原理

用 CC7555 构成的单稳态触发器电路及其工作波形图如图 10-19 所示。

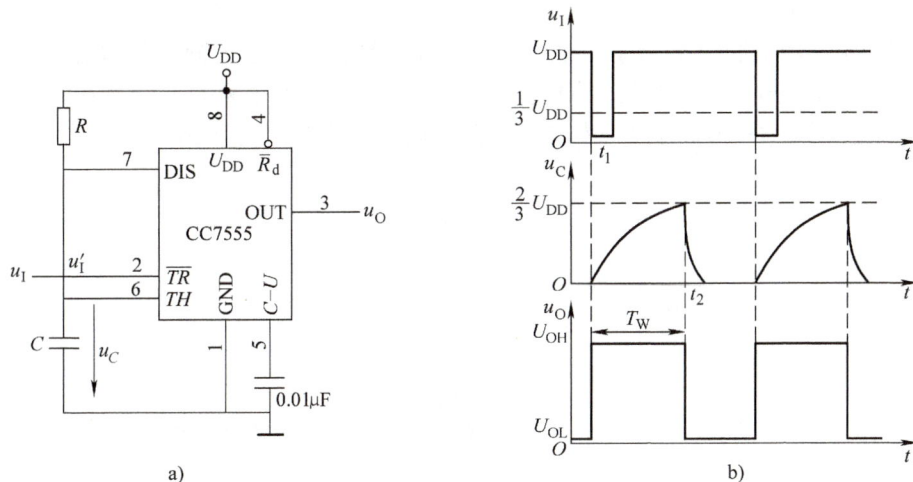

图 10-19 用 CC7555 构成的单稳态触发器电路及其工作波形图

a）电路 b）工作波形图

由图 10-19a 可以看出，输入信号 u_I 加在 2 端（$\overline{TR}$），而 6 端（TH）与 7 端（放电端）连在一起，外接电容。

假设在 $t = 0$ 时，3 端输出低电平，则 7 端导通，6 端 $TH \approx 0 < \frac{2}{3} U_{DD}$，而 u_I 为高电平，即 $\overline{TR} > \frac{1}{3} U_{DD}$，CC7555 处于保持状态，所以假设成立。在 $0 \sim t_1$ 期间 $u_O = U_{OL}$。

在 t_1 时刻，u_I 由高电平变为低电平，即外加触发信号，即 $\overline{TR} < \frac{1}{3} U_{DD}$，3 端输出高电平，即 $u_O = U_{OH}$。与此同时，7 端截止，U_{DD} 经 R 给 C 充电，在 t_2 时刻，6 端上升到 $TH > \frac{2}{3} U_{DD}$ 时（假定在此之前 u_I 已由低电平变为高电平，即 $\overline{TR} > \frac{1}{3} U_{DD}$），则 3 端输出低电平，7 端导通，电容 C 经 7 端迅速放电，直至 $u_C \approx 0$。

$t_1 \sim t_2$ 期间定时器输出高电平，这个状态称为暂态，在无触发信号时，输出保持低电平，这个状态称为稳态。输出脉宽 $T_W \approx 1.1 RC$。

在单稳态触发器工作时，必须保证输入的负脉冲的幅值小于 $\frac{1}{3} U_{DD}$，宽度小于 T_W。当输入脉冲宽度大于 T_W 时，应对单稳态触发器的输入信号进行微分和限幅，如图 10-20 所示。

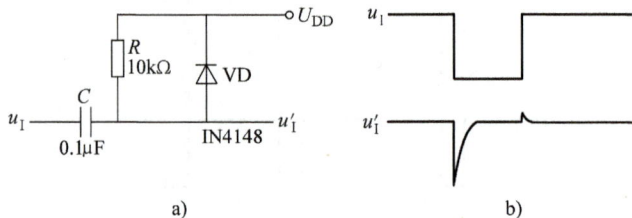

图 10-20　微分和限幅电路及波形

a）电路　b）波形

（2）单稳态触发器的应用

1）脉冲的延时。

如图 10-21 所示，输入信号是一个窄的负脉冲信号，经单稳态触发器输出一个具有一定脉宽 T_W 的正脉冲信号，也就是说，输出脉冲的下降沿比输入脉冲的下降沿在时间上延迟了 T_W。如果用输出脉冲的下降沿去触发其他电路，就起到了延时的作用。

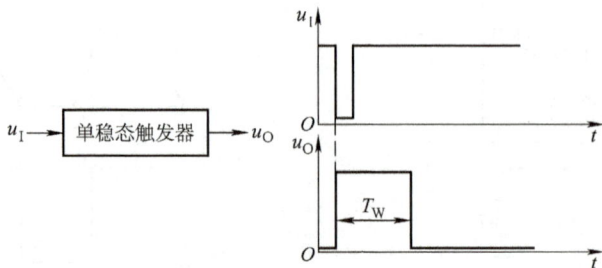

图 10-21　延时电路

2）定时电路。

由于单稳态触发器能产生一定脉宽 T_W 的矩形脉冲，可以利用这个矩形脉冲去控制其他电路的工作状态，使受控电路只有在 T_W 时间内才能工作。调整 R、C 的值，就可以改变定时时间。如图 10-22 所示，当按钮 S 按下，输入端将产生一个负的触发脉冲，那么在输出脉冲 T_W 期间，继电器可以工作。

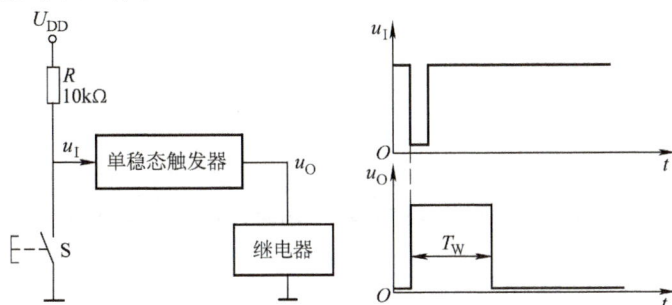

图 10-22 控制继电器工作

通过在 Proteus 仿真软件中选取元器件，搭建图 10-23 所示电路，检查电路无误之后开始仿真，仿真结果如图 10-24 所示。仿真波形与理论波形一致。

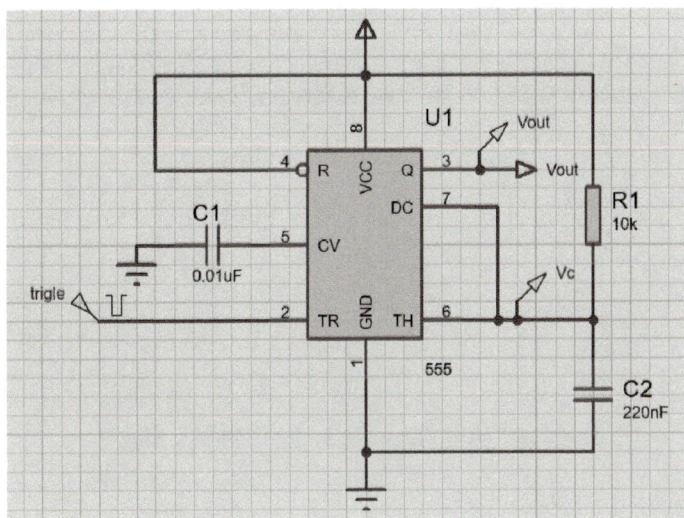

图 10-23 由 555 构成的单稳态触发器电路

3. 多谐振荡器

（1）电路组成及工作原理

由 CC7555 定时器构成的多谐振荡器电路及其工作波形图如图 10-25 所示。

设电路接通电源之前，电容端电压 $u_C = 0$。接通电源的瞬间，电容两端电压不能突变，仍有 $u_C = 0$，$u_C < \frac{1}{3}U_{DD}$，输出高电平即 $u_O = U_{OH}$，DIS 端截止，U_{DD} 通过 R_1、R_2 给 C 充电，u_C 按指数规律上升，在 $\frac{1}{3}U_{DD} < u_C < \frac{2}{3}U_{DD}$ 时，输出保持高电平，电容 C 继续充电，当 u_C 上升到 $u_C > \frac{2}{3}U_{DD}$ 时，输出低电平，$u_O = U_{OL}$，DIS 端导通，电容 C 充电结束，并经 R_2、DIS

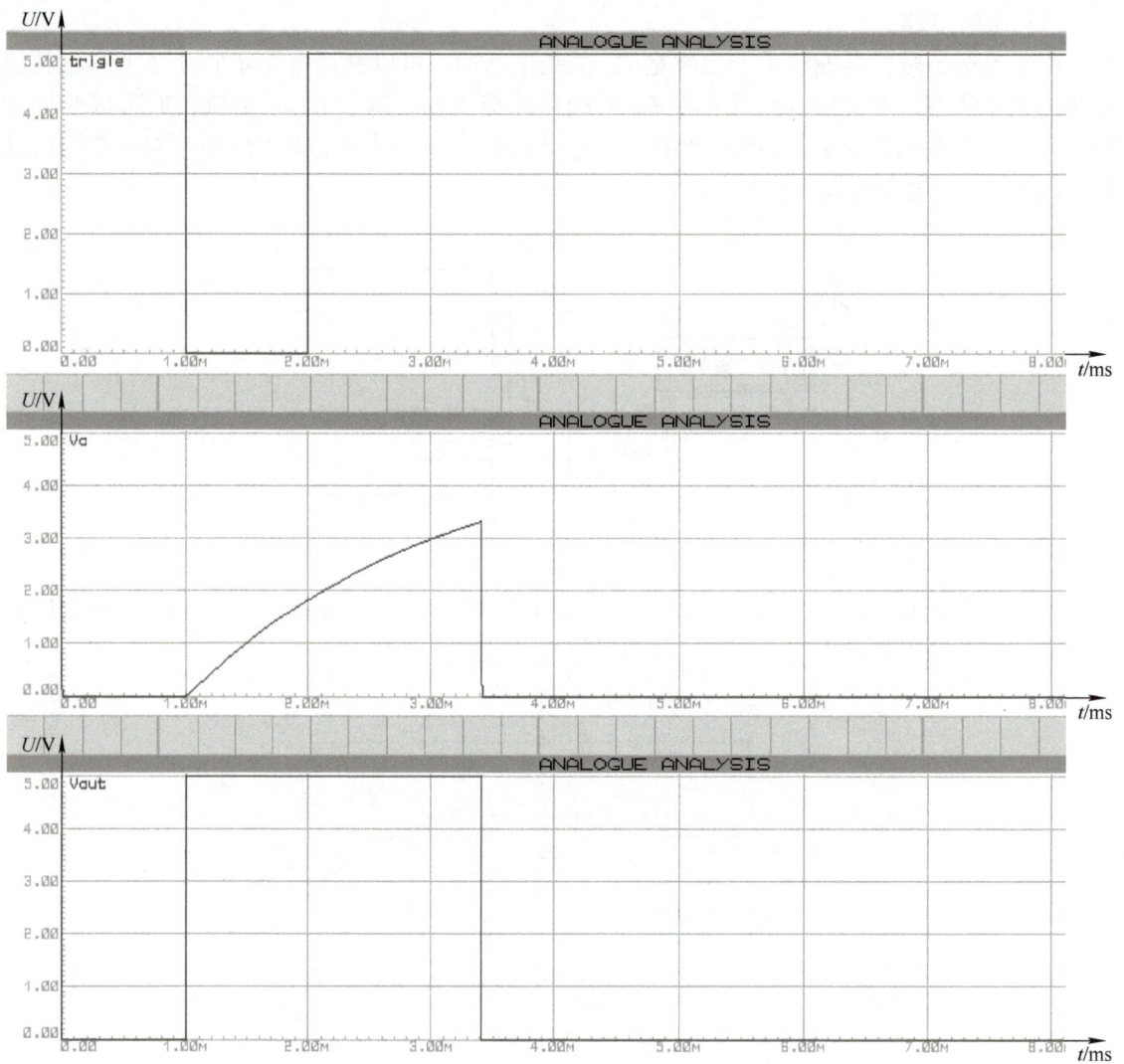

图 10-24　使用 Proteus 仿真的单稳态触发器波形

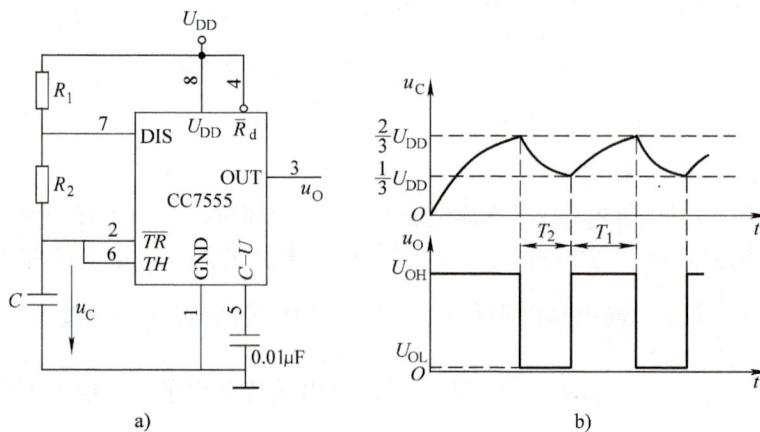

a)　　　　　　　　　　b)

图 10-25　由 CC7555 定时器构成的多谐振荡器电路及其工作波形图

a）电路　b）工作波形图

端开始放电，u_C 按指数规律下降，当 u_C 下降到在 $\frac{2}{3}U_{DD} > u_C > \frac{1}{3}U_{DD}$ 时，输出保持低电平，电容 C 继续放电，u_C 下降到 $u_C < \frac{1}{3}U_{DD}$ 时，输出高电平，$u_O = U_{OH}$，DIS 端截止，C 又开始充电，就这样，电路周而复始地工作。

根据电容的过渡过程可得到振荡周期的估算公式：$T = T_1 + T_2$。

T_1 与电容充电过程有关，$T_1 \approx 0.7(R_1 + R_2)C$；$T_2$ 与电容放电过程有关，$T_2 \approx 0.7R_2C$，所以 $T \approx 0.7(R_1 + 2R_2)C$，振荡频率 $f = \frac{1}{T} \approx$

$\frac{1}{0.7(R_1 + 2R_2)C}$，改变 R_1、R_2、C 的数值可改变振荡频率。

脉冲的占空比为 $q = \frac{T_1}{T} = \frac{R_1 + R_2}{R_1 + 2R_2}$。

上式说明占空比 q 总是大于50%的。而实际应用中经常需要占空比可调的多谐振荡器，图10-26就是一个通过调节 R_P 来达到改变占空比的改进电路，其占空比 $q = \frac{T_1}{T} = \frac{R_1 + R_P'}{R_1 + R_P + R_2}$。

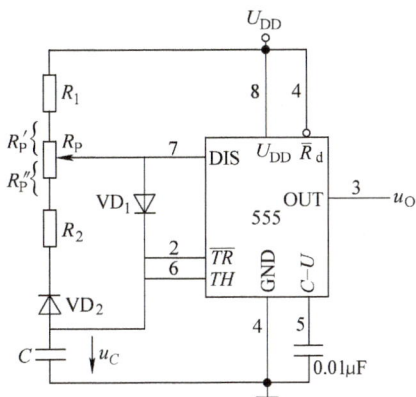
图10-26 占空比可调的多谐振荡器

通过在 Proteus 仿真软件中选取元器件，搭建图10-27所示电路，检查电路无误之后开始仿真，仿真结果如图10-28所示。仿真波形与理论波形一致。

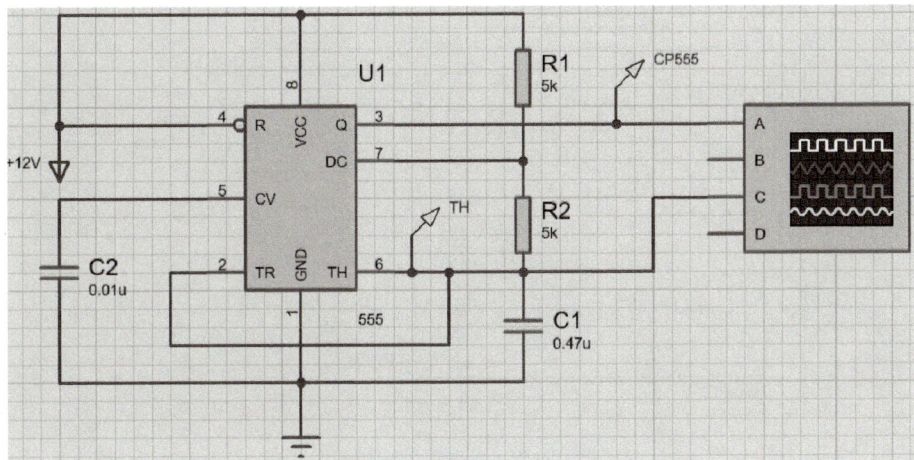
图10-27 由555构成的多谐振荡电路

（2）多谐振荡器的应用

由于多谐振荡器能够产生一定频率的矩形脉冲信号，故而应用很广。这里介绍一个比较实用的小电路——简易门铃电路。电路如图10-29所示，线框内为控制电路。当按钮 S 未被按下时，复位端通过电阻 R_4 接地，输出低电平，扬声器不发声。

当按下 S 时，电源 U_{DD} 经 S、R_3 向电容 C_2 充电，使复位端接高电平（$R_3 < R_4$），电路便成为多谐振荡器，产生振荡，驱动扬声器发声。

松开按钮 S 后，u_{C2} 仍可为4端维持一段时间的高电平，使扬声器继续发声，直至 C_2 放

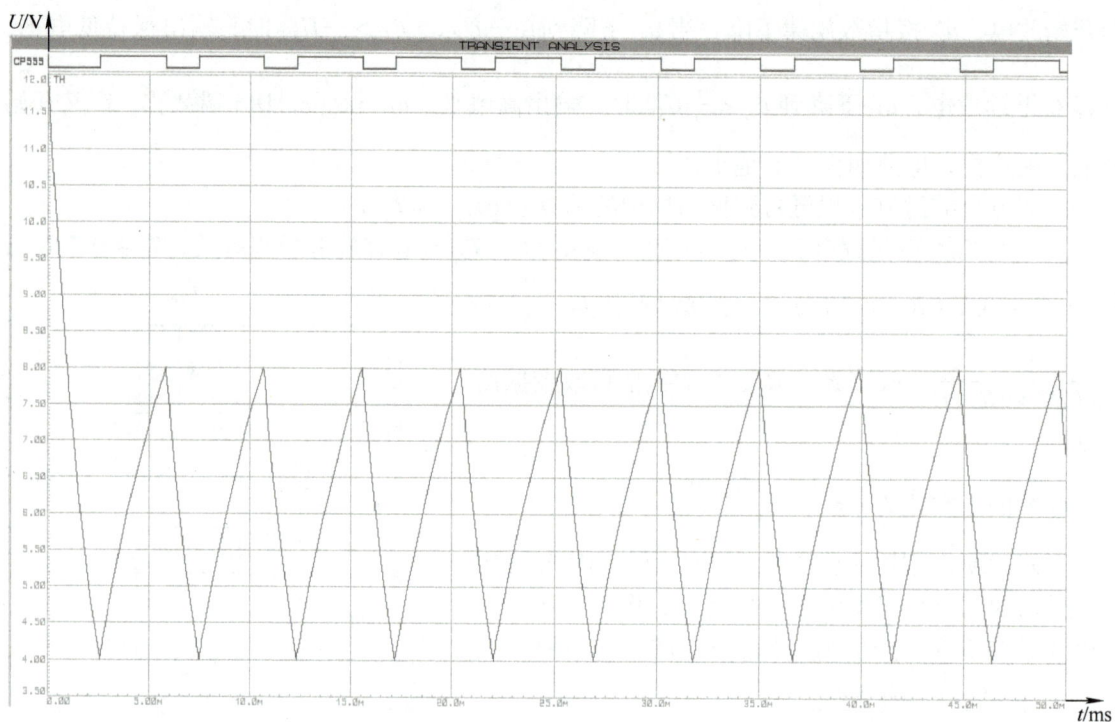

图 10-28　使用 Proteus 仿真的多谐振荡电路波形

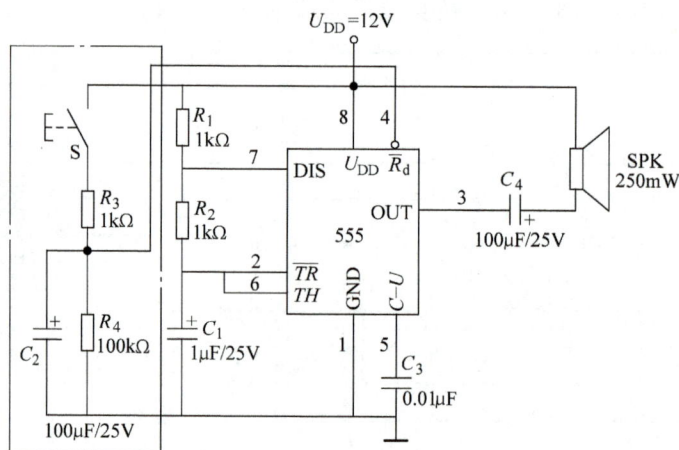

图 10-29　简易门铃电路

电使 4 端变为低电平，扬声器停止发声。

习　题　10

10.1　图 10-30a 所示的电路是 555 定时器接成的脉冲鉴幅器。为了从图 10-30b 的输入信号中将幅度大于 5V 的电压检出，电源电压 U_{CC} 应取多少？

10.2　单稳态电路的输入和输出波形如图 10-31 所示，设 $U_{CC} = 5V$，电容 $C = 0.17\mu F$。试画出由 555 定时器组成的电路，并确定电阻 R 的阻值。

10.3 试画出用 555 定时器接成单稳态触发器和多谐振荡器的接线图。

10.4 图 10-32 所示电路为电子门铃电路，试分析电路的工作原理。

10.5 由 555 构成单稳态触发器电路如图 10-33a 所示，其输入触发信号如图 10-33b 所示，请画出 u_O 的波形，并确定该电路的稳态持续时间为多少。

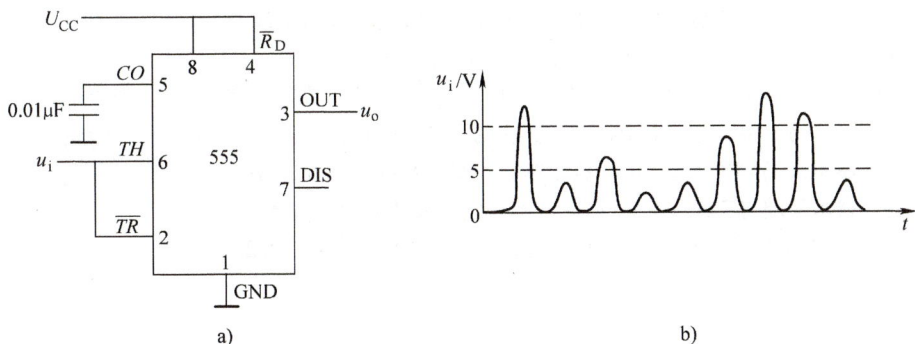

图 10-30 习题 10.1 电路

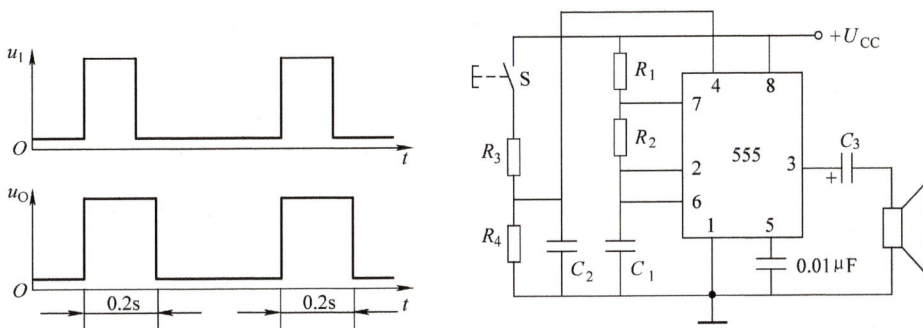

图 10-31 习题 10.2 电路

图 10-32 习题 10.4 电路

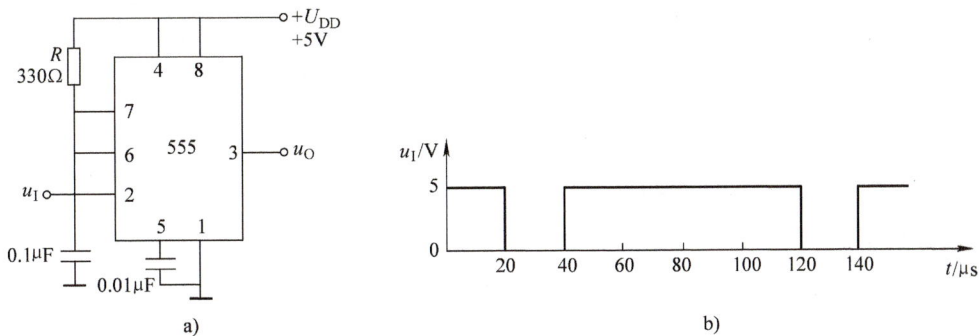

图 10-33 习题 10.5 电路

参 考 文 献

［1］江缉光，刘秀成. 电路原理［M］. 2 版. 北京：清华大学出版社，2007.

［2］韩敬东，王付华. 电工与电子技术［M］. 2 版. 北京：机械工业出版社，2017.

［3］童诗白，华成英. 模拟电子技术基础［M］. 5 版. 北京：高等教育出版社，2015.

［4］戴曰梅，崔传文. 电工基础［M］. 3 版. 北京：机械工业出版社，2022.

［5］阎石. 数字电子技术基础［M］. 6 版. 北京：高等教育出版社，2016.

［6］康华光，张林. 电子技术基础：数字部分［M］. 7 版. 北京：高等教育出版社，2021.

［7］储开斌，朱栋，冯成涛. 电工电子技术及其应用［M］. 西安：西安电子科技大学出版社，2020.

［8］任骏原，赵丽霞，王学艳，等. 电子技术基础：微课视频版［M］. 北京：清华大学出版社，2022.

［9］王强. 电子技术基础与实践［M］. 西安：西安电子科技大学出版社，2023.

［10］杨罕，王晴. 电子技术基础实验［M］. 北京：人民邮电出版社，2023.